鹿鸣心理

鹿鸣心理

ERTONG XINLI WENTI
PINGGU YU ZIXUN

儿童心理问题评估与咨询

雷秀雅 ○ 著

重庆大学出版社

推荐序

儿童这个概念是文艺复兴之后的产物。中世纪及之前,儿童被视作小大人,他们的心理,在很大程度上被当作成人心理的缩小版,说教和灌输是彼时教育者的流行做法,儿童的心理问题是被视而不见的。如今我们已经知道,儿童心理经历着从依附向独立的发展过程,有其自成一体的运作方式和发展路径。即使在他们成人前的一刹那(青春期),青少年的心理与成年人的心理都是大相径庭的。

临床心理学长期把关注的重点放在对成人心理的理解和帮助上,相比而言对于儿童心理就远没有那么重视。在大学本科及研究生水平的心理学课程里,儿童心理问题的评估和咨询往往被放到可有可无的位置,在我国尤其如此。

但这种现象正在悄悄地发生改变。它在很大程度上是被迫发生的——如今儿童心理问题变得越来越常见,面向成人的临床工作的证据也一再提醒我们,成年人的心理问题和精神问题,多数在儿童青少年期就已初露端倪。中国人常说,"上医治未病",针对儿童心理问题的评估和咨询,应该引起心理工作者的重视。

虽然如今的儿童比以往的孩子更少地遭遇严重体罚,更少地经历动荡危险的生存考验,生活在物质和精神产品都极大丰富的世界,但他们所遭遇的心理压力却前所未有。在这个人人互联、人的潜力被开发得淋漓尽致的时代,儿童被淹没在信息的汪洋之中,面对着无穷的竞争与比较,保持住心理的平衡与健康绝非易事。临床心理工作者在儿童心理健康领域的探索需要付出更多的努力,也需要更多、更好的专业文献的帮助与指导。

雷秀雅教授在儿童心理问题的研究和临床咨询领域,辛苦耕耘数十载,《儿童心理问题评估与咨询》一书乃厚积薄发之作,如今问世,对在这个领域工作的专业人士而言是一份珍贵的礼物。

本书的体系十分完整,内容非常丰富,写作的态度严谨且轻松。

在本书中,雷教授首先系统介绍了儿童心理发展和教育的基本知识,然后详细陈述了儿童心理问题及其评估,在此基础上,阐述了儿童心理治疗的理论与技术。雷教授没有畏惧坊间盛传的"精神障碍的诊断是贴标签""DSM 诊断体系是出于药物公司的利益"等阴谋论而排斥儿童期心理障碍医学评估体系,她对精神医学的诊断体系给予了严肃的对待和认可,秉持了心理学工作者实事求是的态度。

作为雷教授的多年同事,我钦佩她长期在特殊儿童教育方面做出的努力。她创办的"彩虹宝贝特殊儿童心理干预中心"十多年来为特殊儿童及其家长提供了大量的服务,得到了广泛的社会好评。雷教授擅长从实践工作中发现核心问题并探索解决之道,这部著作整合了她多年的工作经验,讲解深入浅出,相信从事特殊儿童教育和心理辅导的专业人士能够从中得到启发与专业的指导。

正如雷教授常说"相信孩子,相信孩子的发展……每个孩子都有其成长的内在潜质,有着自己的发展节奏",面向儿童的心理评估和心理咨询与治疗,并不是要把一个儿童贴上"病人"的标签,而是对儿童某个局部功能的归类描述。在我们眼中,每一个孩子都是独一无二的可爱的人。成人与儿童的相互尊重,是一个社会维持和谐之境的最基本的精神支柱。雷教授以其爱心和专业性,奉献了一本体现这种精神的优秀著作。

訾非

2020 年 3 月

前　言

经常在各种媒体上看到有关儿童教育方面的文章,每每看到好的文章都要细细品读,然后立刻化成养分,不断滋润自己的专业素养,在自我成长的同时,更多的是充满了对同行的敬意和对大家劳动成果的感激。获取和回报是应该礼尚往来的,所以,总结自己在儿童发展与教育心理学领域的研究,特别是儿童心理问题应对中所取得的研究和实践成果,并把它们毫无保留地呈现给大家,成了2018—2019年我的主要工作之一。

《儿童心理问题评估与咨询》的命名,得益于我在中国科学院心理研究所继续教育学院在职研究生儿童发展与教育方向高级进修班所教授的一门课程。在准备这门"儿童心理问题评估与咨询"课程期间,我查阅了大量的文献,发现儿童心理问题咨询类书籍大多出自教育学领域的专家,尽管这些文献对一般教育者和教育学与心理学研究者有着较好的指导作用,但其教育学视角无法囊括心理学的功能,特别是在对儿童心理问题的解析和应对方面,仍然需要我们心理学人的工作和努力。作为一名在儿童青少年心理学领域有着20多年工作经验的研究者和实践者来说,我有一个使命,那就是以临床心理学的视角,将心理学领域现有的相关研究成果进行整合,再结合自己的研究成果和临床实践经验,为有这方面需求的学习者,贡献一己之力。

在《儿童心理问题评估与咨询》这本书的完成过程中,以积极的态度看待和分析儿童问题是我始终不变的理念。无论是一般儿童心理问题还是儿童病理性问题,都不会改变我的这一初心。我经常会对前来咨询的家长说的话就是,"相信孩子,相信孩子的发展,他(她)或许无法按照你所期待的那样发生改变,但每个孩子都有其成长的内在潜质,有着自己的发展节奏,尊重孩子的个性,了解孩子,是我们教育孩子的前提,从孩子的实际情况出发实施教育,是教育孩子的原则"。

职业教育者和家庭教育者最大的不同就是,职业教育者是在群体中解读孩子(孩子间的个体差异,孩子不同阶段的发展差异),家庭教育者则一般是即时性和个别性地解读孩子。所以,职业教育者在应对孩子所出现的问题时,一般以发展的观点来看待。我是一名职业儿童心理学研究者和教育者,发展观是我解析儿童问题时不可改变的信念。这不是合理化,更不是盲目乐观,这是儿童教育者必须懂得和接纳的教育信念。孩子今天的问题或许是明天成长的基石,孩子的病理性问题更需要教育者加倍地呵护和理解。我经常对自己说,做一名合格的儿童心理学工作者的前提是能够读懂孩子并相信孩子。因此,在创作这本书的过程中,我尝试带着读者去读懂孩子,增加对孩子的信心。如果读者能够通过阅读本书,多一点对孩子的理解和信任,我会无比欣慰。

在创作《儿童心理问题评估与咨询》这本书的过程中,我始终坚持以下几个原则。

原则一,坚持系统性和科学性的原则。我希望本书为包括家长和教师在内的教育者在解决实际问题时提供方法论上的支持。因此,本书在结构上,我非常重视理论上的完整性,希望读者在掌握系统的专业知识基础上,完整地消化理解书中的各类知识;在内容上,将最大限度地涉及各类儿童问题,并对各类问题之间的区别和联系进行系统描述,避免读者片面地理解问题;在问题的解析上,注重将现有的成熟理论和前沿研究成果有机结合,使读者既能历史地、系统理解问题,又不脱离现实地去分析问题。

原则二,坚持理论与实践相结合的原则。就本书的性质,我一开始就将其定位为实践类工具书,它既可作为心理学专业学生的教科书,也可成为儿童心理健康教育者和儿童心理咨询师应对孩子心理问题时的技术类参考书,更可以成为家长在与孩子共同成长过程中的学习工具书。因此,我在进行必要的理论介绍后,会对实践操作进行详细的描述。

原则三,坚持职业性与通俗性相结合的原则。作为一名发展与教育心理学工作者,我非常重视职业性,因为,职业性是行为有效和规范的保证。无论是在儿童问题评估上,还是在儿童问题应对上,在写作本书的过程中,我都严格遵循心理咨询职业化要求,从操作过程到分析环节,都不失职业特质。但是,为了满足非职业性读者的需求,我会在文字的书写上尽可能地用通俗的语言,使得职业性和通俗性能够有机结合。

本书分为八章,第一章是儿童常见问题解析,主要讲解与儿童心理问题有关的理论知识。儿童心理学工作是一份充满挑战和创造性的工作,希望每位儿童心理学工作者都有一颗不断学习的心去武装自己,抱着对生命的敬畏之心去了解儿童的发展规律和心理影响因素,将每次的评估与咨询都当成学习的机会,善于总结经验让自己变成一位科研型的心理咨询师。这样,在面对来访者时就不再疲乏地应对每个特殊情况,而是真正变成一位儿童心理问题专家。在工作中,对自己的评估诊断更加自信,对给出的咨询与治疗方案更加胸有成竹。

第二章和第三章分别介绍对一般儿童心理问题评估常用的技术和对较严重的儿童心理障碍的诊断评估。心理评估是心理问题解决过程中的一个重要环节,就像管理学的吉德林法则所说的:"认识到问题就等于解决了一半。"心理评估的过程就是认识到问题的过程。在我的20多年的心理咨询生涯中,遇到的儿童问题各种各样:有的是儿童厌学;有的是家境优越的孩子偷窃成瘾;有的是儿童在公共场合没有礼貌;有的是性格内向……问题的外在表现形式各异,但都源于想获得内心的自我价值感。这时,心理咨询师要通过评估辨认儿童问题的核心是什么。心理咨询发展至今,有很多非常好用的儿童评估诊断技术,如沙盘投射测验、绘画测验等,以及儿童发展发育水平的测验工具,可能很多儿童心理工作者没有注意到,我在这部分将我自己经常使用、效果不错的看家宝贝都和盘托出,与各位同仁共勉。

第四章是对心理咨询与治疗的概述,针对目前我国心理咨询市场的现状,为大家介绍哪些是心理咨询工作的范畴,哪些是教育工作者的工作内容,如何为来访者设定一个合理的咨询目标心理预期,让他们对心理咨询与治疗有个更加切合实际的定位,取得家长及其他儿童密切接触者的配合,共同为儿童心理咨询与治疗过程创造良好的心理及社会支持。

第五章是儿童心理咨询与治疗的伦理,我国目前的儿童心理问题工作者的知识背景多样。要想真正成为一名合格的儿童心理咨询与治疗师不光要有全备的心理学知识体系,还要充分了解自己的人格特质,了解自己的人际交往模式、文化背景及伦理决策等如何影响咨询效果,只有对自己有更加深入的了解,才能更好地帮助别人。

第六章及第七章是儿童心理咨询及治疗的方法介绍,这些咨询及治疗方法都是我在工作当中经常用到的,对儿童心理咨询及治疗有非常好的效果。比如,行为疗法、合理情绪疗法、游戏疗法、家庭治疗、沙盘疗法、绘画治疗、音乐疗法,前四种是传统方法,后三种是比较新的表达性治疗方法。每位从事儿童心理咨询工作的同仁都接受过相关的培训,也读过很多针对每个疗法的图书。我在这本书当中侧重的是具体应用的指导及我自己的实操案例介绍,相信会让大家有耳目一新的感觉。

第八章是儿童心理咨询与治疗实践案例,针对儿童常见的情绪及行为问题、学业及特殊问题、青春期抑郁问题、青春期人际关系问题,我对每类问题都给出了一套完整的咨询方案。每个儿童都是独一无二的,每个咨询方案都是特定环境下咨询师智慧的结晶。我在这里抛砖引玉,希望与各位同仁切磋交流。

目 录

第一章　儿童常见问题解析

●●●●
●●●●

导入案例：毛毛的成长之谜①

毛毛（化名）是一个 4 岁的小男孩，活泼、好动，长得特像妈妈，但性格却和爸爸比较像。在 4 年的成长过程中，毛毛经常做出一些让爸爸妈妈不解的事。

妈妈回忆：毛毛在 8 个月时，由于父母工作比较忙，就把他交给姥姥和姥爷带，所以毛毛和姥姥、姥爷很亲近。两岁时，爸爸和妈妈将毛毛接回身边，毛毛平时在家很胆大，也很爱讲话。但只要和爸爸妈妈出门，就会紧紧地搂着父母，和在家的表现很不一样，即使到了父母最好的朋友家里也一样。有时，毛毛显得对人很不礼貌，搞得父母很尴尬，爸爸和妈妈很不解毛毛的表现，怎么离开家毛毛就像变成了另一个孩子？

3 岁时，毛毛上幼儿园，妈妈送他去幼儿园的路上表现很好，可是和妈妈分别时他却比一般孩子的反应大，大哭不止不说还出现少有的打人现象。一般的小朋友在上幼儿园后有两个星期左右的哭闹，而毛毛则哭闹了整整两个月。

毛毛父母向心理专家请教，心理专家认为：毛毛应该是安全感较低引发的分离焦虑问题。毛毛在 3 年间出现了三次分离，第一次是去姥姥家与父母分离；第二次是被爸爸妈妈接回家与姥姥、姥爷分离；第三次是上幼儿园与父母的再次分离。这种多次分离的情况极易导致儿童出现安全感问题。

什么是安全感问题？毛毛为什么会出现安全感问题？我们在本章内容中寻找一下答案吧。

懂得儿童的心理发展规律，是儿童心理工作者必要的知识储备。

首先，"了解儿童、尊重儿童"是近代教育理念，原本以成人视角、自上而下的教育模式已经无法满足现代社会教育发展的需要，儿童心理学也是在这一背景下产生的。

其次，对儿童心理发展与教育的重视，不仅是因为儿童阶段是人生发展的起

---

① 本案例是作者咨询的案例，案主个人信息做了保密处理。

步,还在于这个阶段儿童心理发展的独特性,更因为儿童阶段的心理建设关乎其成人后的人生历程。

最后,关注儿童的心理发展规律,是儿童心理学工作者将心理学的理论、观点及方法引入咨询过程,使咨询目标和咨询方法的实施更加符合儿童身心发展规律及儿童心理需要,进而取得高质量的咨询效果。儿童心理发展有其自身的规律性和特性,儿童心理学工作者只有在遵循儿童心理发展规律的前提下实施咨询,才可以保证心理咨询的有效性。

本章作为开篇,我将对儿童心理发展的普遍规律进行描述,希望读者通过儿童心理发展的基本规律及儿童心理发展中几个重要因素的关键期等知识,全面了解儿童心理发展特性。在这里,我特别提醒刚刚进入儿童心理咨询与治疗领域的年轻同行们,重基础理论是成为真正的儿童心理学工作者的前提,尽管理论知识的学习很艰苦也很枯燥,还是请你拿出宝贵的时间把这部分好好读一读。

第一节　儿童心理发展的年龄界定

分清楚儿童心理发展的年龄分类标准,可以帮助儿童心理学工作者快速地了解来访者的心理特质,并对他们的心理问题进行准确分析。

一、年龄的类别

关于年龄,不同领域有着不同的计算标准。目前,人口学、生理学、心理学及社会学等领域,都有着各自在年龄上的计算指标。

1.四种年龄类型

关于年龄有多种不同的解释,以下四种类型的划分最为常见。

（1）自然年龄

自然年龄是日常生活中人们最常使用的计算年龄的方法,也被称为历法年龄。自然年龄是从时间推移出发,依据人的出生年月日来计算年龄。自然年龄计算特点主要表现为:一是直接与时间对接,简单且易掌握;二是这种计算是不以人的意志为转移的客观记载;三是这种计算直接反映一个人的生命历程及生命延续。

（2）生理年龄

生理年龄是健康学中非常重视的一种年龄计算方法。我们人体的每个部分都经历着由不成熟到成熟,再由成熟到衰老的发展过程,因此,人体每个部分都有自己的年龄,如人的大脑、骨骼、听觉、视觉、皮肤等都有自己的年龄。目前,在医学、生物学及心理学等领域,研究者制订出一系列人体生理年龄的检测法。人的生理年龄的计算不仅可以客观地反映人器官发育是否良好,还可以根据器官是否出现未老先衰,预防人体可能出现的健康隐患。

（3）心理年龄

心理年龄是心理学领域研究人心理发展时所涉及的年龄计算方法,是指人的整体心理特征所表露的年龄特征。同生理年龄一样,人的心理也经历着不同的发展阶段,概括地说心理年龄是指依照个体心理活动的健全程度确定的个体年龄,主要包括人在认知、人格、情绪及行为等方面的成熟程度。

心理年龄特点主要表现在四个方面:一是其内隐性,它不像自然年龄和生理年龄那样,我们可以通过肉眼直接观察年龄的变化,心理年龄是需要通过个体的人格及智力的程度体现的;二是其与生理年龄之间的关联性,如果生理年龄与心理年龄一致表明了个体的身心发育成熟,反之亦然;三是其主观调节作用,人的心理年龄在某种程度上可以通过个体控制做一定的调节;四是心理年龄受环境影响程度较大,自然环境、文化背景及教养环境都会在不同程度上影响人的心理年龄。

（4）社会年龄

社会年龄是个体社会化程度的当量。一般情况下,个体的社会化发展水平应该与其自然年龄相符,即人在不同的年龄阶段应该具有与其年龄相对应的社会化能力。但由于各种原因,会有一部分人的社会化能力低于其自身的实际年龄。

社会年龄具备如下特点。一是其文化性。个体的社会年龄会在很大程度上受其所处文化背景的影响,同时,社会经济地位不同也会导致个体的社会年龄不同。例如,基于我国独生子女家庭教育的特点,目前,与西方国家相比,我国青少年的社会年龄普遍偏小。二是其个体差异性。人的社会年龄不仅受其所处文化背景的影响,更受个人心理特质的影响,这也是即便在相同文化背景下,个体间也会在社会年龄上存在差异的原因。三是个体的社会年龄主要通过其人际交往能力反映出来。人际关系是社会交往的主要内容,个体的人际交往能力是其社会年龄评定的主要指标,同等重要的还有其情绪与行为管理能力等。

2.四种年龄类型的关系

上述四种年龄类型虽然在计算方法和内容上各自不同,但它们之间也存在密切的关联。正常情况下,一个人的自然年龄、生理年龄、心理年龄及社会年龄之间应该是一致的,但事实上四者之间存在不一致的情况也非常多地存在于许多儿童身上。

个体在四种年龄类型上所表现的关系可以划分为如下四种关系类型。

(1)四者一致型

这种关系类型是自然年龄、生理年龄、心理年龄与社会年龄表现为高度一致,也就是我们平时说的发展常态类型。这种类型的个体,由于其身心发育一致,他们能够非常好地适应社会环境,与他人保持良好的人际关系,也会适度地彰显自己的个性。

(2)其他三者低于自然年龄类型

这种关系类型的个体可能因为认知发展、智力因素或其他因素发展滞后等导致其生理年龄、心理年龄和社会年龄低于自然年龄,进而引发他们在社会交往中无法与他人保持同等水平,呈现出社会功能偏弱的状况。

(3)其他三者低于生理年龄类型

这种关系类型的个体主要表现为大脑发育或运动等能力发育较好,在聪明程度或运动等能力上高于其同龄人,但在心理年龄和社会年龄上却无法达到同龄人的程度,这也是一种不成熟的表现。尽管这一人群在某些方面具有较好的能力,但作为一个成年人,在人际交往、情绪及行为管理上可能会存在问题。

(4)两高两低类型

这种关系类型的个体表现为心理年龄和社会年龄偏低,与其自然年龄和生理年龄不匹配。这种关系类型的个体主要表现为社会性功能发展问题,也属于不成熟关系类型。

这里所呈现的关系类型仅为四者年龄关系中所表现出的较为典型的类型,事实上还会有更复杂的关系类型,在这里就不一一赘述了。

二、关于儿童年龄界线的界定

前文中我们讲到的四种年龄类型主要适用于各种领域的研究,日常生活中,人们依然习惯用自然年龄来描述儿童的年龄,那么在自然年龄中儿童阶段如何界定,这是做儿童问题研究时首先要搞清楚的问题。

1. 联合国关于儿童年龄界限的界定

在年龄上如何界定儿童呢? 一般人会习惯性地认为,至小学阶段结束,也就是

0~12岁应该被视为儿童阶段,儿童活动大多也是针对这个年龄段的孩子设计的,比如六一儿童节活动等,这主要是源于人们会把儿童和小孩子联系起来。在成人眼中,小孩子无论在身体还是心理上都需要人百般呵护,因此,儿童阶段是人在成长过程中接受教养最重要的时期,这也是许多家长会非常愿意并充满热情地教育12岁以下孩子的原因。

事实上对儿童在年龄上的界定,早在1989年11月20日召开的第44届联合国大会上通过的,1990年9月2日生效的《儿童权利公约》中第一部分第一条就有明确规定,"为本公约之目的,儿童系指18岁以下的任何人,除非对其适用之法律规定成年年龄低于18岁"。随后,我国也宣布,《儿童权利公约》于1992年4月1日开始在我国正式生效。

2. 其他影响力较大的儿童年龄界线的界定

尽管如此,不仅普通人对儿童年龄存在个性化认知,各个学术领域也会以自身特性为依据,来界定儿童年龄。

(1)《中华人民共和国民法总则》规定

《中华人民共和国民法总则》第十七条规定,18周岁以上的自然人为成年人。不满18周岁的自然人为未成年人。第十八条规定,成年人为完全民事行为能力人,可以独立实施民事法律行为。16周岁以上的未成年人,以自己的劳动收入为主要生活来源的,视为完全民事行为能力人。第十九条规定,8周岁以上的未成年人为限制民事行为能力人,实施民事法律行为由其法定代理人代理或者经其法定代理人同意、追认,但是可以独立实施纯获利益的民事法律行为或者与其年龄、智力相适应的民事法律行为。

(2)社会学与心理学领域关于儿童年龄的界定

在理论上,我国学者陆士桢将儿童的年龄界定为0~14岁;在实践中,我国青年、少年、儿童工作在体制上划分为三个阶段:0~5岁主要由妇女联合会组织工作;6~14岁主要由共青团的少年儿童工作部负责;14岁以上为共青团组织的工作对象。由此可见,0~14岁的儿童年龄界定更符合我国的实际情况。

一般情况下,心理学领域会认定儿童的年龄为0~18岁。但也有许多心理学家根据自己的研究方向对儿童的年龄做出了特定化的界定。如著名儿童心理学家皮亚杰从儿童认知发展的角度出发,将儿童的年龄界定为0~15岁,认为儿童在此期间会经历四个不同的认知发展阶段,从而使其认知能力不断接近成人。埃里克森从人格发展的视角出发,将儿童的年龄界定为 0~16 岁,认为儿童在此期间会经历人格发展的四个阶段,且每个阶段都具有相对独立的心理品质。

3. 儿童心理年龄阶段的划分

关于儿童心理年龄阶段的划分,不同的划分标准会得出不同的结果。目前,在心理学领域,儿童心理年龄阶段的划分有六个常用的划分标准。

(1)以生理发展为划分标准

美国心理学家伯曼以内分泌腺①作为划分标准,把儿童划分为:幼年期(胸腺时期)、童年期(脑上腺时期)及青年期(性腺时期)。

(2)以人类发展为划分标准

德国心理学家施太伦根据人类种系演化特性把儿童划分为:从哺乳类动物到原始人阶段,幼儿期(6 岁以前);人类古老的文化阶段,意识学习期(7~13 岁);近代文化阶段,青年成熟期(14~18 岁)。

(3)以智力为划分标准

瑞士心理学家皮亚杰根据儿童的认知发展水平把儿童心理发展分为四个阶段:感知运动阶段(0~2 岁)、前运算阶段(2~7 岁)、具体运算阶段(7~12 岁)及形式运算阶段(12~15 岁)。

(4)以个性特质为划分标准

美国心理学家埃里克森根据人格发展特性把儿童划分为:第一阶段(0~2 岁),信任感对怀疑感;第二阶段(2~4 岁),自主性对羞怯和疑虑;第三阶段(4~7 岁),主动对内疚;第四阶段(7~16 岁),勤奋感对自卑感。

(5)以活动特点为划分标准

苏联心理学家艾利康宁根据儿童活动特性把儿童划分为:直接情绪性交往活动阶段(0~1 岁)、摆弄实物活动(1~3 岁)、游戏活动(3~7 岁)、基本的学习活动(7~11 岁)、社会有益活动(11~15 岁)及专业学习活动(15~17 岁)。

(6)以道德特性为划分标准

美国心理学家柯尔伯格根据儿童的道德发展特点,把道德分为三个水平和六

---

① 内分泌腺:人体的内分泌腺由垂体、甲状腺、胰腺、肾上腺、甲状旁腺、胸腺、性腺、脑上腺等主要腺体组成,在人成长过程中,这些腺体与年龄有着密切的关联。如胸腺大小随年龄而改变,幼年时期,腺体逐渐增大,在青春期以前生长到最大限度,以后随年龄的增长而减小;脑上腺在幼年时最为发达,以后逐渐退化,一般在 7~10 岁便开始钙化而萎缩;性腺通过促进第二性征的发育伴随着儿童步入青春期,后逐步成熟。

个发展阶段。柯尔伯格认为年龄与道德发展阶段有一定的关系,但不完全对应,因此其发展阶段理论很难和年龄——对应。三个水平分别是前世俗水平、世俗水平和后世俗水平,每个水平都具有两个发展阶段:第一阶段,以行为后果作为是非标准的阶段;第二阶段,以个人需求的满足来界定事情好坏的阶段;第三阶段,朴素的利己主义阶段;第四阶段,以是否能取悦于别人决定事情好坏的阶段;第五阶段,以社会价值和个人权利作为是非标准的阶段;第六阶段,以个人的良心和原则作为决策标准的阶段。

第二节　儿童心理发展的基本规律

儿童时期无论在生理上还是在心理上都是人发展最快的时期,更是为个体发展打基础的时期。而在这一时期除了儿童自身的特性外,教育起着非常重要的作用。儿童能力发展、儿童社会化水平及儿童的身心健康中,都深深印着教育的痕迹。一般来说,任何事物的发展都是其内因和外因相互作用的结果。

这里,我就从儿童发展的内外因分析入手,探究儿童心理发展的基本规律。儿童心理发展规律,主要涉及两个问题:一是遗传、环境和教育在儿童心理发展中的作用问题;二是儿童心理发展的动力问题。我将从三个方面为大家揭示儿童心理发展的规律。

一、遗传是儿童心理发展的生物前提

遗传因素是心理学在研究人类心理与行为模式时,首先需要探寻的问题。在遗传与心理发展的相关研究中,心理学已经取得了众多的成果。

1.遗传决定论

遗传因素作为个体先天的东西,在心理发展中起着重要作用。在心理学领域,从 19 世纪后半期到 20 世纪初,西方关于儿童心理发展的主要观点中"遗传决定论"具有较大的影响力。英国优生学家弗朗西斯·高尔顿[①]是遗传决定论的创始者,1869 年,在《遗传的天才》(*Hereditary Genius*)一书中他提出:一个人的能力得益于遗传,其受遗传决定的程度,如同一切有机体的形态及躯体组织之受遗传的决定

---

① 他是发表《物种起源》的查尔斯·达尔文的表弟,深受进化论思想影响,把该思想引入人类学研究,从遗传角度研究个性差异形成的原因,开创了优生学。

一样。奥地利心理学家彪勒·卡尔是遗传决定论的捍卫者,他指出:在儿童心理发展的过程中,起决定作用的是儿童内部素质,外界环境只起着促进和延缓儿童发展过程的作用。1969 年,美国教育心理家詹森在总结了自己众多研究成果后提出:一个人的智商有 80% 来自遗传。德裔英国心理学家艾森克也提出了天才 60%～70% 是由遗传决定的,30%～40% 是由环境决定的。

事实上,单纯而又绝对的遗传决定论者为数并不多,但此观点夸大遗传在儿童心理发展中的作用,认为儿童心理发展是由先天的、不变的遗传因素所决定的主张,还是对教育者有一定的误导作用。如果教育者信奉遗传论,势必会在儿童教育实践中不自觉地、先入为主地给儿童贴上标签,"笨孩子"或"聪明的孩子",从而导致儿童教育出现误导,影响儿童身心发展。

2. 遗传的本质

遗传的本质是什么? 这个问题是正视遗传在儿童心理发展过程中所起作用的关键点。而要搞清楚这个问题,既不否认遗传的作用也不夸大遗传的作用是最基本的理念。

首先,我们需要了解遗传素质是儿童心理发展的生物前提和自然条件这一要点。遗传素质是指人与生俱来的生物特性,是种族发展和遗传的产物,是人的个性心理形成和发展的前提与物质基础。众所周知,遗传对于个体的身心发展很重要,身体与心理特质中都会有遗传的作用。不仅人的内部生理特征、中枢神经系统中遗传素质发挥着重要作用,人的外显生理特性,如身高、五官等也都显现出遗传素质的作用。

其次,遗传不能预测或决定儿童的心理发展。尽管遗传对人很重要,但无限夸大遗传的作用是非常错误的。遗传不能决定儿童的未来。如果过度强调遗传的作用,会使儿童心理发展从起点就被固化,使儿童原本可能具有的提升空间被这种观念固化抑制。儿童的社会化水平是其综合能力的重要部分,而这一能力必须通过接触社会才得以显现和提升,无社会化的一切能力只是本能而已。

二、教育条件在儿童所处环境中起主导作用

与遗传一样,环境在个体心理与行为产生与发展过程中,也起着至关重要的作用。而对于儿童来说,教育条件在其所处环境中起着主导作用。下面,我就将心理学领域的相关研究成果介绍给大家。

1.**环境决定论**

与"遗传决定论"相反,"环境决定论"是强调环境在人发展过程中所起决定作用的一种理论。最早提出这个理论的是古希腊思想家希波克拉底、柏拉图和亚里士多德等人。那时,人们就开始注意人与气候的关系,并认为人的性格和智慧受气候的影响。在心理学领域中,持环境决定论观点的最具有代表性的人物是行为主义创始人华生。以华生为代表的环境决定论者认为,儿童心理发展是由环境和教育所决定的,否定了遗传的作用。

2.**环境的作用**

客观地分析环境与教育在儿童身心发展中的作用,必须从如下几个方面考虑。

首先,我们不能否认遗传的作用,因为没有遗传就没有人的发展,遗传为人的发展提供可能性。但同时也不能夸大遗传的作用,环境和教育是决定儿童心理发展现实性的决定性因素。行为主义通过各种研究不断地验证这样一个假设,即人的行为不仅受神经系统的先天特性制约,更受个体在成长过程中所处的环境和所受的教育影响。

其次,儿童心理发展与其所处社会的生活状况、科学发展水平和教育水平有着密切的关联。心理学领域的研究成果不断提示我们:不同教育背景下,儿童身心发展状况存在一定的差异,这不仅可以从纵向研究分析得出(儿童心理发展的时代差异),也能从横向研究分析(儿童心理发展的地域文化差异)得出。

最后,教育条件在儿童心理发展上起着主导作用。教育是一种有目的、有计划和系统性的活动,不同条件下的教育活动对儿童身心发展的作用也不同。如,教育者的教育理念、教育策略及教育手段都会因其所处社会环境的影响,导致对儿童发展目标界定上的不同,进而培养出不同的人才。

综上所述,我们可以得出,教育在儿童心理发展上起着非常重要的决定作用,但是,我们也不能就此机械地看待环境与教育在儿童心理发展中的作用。遗传与环境在儿童心理发展中的作用存在较大的个体差异,因此,我们不能简单地讨论遗传和环境的作用,应该辩证地、个性化地看待儿童心理发展中遗传与环境的作用机制。

三、儿童发展的内部矛盾是儿童心理发展的动力

探究儿童心理发展的动力,是一个非常复杂的研究课题,心理学领域一般会从

内部发展和外部发展两个方面考察儿童心理发展动力。

1. 儿童心理发展的内因与外因

儿童心理发展的动力是什么？要搞清楚这个问题，首先要搞清楚儿童心理发展的内因（内部矛盾）和外因（外部矛盾）问题。

内因：儿童心理发展的内因是指在儿童主体（个人）和客体（客观事物）相互作用过程中，社会环境（包括社会大环境和家庭小环境）对儿童的要求与儿童已有心理水平或状态之间的矛盾。如果社会环境要求与儿童心理水平表现一致时，内因会起到积极的作用，反之亦然。

外因：儿童心理发展的外因是指儿童所处的环境、文化和所接受的教育，其中教育是儿童心理发展最重要的外因，是儿童心理发展最主要的条件。社会环境或教育应该成为儿童身心发展的积极因素，但环境或教育如果无法满足儿童身心发展需要时，则会成为影响儿童身心发展的负面因素。

2. 儿童心理发展的动力

关于儿童心理发展动力问题，直至目前，心理学领域仍然存在诸多不同的观点，我个人更倾向于儿童发展内部矛盾是儿童心理发展的动力这一观点。其原因有二：

第一，儿童心理具备两种水平：一种是现有水平（现有的心理状态）；一种是期待水平（随需求产生的心理水平）。这两种水平不断更替促使儿童不断发展，儿童心理就是在现有水平不断被期待水平替代的过程中发展的，即心理水平是随着需求的更新而不断提高与发展的。

第二，儿童心理的内部矛盾产生于儿童进行的各类活动中，这些矛盾的不断转化与统一，使儿童不断形成自己独特的适应环境的模式，进而不断发展成熟。

结合上述内容，我整理出了儿童心理发展动力图，具体内容如图 1-1 所示。

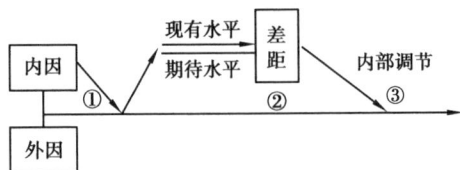

图 1-1　儿童身心发展动力图

如图 1-1 所示，儿童心理发展的内部因素和所处的外部环境因素，在儿童身心发展过程中都起着重要的作用。在内外因的作用机制中,内因更显著地影响儿童身心的发展,因为,儿童的成长是在自身内部不断地协调现有水平和期待水平的差距中不断发展的。具体表现为三个阶段,第一阶段是内外因交互作用阶段,即个体的内部因素与外部环境有机结合阶段;第二阶段是内因调节阶段,即个体在环境中获得某种刺激状况下,内部根据自身的状况开始加工外部刺激,调节由此产生的内部冲突与矛盾;第三阶段是回归现实阶段,即内部调节后的结果外化,再与环境关联,进而产生个体变化与发展的特点。

例如,儿童在成长过程中会不断地遇到环境适应问题,在对新环境的适应过程中,不同的儿童对环境的适应程度不同,这主要是由儿童内部因素在与环境的交互作用中所具有的个性特质所致。在适应过程中,大多数儿童都会出现暂时的不适应,这是由儿童所具有的现有水平决定的。之后则会出现分化,那些潜在水平较高的儿童该能力一旦被激活,转变为现有水平,儿童的外在行为表现就呈现出较好的适应状态;反之,那些潜在适应水平较低的儿童,因内部因素无法达到适应环境的要求,则会出现持续性的不适应或者越来越不适应,甚至出现适应障碍。由此可见,儿童心理发展的动力是儿童发展内部矛盾。

第三节 儿童心理发展的"关键期"

任何事物的变化与发展都具有起"关键"作用的时间点,儿童心理发展也一样,每种心理因素都存在着自身发展的"关键期"。在儿童心理发展过程中,利用关键期效应,促进儿童身心发展,是心理学和教育学工作者必须要掌握的知识与技能。

一、关键期与印刻效应

在心理学中,关键期总是和印刻效应关联着。下面,我从这两个概念的内涵入手,为大家讲解相关知识。

1. 关键期与印刻效应

在儿童发展与教育心理学中"临界年龄、最佳年龄、敏感期"等问题一直以来备受瞩目,也成了学者普遍关注的课题。大量的心理学实验结果显示,无论是动物还是人,每一种心理或每一组心理都会在某一时期或阶段获得最大限度的反应,也最易建立深刻的心理反应,如果错过这一阶段或时期,就不易或无法再出现如此好的心理反应效果,因此,这个时机对于个体心理发展来说就非常重要,心理学上把这个重要的时机称为"关键期"。

为什么要在这里提及"印刻效应"这个词,这要从"印刻效应"与儿童心理发展的关系说起。德国行为学家海因罗特的"小鹅认母"实验(1910年)是最早揭示"印刻效应"的心理学实验,这个实验结果显示,刚刚破壳而出的小鹅会本能地把第一眼看到的活动物体视为"母亲",即便这个活动物体可能不是它的母亲,而且这一认知一旦形成就很难改变。这种在关键时机产生的首因效应,或者说在某一特定时刻产生的特定"印刻",被奥地利的习性学家洛伦兹称为"印刻效应"现象。

最初,人们认为这种"印刻效应"可能只是鸭、鹅等动物具有的本能行为,但后来的心理学研究发现"印刻效应"不仅存在于低等动物里,也同样存在于人类行为中。例如,有研究把这种动物实验研究的结果应用到早期儿童心理发展上,从而发现:婴儿出生后对自己所处的环境最早出现的声音和东西也有"印刻效应"。如果婴儿出生后一个半月左右,耳朵听到的声音是电视的声音,眼睛看见的东西是电视画面的话,婴儿的头脑里就会刻上电视的印迹,反而对母亲的声音变得不敏感。

2."关键期"的意义

"印刻效应"是初生动物对第一次见到的物体产生的本能性依赖反应,当心理学研究发现这一现象也符合人类时,"关键期"这一概念就被纳入发展与教育心理学研究者的视野,于是儿童心理发展过程中的关键年龄问题就被提了出来。例如,有研究者认为两三岁是儿童学习口头言语的关键年龄,四五岁是学习书面语言的关键年龄,错过这个时期,效果就会差些,等等。

有学者依据"关键期"的研究成果提出"母亲印刻"效应,强调父母在儿童的心理发展过程中有着不可替代的重要作用,特别是对婴儿的心理发展至关重要。如果家长忽略了这一具有奠基性作用的关键期,孩子心理发展与健康将会受到严重影响。

我国著名教育心理学家朱智贤指出:关键期在早期教育和人才培养问题上是一个值得大力研究的问题。

首先,要对儿童心理发展的关键期进行具体而深入的研究,这样的研究成果可以为儿童教育提供科学而有力的支持。如以儿童语言、儿童思维、儿童创造力、儿童自信心、儿童人际交往能力发育等关键期为研究目标所取得的成果,可以指导相关教育实践,使教育更加有针对性地利用关键期,最大限度地促进儿童心理发展。

其次,对于关键期错过的补救研究。现实生活中,教育错过关键期也是较常见的现象,如何补救,或者说错过关键期以后如何有效地学习,也是相关研究应该关注的课题。

再次,在关键期实施早期教育时,如何尊重儿童心理发展的规律,协调内因与外因的相关关系也应该是研究的主要问题之一。

最后,研究关键期,不仅要考虑儿童心理发展的共性特征,也要考虑儿童个体的个性特征,只有这样才能做到因地制宜,达到促进儿童心理发展的目的。

二、儿童心理发展几个关键期

在我 20 多年的儿童心理研究与教育实践过程中,几个重要心理因素在儿童心理发展中作用重大。下面我就对这几个心理因素以及它们发展的关键期进行系统描述。

1. 安全感及其发展的关键期

对于安全感的解释并不是一件难事,安全感顾名思义就是人渴望安全与稳定的心理,是人最基本的生存与精神需求。

(1)安全感在儿童心理发展过程中的作用

安全感对于儿童心理发展意义重大,主要表现在三个方面:

第一,安全感是人生存中安全心理的核心,较高的安全感水平可以使个体在各类安全需求上得到满足。如果一个人处于水平较低的安全感状态时,就很容易在安全需求上出现问题,而这些问题的出现会直接影响人的生活质量。

第二,安全感与焦虑有密切的关联,较低的安全感是导致焦虑的源泉,人在感受不到安全时,紧张、不安及恐惧等情绪就会产生,而这些消极情绪也会直接影响人的身心健康。

第三,安全感与冲突存在相关,当人的安全感水平较低时,就很容易出现怀疑、反复与矛盾的想法,进而使判断力受到影响而产生一些冲动或消极的行为。

(2)安全感建立的关键期

既然安全感对于个体心理发展这么重要,那么安全感建立的关键时期是什么呢? 多种心理学的研究结果显示,0～3 岁是儿童安全感建立的关键期。

人有生存安全、情感安全及发展安全等多方面的需求。生存安全是指个体生存最基本的需求,具体来说,就是稳定的居住环境和衣食无忧的安全感受水平。对于儿童来说,0~3岁体验的生存安全感受对于今后的心理发展影响很大,如果儿童在这个阶段一直处于安稳有爱的环境中,那么其所建立起的安全感受就会很高,但如果儿童在此期间或被放在此环境或又被放置在彼环境,不断地变换生活环境和抚养人,那么儿童就很难建立起较高水平的安全感。情感安全是指个体在情感与依恋上的安全感受。如果儿童在0~3岁获得了较高的情感上的安全支持,如来自父母稳定的爱,这将会奠定儿童长大后的高水平安全感受。发展安全是指个体对于变化与发展的安全需求,如果儿童在0~3岁,其成长得到很好的支持,如语言发展需求、运动发展需求等均得到很好的满足,那么儿童在成长过程中将会更加主动地适应变化。由此可见,0~3岁对于儿童安全感的建立非常重要。

2. 依恋及其发展的关键期

谈及安全感,一定离不开另一个重要的心理学概念——依恋。依恋是人的社会性联结,是情感社会化的重要指标。依恋与安全感之间的关系,最早被关注是源于心理学家哈洛曾经做过的"小猴实验"。哈洛将刚出生的小猴单独放在一间房子里,观察小猴对待两个道具猴妈妈(一个铁丝妈妈,身上有奶瓶;一个是绒布妈妈,身上没有奶瓶)的态度与行为。结果发现,小猴除了饿了会去铁丝妈妈那里吃奶以外,多数时间都依偎在绒布妈妈的身上,一旦房间里只有带奶瓶的铁丝妈妈时,小猴就会感到惊恐不安。研究者通过这一实验得出结论:婴儿需要的东西不仅仅是食物,其对安全依恋关系的需求更为重要。

(1)依恋的类型

后来,心理学家艾斯沃斯运用"陌生情景"研究法[①],对儿童的依恋进行比较研究,根据儿童在陌生情境中对陌生人与母亲的态度与应对,将儿童的依恋类型分为安全型依恋、回避型依恋和反抗型依恋。

安全型依恋:儿童和妈妈同在一个陌生环境时,儿童表现出较高的安全状态,很自在。与妈妈之间的互动正常,并没有表现出过度依偎妈妈,即在陌生环境中,儿童因为和妈妈在一起就能感受到安全。当妈妈离开时,孩子会表现得有点心烦

---

① "陌生情景"研究法:第一步,妈妈与孩子一起走进一个陌生房间;第二步,母子间自由活动;第三步,妈妈离开房间一会儿;第四步,一个陌生成年人进入房间后与儿童打招呼,后离开房间;第五步,妈妈回到房间,和儿童打招呼并安慰儿童。

与不安,但对于陌生人的反应比较积极,等到妈妈回来后会马上寻求与母亲进行接触,并且很容易得到抚慰,马上能平静下来,继续玩耍。研究显示,儿童中有65% ~ 70%的人属于安全型依恋。安全型依恋是正常的亲子关系,表现出安全型依恋的儿童与父母之间建立起了彼此信任的关系。这种儿童对父母的信任,使得他在父母暂时离开时能很快平复烦躁情绪,也能在父母回来之后很快得到安慰。父母对儿童的信任,也让他与父母在一起时,能做自己感兴趣的事情,而不用时刻依偎在父母身旁。

回避型依恋:这类儿童在陌生环境中,表现出妈妈在与不在差距不大,对于陌生人与妈妈的态度也无亲疏感觉,这类儿童被称为"无依恋儿童",占儿童的20%左右。这种类型的依恋,儿童看似比较独立,表现出与实际年龄不相符的成熟和自立,但是,这样的儿童经常带着一种让人怜爱的感觉,他们不是没有情感需要,也不是不喜欢被父母关爱,也不是不想依恋自己的父母,只是因为在教养过程中,经过长年累月的互动交流,儿童已经对父母有种习得性无助感,他们不想表现得那么需要父母,也不想表现得自己那么弱小。这种早熟会对儿童后期的恋爱关系造成极大的影响。小时候缺乏的爱会在成人后以其他方式索取或补偿。对于这类儿童问题,关注点应该在父母身上。

反抗型依恋:这类儿童表现出对陌生环境的高度警觉,当妈妈离开时会非常不安与烦躁,对陌生人的态度也比较消极,当妈妈回来时,对妈妈的态度也比较矛盾,既想寻求安慰又会在妈妈拥抱时拒绝妈妈,很不容易安抚情绪,也无法马上平静地继续玩耍。因此,这种类型又被称为"矛盾型依恋",在儿童中占10% ~ 15%。这种类型的依恋关系 ,会让父母很头痛。儿童对父母的情感需要好像是个无底洞,总是填不满。无论父母如何表现,孩子总是若即若离。对于这种类型的儿童问题,关注点应该在孩子身上。

在儿童心理问题咨询过程中,如果涉及家庭咨询时,一定要关注孩子对父母的依恋类型,了解亲子关系状况可以了解儿童的成长史,通过成长史可以找到孩子形成现在的性格的突破口,找到现在的问题形成的原因。

(2)安全感与依恋的关系机制

根据前文,我们可以建立起安全感、依恋及社会性联结的心理关系机制,如图1-2所示。

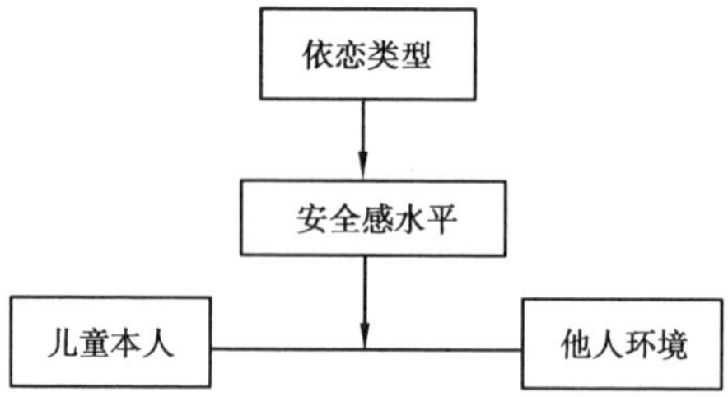

```
            ┌──────────┐
            │  依恋类型  │
            └──────────┘
                  │
                  ▼
            ┌──────────┐
            │ 安全感水平 │
            └──────────┘
        ┌───────┘      └────────┐
        ▼                        ▼
  ┌──────────┐            ┌──────────┐
  │  儿童本人  │            │  他人环境  │
  └──────────┘            └──────────┘
```

图 1-2　安全感与依恋

图 1-2 表明,儿童的安全感是受其依恋类型影响的,故不同的依恋类型下产生的安全感水平又会影响儿童的社会性联结,这个过程直接影响儿童在处理自己与他人之间关系时的心理特性。如,一个安全型依恋的儿童,自然是高安全水平,这就决定了孩子在环境中会表现出相对稳定的处事方式,这一点会在其情绪和行为上表现出来,即这类孩子基本上会较少出现过激情绪与行为问题;而回避型和反抗型依恋的儿童,由于安全感水平低,在与他人接触的过程中,无法表达自己的需求或无法使自己的需求得以满足,则会经常出现焦躁不安的情绪,表现出退缩或攻击性行为。

(3)依恋形成的关键期

心理学家鲍尔比及艾斯沃斯等人的研究显示,儿童依恋形成的关键期是 0～3 岁,其发展经历了三个阶段:第一阶段(出生到 3 个月),由于在这期间,儿童对人呈现出的是不加区分、无差别的反应,即对所有人的反应都一样,被称为"无差别的社会反应阶段";第二阶段(3～6 个月),此阶段的儿童开始有选择性地对人反应,特别是对母亲更为偏爱,有了陌生与熟悉的区别,因此该阶段被称为"有差别的社会反应阶段";第三阶段(6 个月到 3 岁),在这个阶段儿童不仅有了对熟人与陌生人的反应差异,而且对于特定的人会产生特定的反应,比如对妈妈的态度与对他人就有很大的不同,因此该阶段被称为"特殊的情感联结阶段"。

综上所述,依恋是儿童心理发展过程中一个至关重要的心理因素,由于其与安全感的形成关联密切,因此我们界定儿童依恋与安全感建立的关键期都是 0～3 岁。儿童心理学工作者面对的来访者都是能够理解他人及表达自我的青少年,对于他们而言,依恋类型已经形成,心理伤害已经形成,或心理安全感已经建立,儿童心理学工作者了解儿童与父母的依恋关系,虽然不能重建依恋感,但是通过观察亲子关系的依恋状态可以了解儿童的成长史。

3. 自我意识及其发展的关键期

（1）自我意识

从意识的视角看，人的心理发展是不断提升觉察环境和觉察自己的能力过程，其中对自己的觉察就是自我意识。

自我意识就是人对自己身高、体重、性别等生理状况的认识，对自己的性格、喜好、能力、气质等心理特征的认识，对自己与他人相处的关系或自己在集体中的位置与作用等社会性的认识等，自我意识是儿童个性和社会性发展过程中最重要的概念。

（2）自我意识在儿童心理发展中的作用

从自我意识的概念可以推论出，人要生存，必须对自己有一个较好的认识，基于这一自我觉察，人才能对自己所处的客观世界有一个清楚的认识。一个人如果无法把自己和他人区别开，即不清楚自己是谁，也就无法认识客观世界。因此，我们有理由说，自我意识是个体认识外界客观事物的前提条件。

自我意识的发展是一个从对自我模糊认识到清晰认识的过程，个体自我意识能力应该和其身心发育成正比，即随着年龄的不断增长，自我意识能力不断增强。

自我意识对儿童心理发展的作用可以概括为如下几点。

第一，自我意识可以直接影响儿童自律性。自律性从本质上讲，就是指个体在被动状态中，能够克制自己，按一定的规范完成那些必须要做但又不愿意做的事情。如，一个儿童被要求完成课业，这是儿童不愿意做但又不得不做的事情，此时，自律性较强的儿童会顺利完成作业，而自律性较弱的儿童则会拖延或无法完成任务。可见，自律性是儿童社会化发展的一种必要能力。良好的自我意识是自律性建立的重要条件，即一个人对自己的评价与管理是其能否实现自律的基础。

这里我们以不同年龄段儿童和父母去商场购物，看到自己想要东西时所采取的态度，对自我意识和自律性的关系进行分析。如果是一个 3 岁儿童，同父母在商场购物时，对于自己想要的东西，采取的态度一般就是随便拿，如果得不到就会哭闹不止。很多大人认为孩子是无理取闹，殊不知儿童在此时因无法区分自己、父母与商场东西之间的关系，而不懂控制自己，所以也就没有自律性。如果是一个 7 岁儿童，当他（她）在商场看到自己想要的东西时，会采取控制性的、和父母商量的方法达到自己的目的，即使商量的结果没有达到目的，儿童会沮丧，但不会像 3 岁儿童那样大哭大闹。因为，此时儿童已经懂得东西是不可以随便拿的（自己和商场之间的关系),而要获得某个东西必须争得父母同意(自己和父母的关系)。由此可见,儿童的自律性是随着其自我意识的提升而增强的。

第二,自我意识与儿童自尊心关联密切。自尊心亦被称为自尊感,是个人基于自我意识而形成的一种自我尊重和自我保护的感觉。自尊心是个体自我调节结构的心理成分,主要是在处理自己与他人、自己与集体关系时,希望获得的被尊重与被关注的情感体验。

自我意识、自尊心及情绪一直以来都是心理学领域较为关注的话题,三者之间的关系如图 1-3 所示。

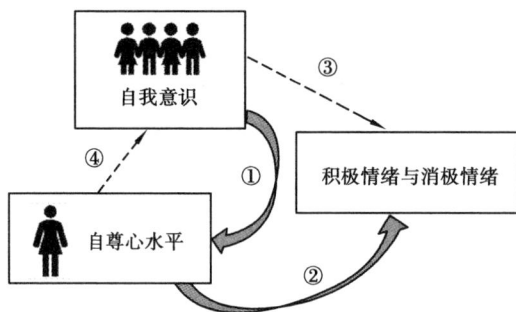

图 1-3 自我意识、自尊心与情绪关系图

图 1-3 呈现出的是两条路径。第一条路径是以实线箭头所标注的自我意识、自尊心及情绪三者间存在的一般路径:①表明自我意识对自尊心的影响,较好的自我意识能力可以有效地调节自尊心,使自尊心保持适度水平,避免自尊心太强形成虚荣心,或者自尊心过弱变成自卑;②表明自尊心会对情绪产生一定的影响,适度的自尊心水平可以产生积极情绪,反之自尊水平过高或过低则会产生消极情绪。第二条路径是以虚线所标注的自我意识、自尊心与情绪三者间存在的特殊路径:③表明自我意识也会在偶尔状态下对情绪直接产生影响,但大多数情况下是通过自尊心影响情绪;④表明自尊心也会在特定情况下对自我意识产生逆向影响,但大多数情况下是自我意识影响自尊心。

第三,自我意识对儿童自我教育具有推动作用。自我教育是人通过自我觉察、自觉反思及自我控制进而达到自我成长的行为,个人只有意识到自己的优点与缺点,才能使其优势得以发扬、不足得以克服,从而实现自我教育的积极效果。进行自我教育的重要因素是人的自觉性和自控力,而自我意识是获得这些重要因素的必要条件,个体只有较好的自我意识,才可能不断地完成自我监督、自我修养和自我完善,进而推动自我教育能力的提升。

第四,自我意识在个性发展中发挥着重大作用。自我意识不仅在人的社会性发展过程中起着重要作用,而且在人的个性发展中也有重要作用。人的个性发展不仅受先天因素影响,后天环境中个人的成长经历也对其个性特质的形成具有极大的影响。

例如,一个天性外向的孩子,如果处于一个高度被控制与被约束的成长环境,那么孩子就会在适应这种环境的过程中学会不断地束缚自我天性,慢慢地,个性中的天性成分减少,后天塑造的成分增加。而这两者间比例发生变化的重要原因,就是儿童自我意识的调节作用。概括地说,儿童在环境中的自我体验,使儿童对自己不断地进行控制与调整,从而导致个性发生改变。在这一自我意识调整过程中,可因个体对环境的适应状况不同而产生差异性个性。图 1-4 更形象地显示了这一过程。

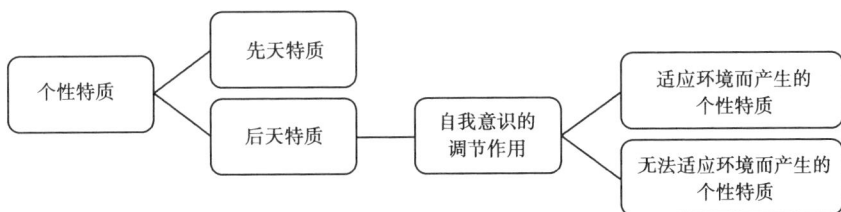

图 1-4　自我意识对个性特质的影响

(3)自我意识发展的关键期

自我意识一般包含自我评价、自我体验和自我控制三个重要因素,一般情况下自我意识各因素的发展趋势是随着年龄的增长而增长的。

自我评价:对于 3 岁之前的儿童来说,基本没有自我评价能力。苏联学者和我国学者的研究结果表明:自我评价一般开始于儿童的 3.5~4 岁,5 岁时儿童已经能进行自我评价。儿童在学龄前自我评价提升的轨迹为:从听信大人的评价到独立的自我评价;从对外部行为进行评价到对内心特质进行评价;从笼统评价到具体评价;从主观评价到客观评价。虽然相对于成人来说,儿童在幼儿阶段的自我评价能力还很不成熟,但已经具备初级自我评价能力,所以应该引起教育者的重视。幼儿在具备自我评价能力后,会对成人的评价产生反思,或者说,成人的评价会对儿童的自我评价产生特定影响。具体地说,客观的、适当的及全面的评价会正向地引导儿童的自我评价能力发展,反之亦然。

自我体验:和自我评价一样,儿童的自我体验能力在3岁之前也不明显。一般情况下,儿童在4岁开始出现明显的自我体验能力,5~6岁儿童基本上具备一定的自我体验能力。自我体验最重要的是情绪体验。情绪体验可分为:与生理需求联结的情绪体验和与社会需求联结的情绪体验。儿童的情绪体验发展轨迹是从生物性情感体验向社会化情感体验发展,因此,重视社会化情感体验是非常重要的。社会化情感体验中最核心的因素是自尊感,因此,培养儿童的自尊感,在3~6岁为儿童提供良好的社会化情感体验是教育者必须重视的问题。

自我控制:美国心理学家麦克拜将自我控制区分为四种自我控制活动:运动控制、情绪控制、认知控制及延迟满足。相对于自我评价和自我体验,儿童的自我控制能力产生较晚些。一般情况下,儿童在四五岁开始出现自我控制能力,6岁左右的儿童基本具有一定的控制能力。自我控制对于儿童心理发展相当重要,是其完成任务及协调人与人之间关系必备的能力,是人成功适应社会的必要条件。因此,对儿童自我控制能力的培养是教育者必须重视的教育环节。

综上所述,3~6岁是儿童自我意识发展的关键期。对儿童自我意识的培养,必须遵循儿童自我意识发展的普遍规律,充分利用其发展的关键期,对儿童进行科学的、适度的及有效的教育培养活动。

4.社交能力及其发展的关键期

社交能力是人的社会化发展最主要的能力,对于儿童社交能力的培养是教育者首要且重要的课题。在此,我对社交能力的概念、作用及其发展规律,为大家做详尽解释。

(1)社交能力的概念

社交能力也被称为交往能力,是人与人之间社会经验传递的必要能力,是人社会化的最基本的能力。关于社交能力的解释有很多,语言学、社会学及心理学都根据自己的学科特性对其做了特色解读。语言学从人对语言的理解、掌握及使用等方面界定社交能力,强调语言在人际交往中的作用;社会学从社会关系视角出发,强调人驾驭社会关系的能力,重视人的社会性效果;心理学重视人在社会成长过程中,通过学习体验获得的心理-行为模式,根据其模式的社会认可程度评价个体的社交能力水平。

社交能力的特性概括起来可以分为三点。第一,社交能力的发展特性。人生每个阶段的社交能力都与其年龄形成一定的关联,前一个年龄段所具有的社交能力对后一个阶段有着较大的影响,特别是在儿童阶段,其社交能力是逐步发展不断增强的过程。第二,社交能力的个性化特性。由于个体都是在特定的社会条件影响下,形成个人独特且稳定的个人能力、气质和性格,因此,社交能力无疑也极具个性化特点。第三,社交能力的社会化特性。社交是一种社会化活动,因此社会化特性必须存在。社交的信息传递功能、沟通功能及协作功能是评价社交能力的重要标准,也用于衡量个体的社会化程度,即个体社交能力的强弱取决于其社会化水平。

(2)社交能力的相关心理机制

语言与社交能力:沟通能力是社交能力最核心的能力,有学者甚至将沟通与社交等同而论。在沟通达成共识的过程中,语言的作用至关重要,语言是人与人之间沟通的桥梁。尽管人与人之间的沟通也存在许多非语言的形式,但由于语言是最规范、使用最便捷的符号系统,因此,相同文化背景的人还是直接借用语言来实现信息传递和完成沟通。

认知与社交能力:儿童的社交能力取决于其认知能力。如 3 岁左右的儿童,其思维主要是以具体形象思维为主,儿童只能凭借对具体形象的联想理解事物。因此,在社会交往中,3 岁左右的儿童更多地会凭借自己的经验或事情的表面特性理解人际关系。而 6 岁左右的儿童已经开始掌握中等抽象思维方法,他们会在人际交往中理解到人际关系非表面的一些内容。由此可见,儿童的认知发育水平直接决定着其社交能力。

自我效能感与社交能力:自我效能感是与人格、自尊及自信密切相关的,这些因素都对人的社会交往能力产生重要影响。自我效能感的概念最早由著名心理学家班杜拉提出,是指个体对自己能力的推测与判断,具体表现为个体在完成任务时的自信程度。自我效能感与社交能力之间存在互为因果的关系。第一,自我效能感对社交能力具有一定的影响力,即在一定条件下随着自我效能感的提升,社交能力也会提高,反之亦然。第二,社交能力对于自我效能感也具有逆向作用,即随着社交能力的提高,自我效能感也会提升。

(3)社交能力发展的关键期

前文对社交能力与语言、认知、自我效能感之间的关系进行了陈述,因此,要搞清楚儿童社交能力的发展,也必须从这几方面论及。

语言层面的社交能力发展：心理学研究表明儿童一般在一两岁开始出现交际功能性语言，如吃、拿、回等有一定意义指向功能的语言，这表明，儿童此时已经开始用语言表明自己的意愿，语言的沟通功能开始出现。3～6岁，儿童的语言在词汇量与语言的复杂程度方面快速增长，是口语表达能力发展的关键期。儿童口语表达能力发展的重要标志是连续语言、独白语言和脱情景语言。所谓连续语言是指，儿童3岁以后就逐步从单句向更为复杂的语言发展，有研究显示，4岁儿童连贯性语言占33.5%，6岁儿童占49%；所谓独白语言是指，儿童在3岁之后，不再被动地回答大人提出的问题，开始更多地使用向成人提出问题的独白语言；所谓脱情景语言是指，语言的情景性特质逐步减少，幼儿在言语表达时，往往受情景影响，想到什么说什么，语言也缺乏条理和连贯性，言语过程也夹杂着丰富的表情与手势。有研究显示，4岁儿童情景性语言占66.5%，6岁儿童占51%，情景语言呈现出减少的趋势。

认知层面的社交能力发展：皮亚杰认为，2～7岁的儿童思维属于前运算期，这一阶段儿童主要是形象思维，其思维特点是具体、不可逆、以自我为中心和刻板。此时，儿童的人际关系表现为"以个人为中心"的特点，儿童从自我的角度解释世界，很难从别人的观点看事物。随着儿童年龄的不断增长，7～12岁儿童的思维已经开始过渡到抽象概括水平。此时，儿童对关系概念有了一定的认识，7～8岁儿童逐步开始认识到关系的转换性，8～10岁儿童开始懂得关系的依赖性，10～12岁儿童开始建立关系的辩证性。此时，儿童的人际关系开始由"以个人为中心"向"相互合作"特性发展。

人格层面的社交能力发展：根据埃里克森的人格发展规律，0～2岁是儿童被动地接受照顾阶段，照顾得当，儿童会对周围产生信任感，反之会产生怀疑感。因此，该阶段处于个体社交能力无法显现的隐形阶段，是为社交能力的信任感打基础的阶段；2～4岁，儿童已经开始探索世界，是为社交能力中的自主性打基础的阶段；4～7岁，儿童开始尝试学着克制自己及体验合作，是为社交能力中的主动性打基础的阶段；7～16岁，儿童开始学习和体验与他人合作，是个体社交能力特性形成的阶段。

综上所述，儿童心理发展有着其内在的发展规律和年龄特点，教育者只有在遵循其规律的基础上，才能最大限度地激发儿童的心理特性，促进儿童身心健康成长。

第四节　儿童常见心理问题

如果在关键期,儿童没有得到很好的引导及教育,那么就很容易产生问题。从严重程度上,必须要分清心理问题、心理疾病和精神疾病等几个概念。从心理问题类型上,需要分清情绪、行为、注意力、学业、人际关系及适应问题。在论述这些问题时,我将根据问题特性着重从问题性质、问题的年龄发展特点、问题的典型症状及问题应对等方面进行不同程度的解释。

一、心理问题与精神疾病

1.心理问题

心理问题也被称为心理矛盾、心理冲突或心理失衡等。从范畴上去理解,心理问题特指心理学领域中的性格问题、情绪问题、行为问题、人际关系及适应问题等;从表现特征上去理解,心理问题指正常状态中的反常性心理与行为问题,特定情景状态下的突发性心理与行为问题,特定发展阶段的暂时性心理与行为问题等。

心理问题最常见的类型是以问题的程度进行划分的,即可以分为一般心理问题和严重心理问题。一般心理问题是每个人都可能经常发生的心理问题,且具备如下特点:

第一,心理问题是由较为明确的事件引发而产生的,如一个孩子在学校和同学发生矛盾而产生厌学情绪等;第二,心理问题内容没有泛化,即个体只对具体事物产生相对应的反应,如孩子做某件事没有达到预期目标而产生沮丧情绪,但并没有影响他做其他事的积极性;第三,反应强度不大,如遇到挫折情绪低落但反应程度在常态范围内;第四,思维合乎逻辑,即解释问题时还是有合乎其年龄特点的条理性;第五,人格无明显异常,即对事件的反应与其性格特点基本一致,无过度异常反应等。

严重心理问题是每个个体都可能有但并不频繁发生的心理问题,特点如下:

第一,个体的心理反应尽管是由现实事件引发的心理冲突,但反应过于强烈,并持续较长的时间,即出现超过事件本身导致的正常反应,如一个孩子因为一点小事被老师点名,但孩子对此事反应强烈,不仅无法理解老师的批评,且对老师产生极度厌烦和愤怒,并伴随不想学习、不去学校等行为;第二,心理问题引发生理上的反应,如出现失眠和饮食(厌食和贪食)问题;第三,社会功能有一定受损,如回避正常生活与学习或回避正常社交活动;第四,思维虽然合乎逻辑,但会出现过于纠结某一问题等现象;第五,人格虽无明显异常,但会表现出某一突出人格特质,如过于敏感、强迫或易焦虑等。

2. 心理疾病

目前,对于心理疾病这个概念没有非常权威的解释,也没有关于心理疾病的诊断标准,但这个概念确实被大家频繁使用,在此,我有必要谈谈我对心理疾病的认识。

人们提出心理疾病概念的初衷,是对那些比心理问题严重、有一定的异常病理症状,但患者的思维与现实一致(无妄想、幻听和幻视等精神症状),如神经症、人格障碍、适应障碍或行为障碍等疾病实施界定。应该说,心理疾病是介于心理问题和精神疾病之间,比心理问题严重,但比精神疾病程度轻的疾病;还有学者认为,心理疾病是心理层面的问题,而精神疾病是精神层面的问题。

不同领域关于这一界定存有争议,心理学领域支持这一界定,特别是在心理咨询领域,因为相关规定中,只要具备一定的思维能力就可以成为咨询的对象,如此,这些没有幻听、幻视等精神症状的患者自然可以成为心理咨询的对象。但精神病理学领域并不认可这一界定,该领域根据精神疾病诊断标准,认为神经症、人格障碍等疾病均属于精神疾病,不应属于心理咨询的范畴。目前,这一争议依然存在。

认同心理疾病概念成立的派别对心理疾病的特征进行了如下几点归纳:

第一,患者在人格上发生变化,即和本人以前相比,问题出现后性格变化巨大,如原来开朗的性格变得孤僻了,原来非常热情的人变得冷漠了等。第二,患者在思维上出现异常,不过尚有一定的自知力,但思考问题僵化不灵活,缺乏思维的连贯性和逻辑性,看问题偏执、极端等。第三,患者虽然有一定的现实感,但在行为上表现异常,如出现强迫行为、恐惧行为或怪异行为等,生活杂乱无章,无规律等。第四,患者在言语上出现异常,如语言不合逻辑、语调怪异、无法与他人正常交流等。第五,患者的社会功能受损程度严重,即患者无法进行正常的学习与生活。

3. 精神疾病

根据国际上两大精神疾病的诊断标准 ICD-10 和 DSM-5(我在第三章儿童心理障碍及其诊断评估会对这两个标准做详细介绍)的规定,认知障碍、精神障碍、情绪障碍、心境障碍、人格障碍、适应障碍及行为障碍等严重身心障碍均属于精神疾病。

精神疾病患者最大的特点是,患者的自知力有不同程度的认知受损;对于现实存在不同程度的认知歪曲;社会功能严重受损等。

4. 心理问题与精神疾病之间的关系

根据本章前文的描述,在概念上,心理疾病与精神疾病无法分离,心理疾病是有一定的自知力、思维能力及现实感的轻度精神疾病,属于精神疾病的一部分。所以,在这里我们把心理疾病与精神疾病归为一类系统精神疾病,以下我们分析心理问题和精神疾病二者之间的区别与联系。

表 1-1 是心理问题与精神疾病二者之间联系与区别的具体呈现。

表 1-1　心理问题与精神疾病的关系

关系		类别	
		心理问题	精神疾病
区别	现实刺激	反应与明确的现实刺激事件有关	反应与现实事件存在脱节
	知情意	知、情、意相统一	知、情、意不统一
	情绪问题	有情绪问题,但程度可控制	情绪异常,无法自控
	行为问题	有行为问题,但程度可控制	行为异常,无法自控
	自知力	有自知力	自知力存在不同程度的问题
	现实感	有现实感	存在现实感不同程度丧失问题
	社会功能	社会功能受到一定程度的影响,但可控	社会功能受损程度严重或无社会功能
联系		均存在情绪问题、行为问题、认知问题、生理反应和社会功能受损等问题	

二者之间的区别表现在如下四个方面:

第一,是否有明确的现实刺激源。心理问题的诱发因素有明确的现实事件刺激,心理反应也基本与现实刺激相对应;而精神疾病的诱发因素尽管也有现实刺激事件,但反应过激或者无关联性。

第二,知、情、意是否统一。有心理问题的人一般有一定的逻辑思维能力,情绪也与刺激事件相一致,并有一定的自我控制能力;有精神疾病的人常常逻辑混乱,情绪过激,自我控制能力有不同程度的丧失。

第三,情绪和行为问题程度、时间和频次等。有心理问题的人在情绪与行为上虽有异常,但这种异常表现出偶发性、暂时性和程度轻的特点;而有精神疾病的人则在情绪与行为上表现出极度异常,并且这种异常具有持续时间长、程度严重的特点。

第四,是否有良好的自知力,是否存在对现实的歪曲认识,以及社会功能受损程度。有心理问题的人一般都能在现实状态中感受自己,有一定的自我约束力,社会功能没有本质性损伤;而有精神疾病的人存在非现实认知,自知力有不同程度的丧失,社会功能或受损或丧失。

二者之间的联系表现为如下五点:

第一,无论是有心理问题还是有精神疾病,个体都会表现出一定程度的情绪问题,如都存在一定程度的焦虑情绪;第二,二者都会在行为上表现出不同程度的问题,如一般性攻击行为和病理性攻击行为;第三,二者都存在认知问题,如心理问题中的不合理认知与精神疾病中的认知失调;第四,二者之间都会有不同程度的生理反应,如出现睡眠障碍与饮食障碍等问题;第五,无论是有心理问题还是精神疾病,个体的社会功能都会受到一定的影响,如有心理问题的人学习与工作效率下降,有精神疾病的人社会功能丧失等。

二、儿童问题解析

1. 情绪问题

情绪问题是指儿童出现过度的情绪反应,如过度愤怒、焦虑和恐惧等,这也是儿童心理问题最常见的表现形式之一。

第一,从性质上看,儿童的情绪问题可分为一般情绪问题、严重情绪问题和情绪障碍。一般情绪问题,是指孩子遇到消极事情时所表达的普遍情绪反应,如孩子的要求没有被满足时出现郁闷、不开心、生气、发脾气等,这类情绪一般会随着事件的消退而消退。

严重情绪问题,是指儿童对事件的反应表现出持续时间长、反应程度激烈等特点的情绪问题,一般与儿童性格和事件的严重程度相关。如,个性敏感的孩子,在发生不愉快事件时,会比其他孩子的愤怒情绪反应更激烈,且持续时间长,存在情绪管理困难;再比如,一个遇到人生重大创伤的儿童,出现躁狂和抑郁等情绪问题。

情绪障碍,是指特殊儿童的情绪问题,包括自闭症儿童、注意力缺陷多动障碍儿童等神经发育障碍儿童和单纯性情绪障碍儿童的情绪问题。由于这类特殊儿童存在神经发育问题或其他病理性问题,所以,他们在情绪表达上与普通儿童存在较大的差异,有着独特的情绪特质。如自闭症儿童的情绪并非针对具体的人和事情,具有弥散性,并且大多数情绪由低级的生理功能引起,不能转化为持久的心境或情感等。

第二,一般儿童的情绪问题与年龄关联密切。0~3岁儿童的情绪问题主要是恐惧类情绪。由于这个年龄阶段的情绪是以生物性情绪体验为主,其情绪更多的是生理需求信号,所以儿童的情绪多为不安或恐惧。例如,孩子对环境产生恐惧时会哭闹、发脾气等。3~10岁儿童的情绪问题多为焦虑情绪,这个年龄阶段是个体的生物属性和社会属性逐渐平衡的时期①,人的情绪具有情感特点,孩子会随着年龄的增长,不断希望得到别人的认可,并由此产生更多的不安与紧张。青春期的情绪特点是以抑郁情绪为主。由于在这个年龄阶段孩子的生理与心理都在发生巨大的变化,加之又是自我同一性建立的关键期,孩子会更容易产生心理冲突和自我否定的心理问题,因此,抑郁情绪就成为该阶段的主要情绪。

第三,儿童情绪问题的典型症状表现为焦虑与抑郁,尽管儿童的焦虑与抑郁和成人大致相同但还是存在一定的区别,表1-2是儿童与成人在焦虑、抑郁情绪上的异同。

儿童和成人在应对未知状况或无法控制的问题时,均会产生一定程度的紧张、不安、担心与恐惧。但二者在表达焦虑时存在一定的差异,儿童焦虑时会在语言上呈现出来,会有各种明显的哭闹、退缩行为表现,也基本无自我管理能力。而成人焦虑一般会采取掩饰的方式,不太使用语言表达,也有一定的自我管理能力。

儿童与成人在抑郁情绪表达上的区别相对于焦虑较大,一般情况下小学低年

---

① 人具有自然属性和社会属性两种基本属性,二者之间的发展规律是随着人年龄的不断增长逐步趋于平衡。即从完全生物性阶段发展至社会属性产生,二者并存阶段。二者并存也经历了生物属性大于社会属性,而后至二者发展平衡阶段。

级以下(10 岁以前)的孩子很少出现抑郁,情绪问题多以焦虑为主,但在进入青春期前后抑郁问题逐步增多。在抑郁的表达上也和成人有一定的区别,比如,儿童抑郁时很少用语言表达,而是更多地表现在行为上,如愤怒、逃避等,基本没有自我调节能力,而成人抑郁时可以用语言来表达,较为突出的是自我否定,具备一定的自我调节能力。

表 1-2 儿童与成人在焦虑、抑郁情绪上的异同

关系		类别			
		儿童		成人	
		焦虑	抑郁	焦虑	抑郁
区别	与语言关联	在语言上呈现	语言呈现不明确	肢体语言多	有一定的语言表达
	表达特点	以哭闹呈现	以愤怒或逃避的方式呈现	掩饰	自我否定
	自我调节	无	无	有一定的自我调节能力	有一定的自我调节能力
联系	焦虑	都是由紧张、担心、不安和恐惧等交织而成的情绪反应			
	抑郁	都是由一定负性事件引发的一种持续性的心境低落			

第四,关于儿童情绪管理问题。一方面,要在个性上分析孩子是否属于焦虑易感人群,即孩子是否很容易出现紧张、不安、担心及恐惧等焦虑情绪,由此判断孩子是否会存在由于个性因素导致的情绪问题。另一方面,除了需要关注孩子的情绪水平,还需要从语言、饮食、睡眠等方面观察和分析儿童的情绪。如果孩子仅仅说"我好紧张",或者是"我好害怕",这有可能就是单纯情绪层面的反应,家长没必要太紧张了。但如果孩子的情绪导致了言语异常,如口吃或缄默等,或者出现饮食和睡眠等生理问题,家长就应该给予高度重视,必要时请专业人员进行心理评估。

2. 行为问题

行为问题是指儿童出现较为明显的多动、退缩、攻击及异常等问题,这类问题是儿童心理问题又一大表现形式。

第一,儿童的行为问题从性质上,可以划分为一般行为问题、严重行为问题和行为障碍。三者之间的关系如表 1-3 所示。

表 1-3　儿童行为问题三种类型间的关系

关系		类别		
		一般行为问题	严重行为问题	行为障碍
不同点	成因	发展性问题	环境与个性问题	病理性问题
	时间特点	时间短、偶发性	时间长、频发性	时间长、频发性
	伤害特点	无或轻度	伤害严重	有伤害
	意识特点	下意识行为	有意识行为	下意识行为
	计划性	无计划	有计划	无计划
相同点		均存在违反规则、攻击或退缩性行为		

- 一般行为问题是指儿童因年龄、个性和环境因素引发的偶发性行为问题,如孩子因控制能力较弱引发的多动行为,个性较强引发的冲动行为,因环境适应不良产生的退缩行为,青春期孩子的早验行为(青少年过早体验成人行为,如未成年人饮酒和吸烟行为)等。
- 严重行为问题是指发生在儿童身上的具有破坏性较强、伤害性较大及成瘾性的行为问题,如破坏他人财产或公共设施行为、校园欺凌行为、阶段性网络成瘾行为等。
- 行为障碍是指异常儿童的行为问题,包括神经发育障碍儿童的行为问题和常见儿童行为障碍,如自闭症儿童的刻板行为与自伤行为、注意力缺陷多动障碍儿童的多动或攻击行为、青少年犯罪行为、物质滥用行为及持续性网络成瘾等问题。

第二,儿童行为问题与年龄有着密切关联。0~6 岁的儿童由于年龄较小,控制能力较差会普遍性频发行为问题,主要以多动行为为主,部分儿童会出现退缩行为,如拒绝上幼儿园等;6~12 岁是出现一般性行为问题较多的年龄,如攻击性行为等;12~18 岁是出现严重行为问题的高发年龄段,如严重地伤他或自伤行为、触犯法律行为及物质滥用行为等。

概括起来,儿童行为问题主要表现为多动行为、攻击行为、违纪行为、过早体验成人行为和异常性行为等。

第三,关于孩子的行为问题应对,我建议从这几个方面来考虑。

首先,应对孩子的行为问题时需要从年龄和行为问题的严重程度来判断和处理。如,学龄前或小学低年级阶段的孩子,推一下人或打人这种攻击行为,没有必要给予过度关注,应以提醒和开导为主。因为,随着孩子年龄的增长,攻击性行为会逐步减少,如果到了中学,孩子频发攻击行为,那就应该引起教育者的高度重视了。

其次,区别多动和攻击行为也是处理孩子行为问题的关键点,多动和攻击在学龄前和小学低年级孩子身上很难区分,只有到了小学高年级两者之间的区别才明显化。一般情况下,进入小学后,大多数孩子都会出现多动行为,如果这种多动行为没有严重影响孩子的生活与学习,如果孩子学业还能正常完成,家长就没必要过度焦虑。但是,多动伴随着激烈的攻击行为,就应该引起教育者的注意了。

最后,关注异常问题,例如,孩子出现怪异的尖叫,或者在愤怒状态下伤害自己,甚至做出怪异举动。如果这种异常行为的发生只是偶然的,家长大可不必太紧张,但如果是持续性的,就必须要引起重视,必要的时候应该求助专业人员。

3. 注意力缺陷多动问题

注意力是人的一种心理活动,是指个体对某一事物的指向和集中,而这种指向与集中的能力就是注意力。依据长期的科研和教育实践,我把注意力分为本能性注意力和社会性注意力。

本能性注意力是人类进化赋予我们的一种本能,凭借这种能力我们获得生存的实惠,如躲避危险、寻找食物及感受快乐等。

社会性注意力是一种与社会关系密切关联的注意力,即人为了体现个体价值,或是指向和集中于某种独特的事物,或是融入集体与大家一起指向和集中于某种事物,如个人爱好和集体活动。一般我们说的注意力问题,主要是指社会性注意力问题。

第一,从性质上看,儿童注意力问题可以分为一般性注意力分散和病理性注意力分散。一般性注意力分散是指儿童由于身心发育原因,阶段性地出现比其他儿童更多的注意力分散问题,例如上课无法像其他孩子那样在一定时间内保持注意力高度集中,但还是具备一定的注意力能力,学业成绩也在正常范围内,或者孩子遇到一些客观事件时,无法集中精力完成学业等。病理性注意力分散特指神经发育障碍儿童存在的注意力障碍,如注意力缺陷多动障碍和学习障碍儿童的注意力问题,这类问题多与儿童本身的器质性病变有关。表1-4所呈现的是一般注意力问题与病理性注意力问题的关系。

表 1-4　一般性注意力分散与病理性注意力分散的关系

关系		类别	
		一般性注意力分散	病理性注意力分散
不同点	时间上	一般呈间歇性分散	一般呈持续性注意力分散
	程度上	通过提醒能够保持一定的注意力	提醒基本无效
	性质	发展性问题	病理性问题
相同点		无法对某一事物保持一定时间内相对稳定的指向与集中并伴随多动行为	

第二,关于注意力的评估。对于注意力的评估有一系列相关的心理测量工具,这部分内容我会在心理评估部分做详细讲解,这里给教育者一些简单易操作的注意力评估方法。

首先,观察儿童注意力在选择上的特点。注意力的选择特点是指孩子注意力是习惯与他人保持一致还是比较个性化,如果儿童关注事物既有自己独特的地方,又能和集体注意力保持一致,这就是非常好的状态。如果孩子无法与集体注意力保持一致,一直沉浸于自己的关注点上,就应该引起家长的重视了。

其次,观察儿童注意力的时间分配。如果孩子的注意力没法达到同龄人指向与集中于某一事物的时长,就有可能存在注意力问题。

最后,观察集体活动中儿童的配合性。在集体活动中,能够理解自己的任务,懂得自己与他人之间的合作,是完成任务的基本条件,这就需要孩子具备一定的注意力水平。比如,老师在组织活动中,把同学分为 3 个组,每个同学不仅要知道自己的任务,还需要知道本组的任务。只有这样才能保证任务的顺利进行,如果孩子的注意力存在问题,是无法完成与他人的配合的。

4. 学业问题

学业问题是指儿童学业不良,无法达到同龄人的学业水平,这也是教育者普遍关注的问题。

从学业问题的性质划分,可分为不爱学习、学习困难和学习障碍等三个等级,三者之间的关系如表 1-5 所示。

表 1-5 学业问题三种类别的关系

关系		类别		
		不爱学习	**学习困难**	**学习障碍**
不同点	成因	态度或能力问题	学习能力问题	病理性问题
	与环境关系	关系较大	关系不大	基本无关系
	与智商关联	关联不大	关联密切	基本无关联
	学业问题	部分或整体学业问题	整体学业问题	部分或整体学业问题
	教育教学	可产生良好的效果	效果不显著	特殊教育
相同点		均表现为学业不良		

不爱学习是指儿童由环境因素或学习动机导致的学习积极性不高而产生的学业问题。例如,孩子处在消极学习环境中导致厌学;孩子可能对学习内容不感兴趣而导致厌学等,这类学业问题与孩子的主观能动性关联密切,如果教育方法得当就能取得良好的教学效果。

学习困难是指儿童学习态度积极,由于智力因素方面的原因,出现整体学习困难,这类儿童一般都存在学习成绩不理想的问题。但学习困难中也有部分儿童由于环境等方面的原因,如学习环境改变导致跟不上现有学习进度进而产生学习困难等,这部分儿童如果教育方法得当会产生良好的教学效果。

学习障碍是儿童神经发育障碍的一种,这部分内容我们会在后面做详尽解释。

5. 人际关系问题

社会交往是人最核心的社会性行为,也是人社会情感体验主要的外显心理反应。

第一,儿童人际关系问题从性质上可分为儿童人际关系问题和儿童社交障碍,表 1-6 是二者间的关系表。

表 1-6　儿童人际关系问题类别间的关系

关系		类别	
		儿童人际关系问题	儿童社交障碍
不同点	性质	发展性问题	病理性问题
	事件	问题与事件之间存在可解释性关联	问题与事件存在特殊关联
	情感因素	以情感因素为主	以情绪因素为主
	目的性	存在明显交往目的未达成	没有明显的目的性因素
	控制性	容易控制与管理	不易控制与管理
	教育	一般教育	特殊教育
相同点		表现为人际关系不良，并伴随着一定的情绪与行为问题	

第二，儿童人际关系问题是儿童普遍存在的问题之一，个性、年龄、人际交往能力、教养方式及环境等因素，很容易引发儿童的人际关系问题。儿童的人际关系问题一般会在情绪上表现出焦虑、恐惧、愤怒及抑郁等，在行为上会表现出攻击或退缩等，如果儿童的人际关系问题没有得到积极应对，很容易影响儿童的社会功能发展，进而影响儿童的身心健康。

第三，儿童社交障碍是与儿童发展性障碍相关的交往问题，例如，智力缺陷儿童由于能力弱，产生无法理解他人的行为及交往规则的交往障碍；再如，自闭症儿童由病理因素引发的交往障碍。这些儿童的交往障碍和自身存在社交能力低关联密切，所以他们的人际交往问题一般有其特殊的起因，并缺少交往的目的性和情感交流，用普通的教育方法很难达到矫正和提升交往能力的效果。

6. 适应问题

适应问题是指儿童对某类环境不适应而引发的各种情绪与行为问题，这是教育者关注的又一儿童常见问题。从性质上划分，儿童适应问题可分为一般适应问题、适应困难和适应障碍，表 1-7 是三者之间的关系表。

表 1-7　适应问题三种类别的关系

关系		类别		
		一般适应问题	适应困难	适应障碍
不同点	性质	成长问题	个性问题	病理性问题
	时间	时间短	时间长	持续性
	情绪	轻度焦虑	重度焦虑和抑郁	重度焦虑与抑郁
	行为	无明显行为问题	伴随一定的行为问题	严重的语言与行为问题
	教育	一般会自我适应	需要特殊引导	特殊教育
相同点		均表现出一定程度的适应不良		

一般适应问题是每个儿童都可能遇到的问题。儿童在面对新环境时都会或多或少出现一些不适应问题，主要表现为一定程度的紧张、不安或恐惧，但随着时间的推移这种情绪会得到自行缓解。适应困难，主要是因儿童个性问题导致的适应困难。这类儿童表现出比其他儿童更大的情绪问题并伴随着一定的行为问题，如过度恐惧新环境而产生的退缩或攻击行为。一般情况下，适应困难儿童存在较长时间的环境适应障碍，必要时需要社会及心理方面的支持。

适应障碍我们在后面会做更详细的解释。

第五节　儿童心理问题一般性成因分析

临床心理学对于心理问题成因的解析有很多视角，如遗传因素、神经生物因素、个性因素、认知因素、社会文化因素及家庭教养因素等，对这些因素进行归纳大致可以分为生物因素、心理因素及环境因素三大类。本节，我将立足于相关研究成果和我自己的实践经验，从这三个方面着手，为大家呈现儿童心理问题产生的共性影响因素。

一、生物因素

在心理学领域，生物因素是指影响个体身心健康发展的生理原因，包括遗传因素、感觉统合因素、其他生物学因素等。

1. 遗传因素

遗传是心理学领域进行成因分析时首先要考虑的因素。在探究儿童心理问题成因时,遗传自然也是首先分析的因素。从遗传角度对儿童心理问题进行探究包括两个方面:一方面是遗传对儿童一般性心理问题的影响;另一方面是遗传对儿童精神疾病的影响。

儿童是否易发心理问题一般与儿童的个性有关,而儿童个性形成中遗传因素的影响占有很大的比例。心理学的研究表明,儿童个性中对其身心健康影响较大的性格因素主要有:焦虑易感特质(比一般人群更容易感受到焦虑)、完美主义特质、抑郁特质等,而这些特质都会存在不同程度的遗传因素,即持有某种较高性格特质的个体,其家族中部分成员也会较高比例地呈现该类性格特质。

现有研究表明,儿童精神疾病患者中存在一定比例的遗传作用。例如,双生子的研究发现,自闭症双生子同病率较高,其中单卵孪生同病率为 40% ~95.7%,异卵孪生同病率为 10% ~23.5%;染色体的研究发现,许多神经发育障碍儿童的染色体会呈现病理性现象,例如对唐氏综合征(即 21-三体综合征)儿童的研究发现,如果母方为近端着丝粒染色体易位,则每一胎都有 10% 的患唐氏综合征的患病率;如果父方为近端着丝粒染色体易位,则每一胎的患病率为 4%。

2. 感觉统合因素

感觉统合是人类在进化过程中形成的一种大脑和身体相互协调的能力,没有感觉统合,大脑和身体都不能发展。20 世纪 70 年代初期,美国南加利福尼亚大学临床心理学博士爱尔丝在《神经生理学杂志》上首次提出了感觉统合理论,随后,这一理论被广泛应用于行为和脑神经科学研究领域。该理论认为,人的感官所获得的信息必须经大脑的统合,即对身体内外知觉做出正确反应,才能完成对事物的正确感知。人的注意力能够集中,动作能够协调,情绪得以稳定,做事有效率,均得益于感觉统合的作用。

(1)感觉统合失调对儿童身心发展的影响

感觉统合失调对于人特别是儿童的身心发展有不良影响,已经引起包括医学、生物学、心理学及教育学等各个领域学者的广泛关注。从操作定义上界定感觉统合失调,是指外部的感觉刺激信号无法在人的大脑神经系统进行有效的统合,而使人的感知觉系统无法正常运作,导致非常态心理与行为产生。感觉统合一旦失调将会在一定程度上损伤人的认知能力,使其无法像同龄人那样感受和整合外部信息,导致其社会功能发展受阻,久而久之形成各种障碍最终影响身心健康。有研究显示,一般儿童中有 10% ~30% 的人存在不同程度的感觉统合失调。

图 1-5 是感觉统合失调示意图。感觉统合的过程分为三个阶段:信息输入、信息加工和信息输出。

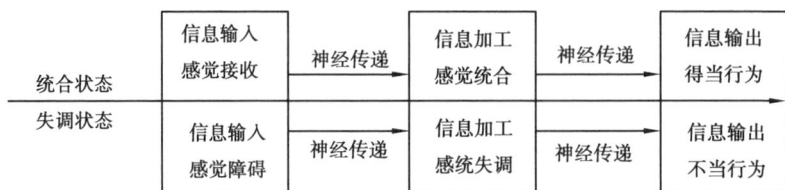

	信息输入 感觉接收	神经传递	信息加工 感觉统合	神经传递	信息输出 得当行为
统合状态					
失调状态	信息输入 感觉障碍	神经传递	信息加工 感统失调	神经传递	信息输出 不当行为

图 1-5 感觉统合失调示意图

信息输入阶段:该阶段主要由感觉器官完成,如视觉对事物外观的获取、听觉对声音的获得等。当感觉系统对刺激信号进行适度反应时,就会将信息输送至大脑神经系统,而当感觉系统出现问题,如对刺激信号不反应或过度反应时则无法将信息准确地送至大脑神经系统。

信息加工阶段:该阶段是知觉阶段,知觉是大脑对各个感觉器官输入信息的整合,感觉统合时知觉系统也会对信息进行统合加工,从而产生得当行为,而在感觉统合失调时,知觉也无法正常工作出现感统失调,而导致不当行为。

信息输出阶段:该阶段主要是借助行为显现感觉是处于感觉统合阶段还是处于感统失调阶段,即我们能从个体的行为判断其感觉统合状态。

(2)儿童感觉统合失调的表现

我们以儿童的学习行为为例。人的学习行为由感觉学习与运动学习组成,儿童的感觉学习是其视、听、嗅、味、触及平衡等感官,透过中枢神经分支及末端神经组织,将信息传入大脑各功能区,完成感觉学习。

儿童的运动学习是指在信息传入大脑后,大脑将这些信息进行整合再通过神经组织传递,指挥身体感官的动作,实现运动学习。

感觉学习和运动学习的不断互动便形成了感觉统合,但如果感觉统合失调,儿童则会出现无法集中注意力、好动不安等注意力缺陷问题,也会出现情绪无法控制导致脾气暴躁等问题,进而导致无法顺利完成学习任务。

对儿童身心发展影响较大的感觉统合失调主要集中在视觉、听觉、触觉、平衡觉及本体觉等统合失调上。表 1-8 是各类感觉统合失调容易引发的心理与行为问题的汇总。

表 1-8　各类感觉统合失调引发心理问题汇总表

感官	主要心理与行为问题
视觉	手眼不协调引发的心理与行为问题:丢三落四、生活无规律等;阅读困难、计算粗心及书写困难等学业问题
听觉	注意力不集中引发的心理与行为问题:由注意力分散、多动引发的学业(记忆力差)与人际交往(不关注他人,无法获得交往中信息)问题
触觉	触觉敏感:产生防御过当问题,具体表现为适应环境能力差、人际关系冷漠等 触觉迟钝:产生防御过弱问题,具体表现为自我意识能力弱、动作不灵活、行为拖延及学习困难等
平衡觉	空间概念能力弱引发的心理与行为问题:协调能力差、动作笨拙无法正确掌握方向等
本体觉	运动协调能力弱引发的问题:动作不协调、音痴及口吃等语言问题

3. 其他生物学因素

（1）生理疾病

生理问题与心理问题之间关联密切众所周知,但关于两者间的因果关系至今并没有较为权威的解释。二者之间互为因果是大家较为认可的一种解释,也就是说儿童患有生理疾病时很容易产生心理问题,或心理问题也会导致儿童易得生理疾病。

现实中,儿童在患有生理疾病时很容易产生心理问题是一个相对普遍的现象,如孩子发烧或肠胃不适时,很容易出现焦虑或急躁等情绪问题;孩子疼痛时,很容易出现退缩或攻击等行为问题。

另外,对生理残障儿童的相关心理研究显示,聋哑儿童、盲童和肢体障碍儿童相比于一般儿童更容易产生各类心理问题。

（2）神经发育障碍

神经发育障碍是阻碍部分儿童身心发展的主要原因,如自闭症谱系障碍儿童、智力发育迟缓儿童、注意力缺陷多动障碍儿童及学习障碍儿童等。神经发育障碍是指中枢神经系统或大脑在发育过程中受到不利因素的影响,使该部分生理机制发育无法达到应有的水平。

神经发育障碍严重地影响儿童的社会功能发展,导致儿童出现人际交往障碍、交流沟通障碍以及兴趣匮乏和行为异常等方面的问题。

二、心理因素

心理因素是分析各类问题成因时又一个重要的关注点，而作为影响人们心理与行为最为基本的心理因素，个体的认知和人格特质则是我们在分析心理问题成因时必须解释的内容。

1. 认知特性

认知是个体获得信息及处理信息的心理活动，是决定人心理与行为最重要的心理因素。感觉、知觉、注意、记忆、语言及思维等因素，遵循一定的规律进行活动并建立特性关系构成认知功能系统，从而实现对个体心理与行为的调节作用。

（1）感知觉特性

感知觉是人们通过视觉、听觉、触觉、嗅觉及味觉等感官对外界刺激进行感受，再经过大脑及神经系统的加工，完成对客观事物的认知反应。

心理学研究显示，普通人对外界刺激信息进行感受时，并没有呈现较大的差异，也就是说普通人的感觉程度基本相同，如视觉与听觉，大多数人能够看到的可见光波长和听声的频率相同，只有在视觉或听觉方面有独特天赋的人，如音乐家或画家才会比一般人表现出更优越的感觉特性。但是，每个个体都会有自己独特的知觉，如相同刺激状态下人们的反应总会有所不同，这主要源于个体的知觉特性，或者说知觉特性决定了个体对世界的认识。

知觉具有选择性、整体性、理解性和恒常性等特性。正是因为人们对事物进行反应时的选择特性，对各个感觉器官输入的信息进行加工时的整合特性，对事物意义上的理解特性，对事物在客观条件下产生变化时所能保持一定稳定性的恒常特性，才形成了独特的知觉。

感知觉特性和个体的成长环境与经历关联密切，个体的知觉经验形成了自己独特的感知觉特质，而这一特性对于其心理与行为的外在表现具有一定的影响。

（2）注意与记忆特性

注意与记忆是人认知活动的两个重要组成部分，其中注意是指个体对一定对象的指向与集中，记忆是个体在头脑中对已经获取的外界信息的编码、储存和提取的过程。注意与记忆两者密不可分，在个体的心理发展中有着重要作用。个体会依据自身成长的经验，形成独具特色的注意和记忆方面的能力，而这些又为个体的认知发展、知识的获得、能力的发展、行为习惯以及人格特质的形成奠定基础。

（3）语言与思维特性

语言与思维也是认知心理活动的重要组成部分，是个体认知的高级阶段。关于语言和思维的研究，历来都是哲学、语言学、心理学、生物学、人类学及信息科学等领域长期关注的课题。

从思维的概念我们可以清晰地感悟二者之间的关系。思维，主要指人脑对客观事物进行概括，并通过语言将这一概括间接反映出来的心理过程，所以说语言是思维的物质外壳。个体由于成长环境和经历不同，因此，在语言和思维上也会形成自己独特的语言与思维特质，而这一特质会对人的心理与行为产生巨大的影响。

2.人格特性

（1）优越感与自卑

阿德勒①认为，人格是在个体不断战胜自卑和追求优越的过程中形成与发展的。他在《儿童教育心理学》一书中提出了儿童优越感与自卑之间的关系理论。该理论认为，所谓优越感，就是要求比别人优越，如果优越感受到压抑，就会产生自卑，这是心理疾病形成的根源。例如，一个儿童在某些方面存在缺陷，他就会产生自卑，而这种自卑会使得儿童更加在乎自己的缺陷，也会不自觉地夸大别人对于自身缺陷的看法，由此产生敌对情绪，甚至会表现出退缩或攻击行为。

（2）归因方式

在心理学研究中，以归因方式与人格特质作为主要变量，研究二者之间的关系是一个非常重要的内容。研究显示，归因方式与人格特质之间存在着较高的相关，因此，许多时候人们习惯于将归因方式作为人格特质的一部分来考虑。

归因理论是社会心理学的一个重要理论，该理论的主要目标就是对日常生活中人们归因的规律性进行探究。该理论的提出者美国社会心理学家弗里茨·海德认为，人们在分析事件时存在两种强烈的需求：一是理解事件发生的环境的需求；二是控制事件发展的需求。为了满足这两种需求，人们必须具备理解和解释他人行为的能力。

---

① 阿尔弗雷德·阿德勒（Alfred Adler，1870—1937），奥地利精神病学家，个体心理学的创始人。弗洛伊德的学生，但不强调情欲，而强调个人优越感。著有《自卑与超越》《儿童教育心理学》《个体心理学的理论与实践》等。

弗里茨·海德还指出,事件发生的原因无外乎两种:一种是内因,如个人的人格、态度、情绪及能力等;另一种是外因,比如环境因素与他人因素等。

同时,弗里茨·海德的研究还发现一般情况下,人们在解释别人的行为时,更容易采用内归因方式,如"这件事主要是×××的性格导致"等;而在解释自己的行为时,更容易采用外归因方式,如"没有成功主要是条件不成熟"等。

个体在成长过程中,会依据自己的成长经验形成特定的归因方式,而这种特定归因方式会对其心理与行为产生一定的影响。

常见的归因方式有客观归因、过度内归因和过度外归因。客观归因方式,是指个体具备理解自己和他人的能力,能够根据实际情况适度地内归因和外归因;过度内归因,是指在事件发生后个体不顾客观事实习惯在自己身上找原因,更多时候会陷入深深的自责而产生焦虑甚至抑郁等情绪问题;过度外归因,是指个体在事件发生后习惯将原因指向环境或他人,并由此伴随沮丧、无助和愤怒等情绪问题。

(3)心理感受性

20世纪50年代,心理感受性作为一个多维人格概念被提出。所谓心理感受性,是个体在对自己和他人进行感受时,决定其认知、情感和行为特性等元认知背后的动机。

在众多的关于心理感受性定义中,我比较认可把心理感受性定义为,一个人在增长自我经验和追寻行为的意义等目标驱使下,所具备的理解自己思想、情感和行动间关系及他人心理与行为的能力。

也有研究者并不认同心理感受性是一种能力,认为心理感受性是一种特质。如,法国心理学家约翰·法伯认为,心理感受性作为一种特质可能是遗传和环境相互作用的结果。无论从哪一方面界定心理感受性,它作为人格的重要部分,影响着个体在社会交往中的心理与行为是毋庸置疑的。

三、环境因素

环境对个体的影响,在许多研究领域均得到广泛认可。在心理学领域,行为主义理论尤其强调环境对个体心理与行为的巨大作用。行为主义的创始人之一华生提出了S(刺激)-R(反应)公式,认为有什么刺激就有什么反应,强调应该遵循客观条件研究人的心理问题。在影响人的环境因素中,文化因素、家庭因素及社会环境因素都是备受重视的。

1. 文化因素

文化是影响人成长的社会环境之一。每个人都无法摆脱或都会受特定的社会形态下所形成的价值观、宗教信仰、道德伦理等文化环境的影响，而这种文化环境会以世代相传的风俗习惯存在，进而成为人们的行为规范。

文化对人心理层面的影响可以表现为如下几个方面：

第一，文化固定的群体思维模式赋予个体习惯用某一种方式认识事物。个体思维中的文化思维因素和自我独特思维共同影响着其行事方式，我们可以毫不费力地从个体的行事风格上，观察到其身上群体共有的思维特性，如中国人思维中以"道"为中心的文化思维特性等。

第二，文化重复的群体情感模式，会赋予个体习惯用特定的方式表达情感。情感作为个体心理活动的主要因素，也会受其所处文化的影响，如在不同文化背景下成长的个体对于喜怒哀惧的情感表达方式也不同。

第三，文化惯性的群体行为模式，赋予个体在行为表达上呈现出共性特点。行为是个体心理的外显表现，也是个体心理特质最主要的因素，我们很容易从行为表现上观察到其成长环境的影响。

尽管文化因素对个体的影响是一个非常复杂的过程，分析也非易事，但我们在解析儿童心理问题影响因素时，社会文化的影响是首先要考虑的因素。

2. 特殊经历因素

从美国心理学家西格蒙德·弗洛伊德到今天的心理学研究都很重视特殊事件、创伤经历及人生故事对个体心理的影响。

能对儿童心理产生重大影响的特殊事件从性质上可以划分为良性事件和恶性事件。良性事件是指儿童经历的，那些有利于其身心发展的事件，如儿童的某种能力得到认可（获奖事件）、儿童获得的一些特殊成长机会（特长学习）等，这些良性事件一般都会对儿童的身心健康起到积极作用；恶性事件是指儿童经历的，那些不利于其身心发展的事件，如与重要亲人分离（与养育者分离）、生长环境突变、遇到惊恐事件等，这些恶性事件如果不能得到很好的心理支持，则会严重地影响儿童的身心健康。

3. 家庭教育因素

家庭教育者一般是指儿童的直接抚养者，包括父母、祖父母以及在家庭当中直接参与儿童养育的人。家庭教育者是与儿童接触最早、最多的教育者，因此，在儿童教育中所起的作用最重要。

目前在我国儿童教育领域,特别是家庭教育中,类似"孩子的问题都是父母的问题"这样的观点影响很大。在孩子出现心理与行为问题后,很多家长依据这种观点,开始反思自己的问题,那种反思后产生的悔意带来的焦虑不安、身心疲惫,令人心疼。我个人并不赞同这一观点,主要是不赞同这个"都是",因为,这种绝对化的思维经不起推敲。

家庭教育是一种由血缘或养育关系决定的教育关系,教育双方基本没有选择的自由,这就导致家庭教育关系相对于其他教育关系显得更复杂,也正因为这一教育关系的非选择性,所以家庭教育无论适不适合孩子,儿童都无法脱离这种教育境况。因此,重视家庭教育,最大限度地让儿童在适合的家庭教育环境中成长是教育学、心理学及其他相关学科所面对的重要课题。

家庭教育最重要的是要搞清楚家庭教育的作用,这里我从家庭教育的作用机制、家长教育中的感性与理性、原生家庭、家庭教育中的教与管等四个方面为大家讲解。

(1)家庭教育的作用机制

为了使大家更好地了解家庭教育的作用,首先,我给大家设计同一情景下,不同孩子与家长的差异反应的相关案例。让我们通过观察家庭教育的万象,初步感受一下家庭教育的作用机制。

情景1:在A公共场所,一个4岁的男孩子不顾场所规定,随意地大喊大叫,还不停地乱动大家的东西,而在旁边的家长却视而不见,仍然自顾自地做自己的事,好像孩子的行为与自己没有任何关系。当别人提醒家长管管孩子时,家长回答:小孩就是淘气,不用管。

情景2:在A公共场所,兄弟俩同在,4岁的弟弟大喊大叫,6岁的哥哥安静地站在旁边,家长对小哥俩的行为基本采取放任自流的态度。

情景3:在A公共场所,一个4岁的男孩子不顾场所规定,随意地大喊大叫,还不停地乱动别人的东西,家长在一旁不停地大声训斥孩子,同时不停地给周围人道歉,但孩子安静一会儿后,马上就又重蹈覆辙。

情景4:在A公共场所,兄弟俩同在,4岁的弟弟不太规矩,6岁的哥哥安静地在旁边,家长对弟弟的行为进行了管束,并要求哥哥带好弟弟,在家长和哥哥的努力下,弟弟基本能遵守公共秩序。

以上几种情景可能只是公共场所中家庭教育万象中的一角,但我相信大家还是能够观察到家庭教育对孩子行为的影响。根据以上情景呈现,我对家庭教育的作用机制进行整理,如图1-6所示。

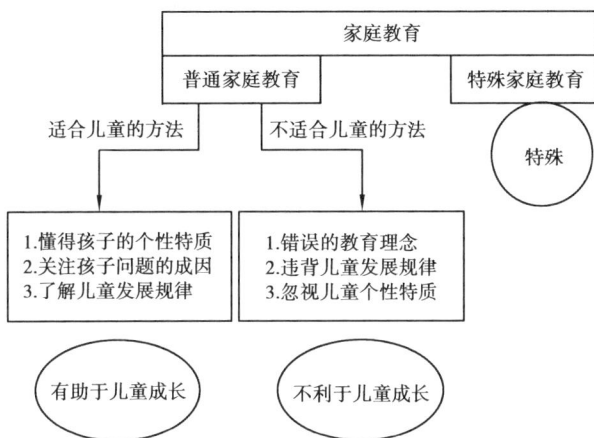

图1-6 儿童家庭教育作用机制

图1-6所呈现的家庭教育作用机制表明,家庭教育可分为以普通儿童为对象的普通家庭教育和以特殊儿童(发育障碍儿童、生理残疾儿童、精神疾病儿童和天才儿童等)为对象的特殊家庭教育,本章我们所涉及的均为普通家庭教育。普通家庭教育对儿童的成长起积极作用还是消极作用,取决于家长的教育方法是否符合儿童身心发展规律,是否符合孩子的个性,是否具有正确的教育理念及方法是否得当等。

家长在儿童成长过程中的作用,受儿童自身的个性发展特点制约,如果教育脱离儿童自身实际,就无法起到应有的作用,如情景3中家长的教育没有起到作用的主要原因,在于家长忽略了孩子自身的特性,也忽略了孩子发展的规律性(4岁左右的孩子对于社会规范的理解有一定的局限性,家长要更有耐心和借助榜样的力量进行教育,如情景4中家长的做法)。

(2)家长教育中的感性与理性

目前,在我国家庭教育中有一种观点影响很大,这一观点认为,脾气暴躁的孩子源于家长对孩子发脾气。家长脾气大,在教育孩子的过程中发脾气、大喊大叫,对孩子的成长一定会产生不良影响。但由此得出,家长对孩子发脾气一定会培养出暴躁孩子这样的结论就有点草率了。讲清楚这一问题,我们要从家长教育中的理性和感性成分说起。

我们每个人都是感性和理性的结合体,当我们在处理问题的时候,或是在理性的状态下,或是在感性的状态下,也或者在二者兼有的状态下。作为家长也一样,父母在教育孩子的过程当中,也难免会在某一刻是感性的,或者在某一刻是理性的。一些教育工作者在指导家庭教育时,要求家长在教育孩子时,绝对不能感情用事,必须理性地看待孩子的问题,理性对待孩子的问题。但是事实上,家长完全处于理性状态是基本不可能的,这如同人无法一直处于理性状态一样。

我在本章前文中讲过,家庭教育是由血缘或养育关系形成的非选择性教育关系,是通过法律赋予和父母的本性而获得的教育、监督权,所以这种非职业性的教育关系基本无法达到完全理性化。

在家庭教育中,绝对理性化的教育是不是最好的教育呢?答案显然是否定的,我在这里通过一个案例分析,讨论一下这个问题。

　　　　来访者是一位小学五年级女孩的妈妈,一家三甲医院的医生。主诉:学校教师反映女儿在学校拿了其他同学的东西,这已经是女儿第二次发生类似的问题了,妈妈很焦虑。上次发生拿别人东西时,父母并没有直接批评孩子,了解到孩子是因为嫉妒其他同学考试成绩比自己高,而偷拿并损害了同学的东西后,父母给孩子讲了许多关于克服嫉妒心和偷拿别人东西是不对的道理,妈妈自认为孩子听进去了,不会再做这样的事了。过了一年多后,孩子再次偷拿了同学参加比赛的奖品。妈妈也知道女儿是出于嫉妒而做的错事,但妈妈想不通的是,道理孩子是懂的,既然懂道理为什么还犯错误,妈妈开始不安了。

　　　　在我了解清楚家庭背景和孩子的个性之后,孩子行为的主要原因就清晰了。总结一下家长的心理特质:内敛的性格、传统的观念、理性的思考方式、严谨的行事风格等。育儿特征:高标准严要求、理性说服教育、刻板教条等。这是一个对孩子从不打骂但要求极其严格的家庭,就拿手机一事来说,孩子是班级唯一没有手机的学生。在对孩子的教育过程中,父母以自己恪守的做人原则来要求孩子,但忽略了孩子的个性和所处的环境。父母过度理性的说服教育使孩子把自己放在一个很高的位子上,比如总感觉自己比同学们强,而一旦自己在某些方面不如同学时就会出现异常行为。

这个案例告诉我们，儿童的思维能力和自我控制能力还无法达到成人的水平，完全用成人的价值观理性地教育儿童，这种方式看起来很好但其实很刻板教条，这种教育方式，会使儿童在无法承受这样的理性教育之重时出现异常。

我一贯主张在家庭教育中坚持顺其自然的原则。家庭教育中的顺其自然，并不是完全按家长的意愿行事而不顾孩子的感受，是指家长在教育孩子时不必过于掩饰自己的情绪，在一种自然状态下完成教育过程，感性与理性可以同时存在。家长在掩饰下实施的教育行为一定会给双方带来异样的感觉，那种原本属于家人的自然互动会随之消失。再有，违背家长性格的举动也会给家长带来一些潜在隐患。

下面我再用一个实例，进一步解释家庭教育中的理性与感性问题。

一个小学生在学校不好好学习，考试成绩下降，面对这一问题家长一定很焦虑。不同性格的家长应对这一问题的方法是不同的，如，性格内向理性的家长会习惯冷静地处理问题，而性格外向感性的家长可能会习惯发脾气训斥孩子。如果后面这类家长此时按照一些育儿书上讲的那样，克制自己的情绪不对孩子发火（对于外向的人克制情绪是很难的），理性地对待孩子的问题，和孩子讲道理，那接下来的一幕就是：家长极力克制情绪，说着教科书式的语言，而孩子却不知所措。家长不用自己的性情语言跟孩子对话时，孩子接收到的信息是陌生的，这种陌生感会给孩子带来困惑，因为家长讲的道理孩子并非不懂，或许在学校这些道理老师早就已经讲过了。

家庭是需要感性的，没有感性就没有家的感觉，家与社会场所的区别就在于，家给了我们一个释放感性的空间，使我们可以放松，使我们深度感受亲情。家庭本应该有自己独特的方式去对待孩子问题，而不是重演学校处理问题的情景。家长用教科书式的语言跟孩子讲话时，由于是照搬过来的，对自己的说服力、对孩子的说服力都是有限的。这个时候，家长还不如使用符合自己性格特点的处理方式，感到愤怒想发脾气，发一下其实没什么关系的。

当然，家庭教育也必须有理性，当我们和孩子发完脾气后，也就是感性应对问题后，作为教育者的家长还是要在理性中完成家庭教育。也就是说，当家长感性状态结束、情绪冷静下来后，反思很重要。

概括地说，家长感性化处理问题，发发脾气并没有什么，但发完脾气后要回归理性，一个完整的家庭教育，要在感性处理问题后回归理性教育。

（3）原生家庭的作用

目前，在教育学和心理学领域关于原生家庭对于个体影响的话题备受关注。概括起来无外乎三种观点：

第一种观点认为，原生家庭对个体的影响极大，是值得关注的重要因素；

第二种观点认为，原生家庭造就了孩子的全部，必须给予高度重视；

第三种观点认为，原生家庭对于个体成长有一定的作用但并非决定性作用。

原生家庭是指个体从出生到成人（一般是 0～18 岁）之前所处的家庭，每个家长都会给予孩子一个原生家庭。关于原生家庭在儿童成长中的重要作用，我比较倾向于前文的第一种观点，即原生家庭对于个体影响较大，但过度地夸大原生家庭的影响也是不可取的。儿童成长并非单一地受家庭因素影响，而是由多个因素组合而成的，如儿童本身的个性因素、社会文化教育因素和生活经历因素，等等。

我做过几例类似的大学生心理咨询：基本情况是来访者遇到了挫折性事件，如失恋、人际关系或学业问题等后产生极度的焦虑情绪。这些学生都对心理学感兴趣，也看了很多成长类的图书。他（她）们会主动分析自己遇到问题产生过度情绪反应的原因，分析中更多地谈及自己的家庭。如，我现在这样的处事方式及性格是源于我成长的家庭，源于我父母的教育。

往往在这个时候，我会仔细倾听孩子的成长史，倾听孩子如何描绘自己的父母。当他（她）把父母在自己成长过程中做过的事情讲给我听后，我会一点点地帮来访者梳理。其实在他（她）身上所出现的问题有家庭的影子，但如果完全把问题归因于父母给予他（她）的教育，很显然太绝对了。

咨询中，我会和来访者一起探讨父母的性格，探讨父母的教育方式，探讨属于他们家庭的特性，探讨来访者自身的优势与不足，探讨来访者的现状与未来等。最终，我会传递给来访者这样一个信念：你反思父母对你的影响很重要，但是反思是为了明白家庭因素在多大程度上造就了今天的你，成长环境是没有办法再生的，今后如何做对自己的成长更有利是思考的关键。

在类似的心理咨询中我特别强调：我们探究原生家庭因素的影响，不是为了探究原因，而是为了更好地成长。

同样,儿童心理工作者与家长探讨原生家庭对于儿童成长的影响,也是为了更好地避免那些对儿童成长不利的家庭因素,希望每个家庭教育都能够为孩子建立一个优质的原生家庭环境。

(4)家庭教育中的教与管

进入现代信息社会,和西方家庭相比,国人对于亲情的在乎,使大部分中国的亲子之间依然保持着传统家庭的关系模式,这在某种意义上说是难能可贵的。与此同时,我们也必须看到,今天的孩子毕竟是在信息化和多元化社会环境中长大的,他们的眼界、思考有着太多与传统家庭观念不一致的地方,这就需要家长顺应社会的变化而不断调整和改进自己的教育方式。

当孩子出现问题的时候,一般情况下不同的家长会有不同的应对方式。有的家长以自己关于该问题的看法为出发点来处理问题,如果和孩子讲过遇到这类问题如何做,而孩子没做到,家长会再一次帮孩子分析清楚问题,再评价孩子做法的对与错;也有家长从来不思考自己是否教过孩子如何处理这类问题,而选择直接谴责孩子。

何为教,何为管?这并非一个简单的问题。儿童心理学工作者要向家长讲明家庭教育中的两个关键词:教与管。关于这两者之间的关系,我们从"管教"这个词序就能感受到传统教育的价值取向,即管在先,教在后。我坚持认为教是方法论,管是实践论;教在先,管在后,教比管重要。即家庭教育中的教是指家长教会孩子做人、做事及应对问题的方法;管是指家长对孩子成长实践活动的指导,先有方法后有实践是再自然不过的事了。

在家庭教育中,家长的核心作用就是教孩子做人做事。我曾经观察到这样一个情景:

> 一个妈妈带着孩子散步遇到熟人,对方和他们打招呼,此时,这个妈妈眼睛在对方身上没有太多停留,一边看着手机一边跟宝宝说,跟奶奶打招呼,孩子就顺势喊了声奶奶,但并不亲热,双方擦肩而过。

试想,这样的家庭教育能教会孩子如何与人交往吗?能让孩子体会到人与人交往的真诚和乐趣吗?如果孩子像妈妈一样漫不经心地和人交往,不去主动感受人际交往的意义,孩子的人际交往发展势必会受到阻碍。

教很重要,但教的目的不是改变孩子,而是引导孩子适应环境。很多家长总是说孩子应该这样,应该那样,其实在个体成长的历程中,又有多少孩子是按照家长期望的那样成长的呢?很多家长会对孩子说,"我这样爱你,希望你有一个很好的将来,所以你应该按我说的做"。然而,家长的经验不一定完全适合孩子的生存环境,授人以鱼不如授人以渔,教会孩子重视环境、学会适应环境的方法比对孩子一管到底更重要。

第一,影响儿童身心健康的主要家庭教育因素:家长的教养方式。

每个家长都会不自觉地形成自己的教养方式,而由此形成的教育方式相比起家长的教育动机和教育内容对儿童的影响更大。关于父母的教育方式,早在1978年,美国心理学家戴安娜·鲍姆林德就以父母对待儿童的情感态度与父母对儿童的要求和控制程度为划分标准,确立了权威性、专制型、冷漠型和溺爱型四种典型的教养方式,具体如图1-7所示。

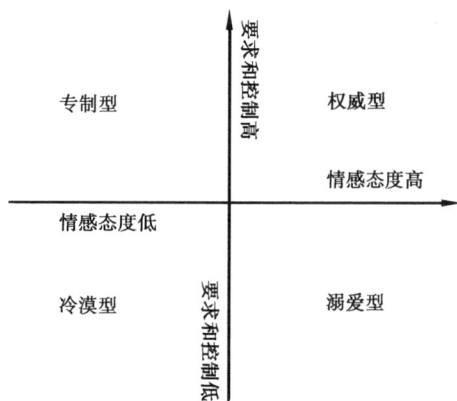

图 1-7　四种典型的父母教养方式

权威型(高情感＋高控制),即在对待儿童的情感态度上呈现出高度的接纳和重视,对儿童也具有较高的要求和较强的控制力。这类家长会以爱的名义,为儿童制订出较高的标准,并要求他们努力达到这些要求。现有的心理学研究结果显示,在我国,由于传统的家庭教育观念的影响,持有权威型父母教养方式的家庭教育者人数居多,占总人数的一半以上。对家庭教养方式和儿童安全感的相关研究发现,权威型家庭教养方式下的儿童,一般具有较好的安全感,但做事的主观能动性欠缺。

专制型(低情感＋高控制),即家长在对待儿童的情感态度上呈现出不关心和不信任,却对儿童提出较高的要求,并对儿童实施较强的约束。相关研究发现,我国传统家庭中,父亲属于专制型的家庭较多。而父母均为专制型的家庭并不多,如果父母的教养方式能够互补,对于儿童的健康成长是件益事。但如果不幸,父母的教养方式均为专制型,则会对儿童的成长造成极大的不利影响。在我的心理咨询临床实践中,就有许多青春期出现过度叛逆的孩子,究其主要原因与孩子成长于父母的教养方式均为专制型的家庭,或者家庭主导者的教养方式为专制型有关。如果孩子在幼年期不受重视和过度被管制,那么进入青春期后,孩子在自我同一性①的达成过程中就会出现障碍,无法处理生活中的各种关系,使其生活缺乏一致性和连续性,进而产生各种情绪与行为问题。

冷漠型(低情感＋低控制),即家长在对待儿童的情感态度上呈现出较少主动关心孩子、对儿童的成长也很少过问、经常以排斥的态度对待儿童、对其放任不管的特点。相关心理学研究结果显示,在这类家庭中成长起来的孩子出现心理问题的概率非常大。常见的心理问题有,早验(过早体验成人行为,如吸烟、饮酒或恋爱等)、反社会人格、抑郁及问题行为等。

溺爱型(高情感＋低控制),即家长在对待儿童的情感态度上呈现过度的接纳和宠爱,但对儿童却较少管理和约束。总之,就是家长对孩子宽容放任,对儿童缺乏管教。相关心理学研究结果显示,在溺爱环境下长大的儿童也是心理问题发生的高危人群。由于从小在宠爱但又缺乏管束的环境下长大,这部分孩子很少体验到遵守规则获得的感受,也没有被约束的经验,因此,很容易在脱离父母保护后,由于缺乏独立应对问题的能力而出现焦虑与愤怒等情绪问题,或者出现退缩和攻击等行为。

第二,家庭教育发挥积极作用的基础:家长在儿童成长中的角色定位。

家长如何才能在孩子成长中发挥积极的作用? 这要从家长在儿童成长中的角色定位问题论起。

我相信父母都是爱孩子并希望孩子好的,也会努力地扮演好自己教养者的角色。但是,由于这样或那样的主客观原因,有时,父母的教育常常事与愿违,尽管不

---

① 自我同一性是人格心理学中的一个重要概念,是指人格发展的连续性、成熟性和统合感,自我同一性的形成标志着个体人格的成熟。自我同一性是著名心理学家埃里克森在第二次世界大战之后提出的概念,用于解释第二次世界大战士兵从战场上回来后,出现的生活一致性和连续性丧失的障碍经历。具体地说就是个体把与自己有关的各方面信息(众多的人格)整合在一起,形成一个自我协调一致的、区别于他人的独具"统一风格"的自我(稳定的人格)。

是出自父母的本意,但这些做法确实会对孩子造成一定的伤害。

> 小 A 是一位 19 岁大二女生,目前就读于一所重点大学。小 A 陈述,父母在她 13 岁时离婚,她跟随母亲居住,而父亲再婚后基本不管她,只是偶尔会给自己一点儿零花钱(她对父亲是否支付自己抚养费的事并不清楚)。从初三开始,妈妈因为工作忙不太管自己,她便在一个偶然的机会遇到一个成年男人的追求,开始谈起恋爱,之后与男性多人次发生性行为,那时候并没有觉得什么。上了大学后这些过往开始不断地影响她的学习和生活,首先,自己觉得和男性多人次发生性行为是一件耻辱的事,会影响她今后的恋爱与婚姻。其次,她开始怨恨父母,觉得他们对自己不负责任毁了自己的生活。

这个心理咨询案例的完成是一个非常复杂的过程,我在这里重点要谈的是她父母的角色定位问题。无论从哪个方面而论,其父母都是不合格的父母,对孩子放任不管绝对是不负责任的。但我相信,父母本意是爱她的,尽管由于父母的价值观、婚姻观和爱情观等问题,他们没有或不愿意尽做父母的责任,或许他们认为给孩子钱就是在尽家长的责任,但事实上他们这种教养方式与行为,确实给孩子造成了成长障碍。试设想,假如其父母懂得并能够完成为人父母的角色职责,那么是否会在离婚后减少对孩子的伤害?尽管要求每个父母都能尽父母之责是一种理想化状态,但如果能让更多的父母了解自己的角色职责,就一定会最大限度地减少来自原生家庭的伤害。

父母在孩子成长中的角色定位具体内容如下:

第一,父母承担着为孩子成长提供安全保障的角色。让孩子在一个安全的环境中成长,这是父母应该给予孩子的最基本生存条件。根据孩子身心发展的需求,家长对于孩子安全需求的给予应该依据孩子的年龄特点,即在幼年期应该以监察员的身份全方位保护孩子。随着孩子年龄的增长和自我管理能力的增强,家长应该逐步给予孩子成长的空间。与此同时,也要传递给孩子这样一个信息,父母是其少年期的避风港,遇到困难父母会给他(她)最温暖的支持。大量的研究结果和教育实践证明,从父母那里获得的安全感越高,孩子出现问题的概率越小。

第二,父母承担着给予孩子精神方面支持的角色。照顾孩子的吃穿住行是给孩子提供最基本的生活保障,但更重要的是父母要在精神层面给予孩子支持。达到精神层面的支持,父母必须学会和做到向孩子传达自己的爱意,学会和做到鼓励孩子,学会和做到在孩子受到挫折时安慰孩子,并能和孩子一起面对和战胜挫折。当然,这些说起来容易做起来并非易事,却是父母的必修课。

第三,父母承担着孩子的教育者角色。教育者角色是家长在孩子成长中承担的最重要角色,也是家长在法律层面的义务。在有些家长看来,为人父母的教育者并不是什么难以胜任的角色,其实不然。一个合格的家庭教育者必须具备两种能力:一是引导孩子的能力;二是与孩子沟通交流的能力。这两种能力并非像家长想象的那么简单,这是需要家长不断在学习过程中提升的能力。

为了了解我国家庭教育现状,2016 年 7—8 月,我运用文献调研和访谈法,随机选取了 860 个来自全国一线城市(北京、上海、广州及深圳)的 16 岁以下儿童家长作为调查对象,编制了一套中国家庭教育水平评估量表,用于评估家庭教育水平,这套评估量表的信、效度均在 0.85 以上,具体内容如表 1-9 所示。

表 1-9　中国家庭教育水平评估量表

序号	题　目	1 分	2 分	3 分	4 分	5 分
1	你有明确的育儿观念					
2	你善于反思自己的教养问题					
3	你对自己的教育能力充满自信					
4	你对你的家庭教育是满意的					
5	你的家庭教育有明确的分工					
6	你家里的教育者在教育孩子上一直都保持一致					
7	你了解儿童发展规律					
8	你了解自己孩子的优缺点					
9	你了解自己孩子的性格					
10	你比较相信自己的孩子					
11	你能与孩子进行较好的沟通					
12	你会根据孩子的实际情况要求孩子					
13	你对孩子的社会能力发展很重视					
14	你善于处理孩子在生活中出现的问题					
15	你教育孩子时情绪比较稳定					
16	你很少有育儿方面的烦恼					

中国家庭教育水平评估量表共分为个人家庭教育能力(1—3题)、家庭成员教育合作(4—6题)、对孩子的了解程度(7—10题)、教育规范性(11—14题)和教育中的情绪(15—16题)等5个维度,合计16道题目。每一个题目根据调查对象自身的情况采用5点计分(1分,不符合;2分,很少符合;3分,一般;4分,基本符合;5分,完全符合),取值为16~80分。

量表参考常模分数:家庭教育水平较低参考分数16~25分;教育水平一般参考分数26~54分;家庭教育水平较高参考分数55~80分。

家长了解自身的教育水平很重要。通过这个评估,家长可以较为客观地审视自己的家庭教育水平现状,及时地调整自己的家庭教育方法,尽可能避免家庭教育给孩子造成不良影响。

4.社会环境因素

社会环境因素种类繁多,这里我以一个资深发展与教育心理学研究者身份,以及自己20多年的实践经验,列出两类与儿童身心健康成长密切相关的间接儿童教育工作者。

(1)儿童教育学与心理学研究者

这是一类包括我自己在内的教育研究者,是一群从事儿童心理学与教育学研究的专业从业者。儿童教育学与心理学专家,通过对大样本和大数据的研究探究儿童心理发展与教育的规律性,为儿童教育实践提供各种有指导意义的建议。但是,在这里要特别强调的是,由专业教育者提出的建议多是从儿童心理发展中提炼的共性特质。因此,直接教育者(家长或教师)要把这些研究成果运用于自己的教育实践中时,一定要依据儿童自身的实际情况做适当的调整,而不能生搬硬套,盲目使用。

经常会遇到年轻妈妈让我推荐育儿方面的图书,每当把书单列给她们时都会提醒道,"借鉴书中的教育方法时一定要结合自家孩子的实际情况"。真的很担心家长在看书学习时机械地模仿,从而导致育儿失误,变成死读书本的"教育妈妈"。育儿知识可以为家长的家庭教育打开思路,但是从育儿知识到自己成功地实施家庭教育却需要父母调动自己的聪明智慧进行再加工。

目前,由于我国家庭教育受重视程度逐年增高,各类心理学和教育学专家纷纷涌出,水平良莠不齐,其中也有为数不少的滥竽充数者。这些伪专家传递出来的以点带面,甚至非常极端的教育理念,对儿童教育的危害较大,是一个值得重视的问题。例如,"每个孩子都是天才儿童"(如果都是天才,就没有普通儿童和天才儿童之分了);"孩子的问题都是家长的问题"等等。这些绝对化、经不起推敲的观点,实际就是利用了家长"望子成龙"的心理,如果家长以此作为指导,很有可能会带来诸多的育儿困惑,影响自己和孩子的身心健康。更有一些伪专家不顾儿童身心发展规律,发明一些速成法,表面上看在短时间内取得了一定的成效,但从儿童身心发展视角上看弊端很大。这些都是家庭、学校教育需要杜绝的。

(2)儿童教育工具和玩具的提供者

在我们这个高度重视孩子教育的国度,随着人们物质生活水平的不断提高,儿童玩具、儿童智力开发工具、文具及图书等市场极具发展空间。那么,这些影响儿童成长的工具和图书的开发者与制造者,无疑成了间接的儿童教育者。我一直都很关注这个间接教育者群体,因为他们的教育理念决定着儿童玩具、文具和图书市场,进而间接地影响儿童的身心健康。

目前,这个间接教育者群体也是良莠不齐,有非常有智慧的制造者,他们会把最先进的教育理念融入玩具或教育工具中,在促进儿童成长过程中贡献着自己的力量。但也有一些不良商人,受利益驱使,造出的所谓的高智商玩具和智力开发工具等,不仅对儿童成长没有积极作用反而会影响儿童的身心发展,这是一个值得社会、教育工作者和家长注意和思考的问题。

导入案例分析:毛毛的心理问题解析

毛毛的问题正如导入案例中心理专家分析的那样,主要是安全感的问题。根据毛毛父母的介绍,毛毛身体各方面发育指标正常。对身心发育正常的毛毛身上发生的让父母不解的事,我做了如下分析:

首先,从毛毛自身的个性分析,毛毛应该是一个敏感、对环境反应强烈,易产生焦虑情绪的孩子。

其次,尽管毛毛性格开朗活泼,但安全感较低,主要因为三年间的三次抚养人变换,导致其对陌生环境的不适应及存在与父母的分别焦虑。

最后,在毛毛建立安全感的关键时期,毛毛敏感的个性与抚养人的变换相互影响,引发毛毛对环境变化产生焦虑。

概括地讲,毛毛在生存安全(居住环境变化、抚养人变换等)和情感安全(对父母情感表达不充分)没有得到充分满足的情况下,产生在家长看来不解的行为也就不是太奇怪的事了。

对于四岁的毛毛已经产生的安全感问题，我的建议是：

首先，对毛毛的分离焦虑和陌生环境焦虑问题不要过度紧张，因为父母的紧张情绪会极大地影响孩子、加重孩子的焦虑情绪。

其次，懂得孩子是因为担心和恐惧而产生的不礼貌行为后，家长就应该使用理解孩子和安抚孩子等方法减轻孩子的恐惧感，而不要对孩子的不礼貌行为进行直接批评。

最后，父母应该在孩子情绪稳定的时候，运用情景模拟等方法对孩子进行应对陌生环境下人际交往方式的训练，以提升孩子的环境适应能力与人际交往能力。

❓ 思考题

1. 简述四种年龄类型及其发展关系。
2. 浅谈儿童心理发展规律。
3. 论述儿童心理发展的关键期在教育实践中的应用。

第二章　儿童心理问题评估技术应用

⠿⠿⠿

导入案例:某小学幼小衔接中的心理评估方案前期工作①

社会实践是我工作内容中很重要的一部分,其中就包括对许多小学心理健康工作进行指导。

今天,给大家介绍的是一例对小学一年级新生进行适应性调查的心理评估案例。

案例来源:某小学校长非常重视新生的入学教育,特别希望有针对性地对一年级学生进行幼小衔接教育。同时,对学生中有特殊心理支持需要的儿童,提供有效的、及时的帮助。基于此要求,我和我的研究团队从专业角度,为该学校设计了一套小学新生心理发展测评方案。

前期工作

调研工作:首先,深入学校对该小学校领导进行访谈,了解学校工作的期待和诉求;其次,访谈一线老师,了解他们在实际工作中需要的心理学方面的实质性帮助;最后,观察和访谈学生,了解一年级学生存在哪些心理困惑,需要什么样的心理支持。

设定预测方案:第一步,根据调查结果汇总问题;第二步,根据问题选择测评工具;第三步,实施预测验;第四步,调整方案;第五步,完成正式方案。

第一节　什么样的儿童需要评估

儿童一旦处于心理困惑中,心急的家长就会陷入焦虑的求助中。在我的临床实践中经常会出现:孩子原本就是一个成长阶段的发展性问题却被家长误认为病理性问题,带着孩子四处求助,最后搞得父母和孩子都筋疲力尽;相反,孩子已经出现明显的发展性滞后,家长却浑然不知,贻误了孩子的最佳干预时期。

---

① 本案例是作者的工作实践案例。

心理评估是心理问题解决过程中的一个重要环节。对儿童问题进行心理评估，不仅包括教育者或者心理学工作者对问题进行诊断，根据诊断结果制订相应的心理干预计划，也包括对心理干预效果进行评估。

下面我从学龄前儿童、学龄儿童及青少年三个发展阶段对儿童需要评估的问题进行介绍。

学龄前儿童值得关注的问题是运动技能、言语与语言及社会技能。如果在这三个方面发展滞后于同龄儿童，家长就应该给予高度重视并寻求专业帮助。学龄儿童也就是小学阶段的儿童，他们经常出现与学业相关的问题，如注意力问题、学习成绩问题、厌学问题等，家长也经常因为这些问题寻求专业帮助。青春期儿童常出现与学业相关问题及社会适应问题等，他们经常因为这些问题寻求帮助。下面我就从这几个方面对幼儿具体发展滞后问题进行详细讲解。

一、学龄前儿童出现运动技能、言语与语言及社会技能滞后时

1. 运动技能滞后的表现

运动技能又被称为"动作技能"，是人类最基本的一种能力，是指人动作行为时的协调性、稳定性和精细性等能力状态。如，我国民间就有"三翻六坐八爬"等关于幼儿运动技能发育水平的参照指标等。

协调性是指人在大脑皮质调节下，不同肌肉群间的协调运作，是在空间内正确运用肌肉工作的平衡能力。例如，一个儿童能在 7 个月左右顺利完成爬行动作，两岁半到 3 岁左右能双脚跳离地面，并跳起跃过 20 厘米等，如果达到该标准表明儿童的动作协调性较好。

稳定性是动作的稳定程度，具体指幼儿是否能够在完成各类动作时，保持相对的稳定性。儿童的大肌肉控制着其身体在完成动作时的稳定性。因此，动作的稳定性是儿童的大肌肉发育良好的一个重要标志。如 6 个月左右的孩子抓握能力稳定，3 岁左右的儿童能单腿直立一定的时间等，都是其运动技能稳定性的参照值。

精细性是指儿童完成小动作的精细程度，是儿童精细动作发展的外在表现。一般情况下，儿童在两个月左右之后就开始有主动抓握的意识，9 个月左右开始有对捏行为，这些都是其动作精细性发育水平呈现的参照值。

表 2-1 是我根据相关研究成果汇总的儿童在运动技能发育上存在的问题。教

育者可根据儿童的具体情况,参照此表内容,评估儿童运动技能是否发育正常,判断是否有做心理评估的需要。

表 2-1　儿童运动技能发育不良表现

年龄	儿童需要评估的运动技能问题表现
1 岁以内	3 个月不会用手拿东西;4 个月头部不能保持直立;10 个月不能坐起来等
1~2 岁	大拇指和食指无法使用;手握能力缺乏;无法扔东西等
2~3 岁	不会跑;存在平衡问题;在使用叉子和汤勺时存在困难等
3~4 岁	无法双脚离地蹦跳等
4 岁	头部无力,且动来动去等
5 岁	不会骑三轮车;缺乏肌肉张力,体力不足等

2. 言语与语言滞后的具体表现

言语与语言是两个关联密切但又有区别的词汇。从一般意义上讲,语言是社会现象,是语言学研究的内容,而言语则是心理现象,是心理学研究的对象。语言是人们传递消息的声音,是人类大脑的物质外壳,也是人类区别于其他动物的主要标志之一。言语是指人们对语言的运用,是人们在语言表达过程中,受心理影响体现个性特点的口气、习惯、节奏等多重心理因素。由此可见,二者之间是两个不可分割的部分,言语活动靠语言来支撑,如果没有语言,人们没法实现交流,反过来,如果没有言语,语言也无法发挥沟通思想与思维的作用。

对于儿童来说,言语和语言都是身心发展的重要指标。儿童从哭到能够使用流利的语言,是一个从哭泣、咿呀学语、说单词、说简单句子到说复杂句子的过程,有时间上的规律性。如哭是新生儿唯一的语言,哭代表这个时期婴儿的一切要求;半岁左右,咿呀这种意义不清晰的语言开始出现;1 岁左右幼儿开始有意识地发出意义明确的称谓单词,如"爸爸""妈妈"等;一岁半左右开始使用动词,如,"拿""吃"等。2~3 岁是儿童语言发展的关键期,此时的儿童变得特别喜欢说,词汇量迅速增加,已能用简单的复合句来表达意愿,如,"我要喝水""我想妈妈"等。

表 2-2 是我根据相关资料整理的需要进行心理问题评估儿童在语言上的滞后表现,供大家在评估幼儿言语与语言发展时参考。

3. 社会技能发展滞后的表现

社会技能作为人类最基本的能力,主要由三部分组成:一是与他人相关的能力,如对他人的理解能力、与他人的沟通能力及与他人的合作能力等;二是与自我相关的能力,如自我情绪与情感的表达能力,自我感知、评价与控制能力等;三是与任务相关的能力,如参与行为能力、任务的完成能力及遵循规则等。

表 2-2　儿童言语与语言发育不良表现

年龄	孩子需要评估的言语与语言问题表现
1 岁以内	吞咽困难;过度填塞;10 个月左右还未开始咿呀学语等
15~18 个月	不能连续说出音节不用的单词等
两岁半	似乎不理解别人的谈话等
3 岁	只会说一两个词;不理睬人;无法谈论一个话题,被动地对他人做出回应;总是重复从别人或从电视上听来的话;一直流口水;喝水困难等
4 岁	语词混乱或语序不对;无法回答开放性问题;无法讲一个完整的故事等
5 岁	偏离话题;无法回答"如何"的问题;无法听懂两步指令等

幼儿阶段的社会技能是与他人交往、对自己有正确的理解及完成任务的最低要求,是幼儿在自然状态下呈现的社会技能水平。也正是由于这一特性,幼儿阶段也是我们发现儿童社会性发展障碍的关键期。表 2-3 是我整理出的儿童在幼儿阶段可能存在的社会技能发展问题的具体表现,大家在筛查社会性发育迟缓儿童时可以做参考。

表 2-3　儿童社会技能发展不良的表现

年龄	儿童需要评估的社会技能问题表现
1 岁以内	无法目光接触
15~18 个月	叫其名字,无应答;对和别人玩没兴趣
3 岁以后	不会玩假装游戏(如,过家家游戏);刻板故事和游戏;无法与其他孩子玩耍;无法理解他人的行为;避免进入社交场合;缺少社会性反应;无法得到小朋友的认同

二、学龄儿童出现与学业相关问题时

这里的学龄儿童是指小学阶段的儿童,小学阶段需要进行评估的心理问题,主要体现在智力、注意力及学习上。

智力问题是指儿童智商存在一定程度的受损,一般智力测验结果 IQ 在 70 分以下。导致智商受损的原因有可能是外源性,如外因导致的脑损伤,也可能是内源性,如脑器质性病变引发的智力受损等。智力问题是导致儿童无法完成学业的直接原因,所以,及早发现儿童存在的智力问题并进行有针对性的干预指导对其身心健康发展非常重要。

注意力问题是指儿童无法专注指向和集中于一个事物,频繁地改变注意对象,如上课不能专心听讲,易受环境干扰而分心等。注意力问题不仅对儿童学业造成极大的影响,也会使儿童在人际交往中无法专注地与他人进行交流,导致同伴关系出现问题。因此,了解儿童的注意力问题,有效地对其进行注意力训练,对儿童身心发展意义重大。

学习问题主要指儿童的学习成绩问题。导致儿童学习成绩差的原因有很多,环境因素和个人因素是研究者考虑最多的因素,只有发现儿童的学习问题,客观有效地分析其原因,才能对儿童的身心发展给予良好的指导。

表 2-4 是我依据相关资料整理出来的儿童学业问题的表现,大家在评估儿童学业问题时可以做参考。

表 2-4 儿童学业问题的表现

年龄		孩子需要评估的学业问题表现
入学后	智力	智商受损,IQ < 70
	注意力	注意力难以集中;过多的动作;记忆与组织困难等
	学习	学习发音困难;学习上的挫折感;厌学;学习拖延等

三、青春期出现社会适应问题时

青春期是人生成长的关键时期,也是心理问题的多发期,这个时期需要关注的问题主要集中在情绪、行为、人际关系及精神层面。

步入青春期,青少年也进入情绪问题的高发期,对该阶段青少年情绪问题的把控,是促进其身心发展的关键。而论及情绪问题的把控,最重要的是区别情绪问题与情绪障碍。

情绪问题是指一个人在遇到外界刺激时产生的不良情绪反应,每个个体都会存在这样或那样的情绪问题。而情绪障碍则是经常性的、伴随着一定消极行为、超过外界刺激本身所应该产生的过度情绪反应。情绪障碍对青少年的发展损伤极大,是教育者必须关注的问题。

青少年行为问题不仅对自身伤害较大,对他人、对社会的伤害亦大。因此,对青少年行为问题的监控,是保证其自身和社会安全的前提。青少年行为问题主要表现为冲动性、盲目性和不计后果,并且自身很难应对,因此需要教育者具有较高的警觉性,以避免不良后果的产生。

青春期是人际关系发展的关键期,良好的人际关系不仅对青少年当下的发展影响重大,对其今后的人生也影响重大。为那些在人际交往方面存在问题的青少年提供心理援助,是教育者的一项重要任务。

青春期也是大多数精神疾病的初发期,对那些存在精神问题的青少年的关注,是及时进行治疗的重要保证。

表2-5是我依据相关资料整理出来的青春期需要关注的心理问题汇总表,大家在关注青春期问题时可以据此作为参考。

表2-5　青春期心理问题的表现

问题类型	问题表现
情绪问题	经常脾气暴躁;过分抑郁和发怒;孤独与退缩等
行为问题	攻击和破坏行为;自残行为;不安全行为;强迫性偷窃;经常性撒谎和欺骗;对游戏着迷;逃学;卫生问题等
人际问题	无法交朋友;选择高危人群做朋友等
精神问题	固着的行事方法和规则;体重问题;古怪想法和行为;过分的幻想和白日梦;睡眠障碍;触觉反应强烈;自杀等

第二节　儿童心理问题评估者

前文描述了儿童在什么状态下需要评估,接下来要搞清楚的是儿童遇到心理问题找谁,也就是谁有资质评估儿童心理问题。

一、我国儿童心理评估现状分析

目前,在我国还没有相关法律条文界定儿童心理问题评估者资质的状况下,儿童心理问题评估实际呈现出如下三个特点：

第一，出现小问题非专业解决。孩子遇到问题，家长或老师大部分不会寻求心理咨询等的专业帮助，基本采取自行处理的方式。这种做法对于小事件类问题（如遇到不愉快的事情，儿童出现小情绪等心理问题）较为有效，但对于一些病理性或人格类儿童问题，如果也采取这种非专业化的处理方式，就会埋下贻误心理干预时机的隐患。

第二，有了重大心理问题或疾病才求助心理支持。很多家长在孩子出现严重问题，如厌学在家、无法正常与人交往、网络成瘾等时才寻求心理帮助，但此时最佳干预期有可能已过，心理学专业工作者应对起来就会非常棘手，效果往往很难达到理想程度。

第三，有了问题不知如何求助。很多家长和老师在孩子出现问题时，经常会出现不知道到哪里寻求帮助的问题。

基于以上现状，下面我会从儿童心理问题评估者应具备的条件、资质者类别及评估者的伦理规范三个方面解释儿童遇到心理问题需要评估时找谁的问题。

二、儿童心理问题评估者应具备的条件

儿童心理评估是一份专业性很强的工作，对儿童心理评估工作者的专业背景、技术和心理素质都有一定的要求。因为不同年龄段儿童的生长发育具有不同的规律性，每一阶段有不同的心理成熟水平，所以心理评估者需要接受专业的评估培训并遵守评估原则。

1. 较强的沟通能力与应变能力

儿童在接受心理评估的过程中，与成年人相比，由于其对心理评估作用的理解水平较低，配合度也较低，突发情况较多，因此，评估者必须具备较强的与儿童沟通的能力和耐心，机智地应对儿童心理问题评估过程中出现的各种突发事件。

2. 对儿童心理发展及其现状的了解

首先，儿童心理评估者必须知晓儿童发展的普遍规律，对儿童问题的解释能够依据发展常模做出发展状况的描述。如，依据儿童语言发展的普遍规律，评估问题儿童的语言发展状况。如果评估对象的语言发展水平与同龄儿童的相当，则可以得出其语言发展正常；如果语言发展水平较同龄儿童的落后，则可以得出评估对象有可能存在语言发展滞后问题；如果语言发展水平较同龄儿童的好，则可以得出评

估对象的语言发展可能超前。

其次，儿童评估者必须具备对评估对象所处生活环境及现状的较高理解能力，即能够充分理解儿童所处环境对儿童身心发展产生影响的各种可能性，只有这样才可以准确把握环境对儿童的影响程度。如，对于厌学儿童的成因进行分析时，评估者不仅要关注环境问题，而且要对评估对象所处的环境有十足的了解，能够发现儿童问题产生的最核心的环境因素，如果不熟悉环境或者无法正确理解环境很有可能无法把握环境问题的关键。

3. 具备系统的专业知识和技能

首先，儿童心理评估者必须具备系统的相关专业知识和技能，包括一般儿童心理问题知识及其评估技术，特殊儿童心理问题知识及其评估技术等，只有熟练地掌握这些专业知识与技能才能保证对儿童问题做出准确的诊断。例如，自闭症的诊断标准。

其次，儿童心理评估者必须具备丰富的评估经验，包括善于观察被评估儿童的各种心理及行为的变化，熟练驾驭各种心理评估工具，正确地解释评估结果等。儿童问题的个体差异极大，评估者只有具备丰富的临床经验才能保证评估过程的顺利完成，才能确保评估具有较高的信效度。

三、资质者类别

目前，我国关于儿童心理评估者资质，即谁有资格评估儿童心理问题并没有明确的相关规定。这里，我将发达国家现行的具备儿童心理问题评估资质的职业者的信息介绍给大家，以供大家参考。

1. 临床心理学工作者

在美国，临床心理学工作者（clinical psychologist）是指，那些临床心理学专业博士毕业，经过一定数量的临床实践，获得临床心理咨询师执照者。

临床心理学工作者必须具备如下条件：首先，他们必须具备博士及以上学历，有着较深厚的专业学习与研究能力；其次，他们必须具备系统的心理学专业知识，且能够将专业知识灵活运用于实践；再次，他们必须具备较好的精神病学知识，能够完成诊断与鉴别诊断工作；最后，他们还应具备丰富的临床实践经验，能够独立完成心理问题评估与咨询工作。

虽然我国没有完全对应的相关执照,但是那些毕业于国内外高等院校,获得临床心理学博士学位,且有丰富的临床心理实践经验者是有能力完成儿童心理问题评估工作的。只是这部分人都在高等院校从事教学与科研工作,专门从事临床心理咨询的人少之又少。

2. 学校心理学工作者

学校心理学工作者(school counselor)也被称为学校心理辅导员,是指那些经过系统的心理咨询专业学习,获得一定资质,在学校从事学生心理咨询和心理健康管理工作的专业教师。

学校心理学工作者必须具备如下条件:首先,学校心理学工作者应该有系统的心理学学习经历,一般要求心理学专业硕士毕业;其次,学校心理学工作者必须对儿童心理发展规律有全面而深刻的掌握,能够开展学生心理健康教育与管理工作;再次,学校心理学工作者必须具备必要的儿童心理疾病知识,能够区别正常儿童与特殊儿童在心理层面的差异;最后,学校心理学工作者必须熟悉儿童心理问题与疾病的处理方式,能够妥善地处理和安置心理问题儿童。

目前,我们国家各级学校的心理健康管理水平差异很大,有些学校具备完善的心理健康管理机制,有些心理健康管理机制没有或形同虚设。即便是心理健康管理机制较好的学校,具体工作人员的能力也是良莠不齐,只有极少数工作者能够满足学生在心理健康方面的需求,这些都表明我国儿童心理健康工作亟待发展。

3. 精神疾病工作者

精神疾病工作者(psychiatrist)也称为精神科医生,是指在那些经过系统精神病学专业知识学习,再经过相关临床实践,获得精神科医师执照的从业者。

精神疾病工作者必须具备如下条件:首先,必须具有相关专业的博士学位,且具有执照;其次,具有必要的医学专业知识的同时,还必须具备一定的心理咨询、心理测量等方面的知识与技能;最后,因为精神疾病工作者有诊断权和处方权,因此,需要他们的专业知识更加扎实和全面。

目前,我国精神疾病工作者主要集中在综合医院的精神科和精神专科医院,也有部分自己开设私人诊所。就心理学知识来说,有些精神科大夫的心理咨询与评估知识的储备非常好,能够高质量地完成心理评估与咨询工作,但仍然有一部分精神科大夫没有系统地学过心理学知识,也没有接受过系统的心理咨询与评估培训,因此这部分人还无法胜任儿童心理评估的工作。

因此有条件的,可以采取会诊的方式,利用各类专家的优势,提升诊断的准确率。最重要的是,可以根据诊断制订有针对性的干预或治疗方案。

四、评估者的伦理规范

1. 对自己的工作结果负责

心理评估是一种社会性行为,评估结果会引起一系列相关行为,例如,根据评估结果选择问题解决的方法及安置方法等。对于儿童来说,心理评估的结果更重要,一旦对儿童做出评估结果,相关教育者就会根据这一结果对儿童进行分类、安置及教育等,一旦出现评估错误,将会严重影响儿童的身心发展。

儿童心理评估者在心理评估过程中,必须持有高度的责任心,以严谨认真的态度对待评估工作,并对自己的评估结果负责,以最大限度地减少评估误差。

2. 知晓自己能力所长与所短

心理评估的方法有很多,对于评估者来说,有擅长的方法,也有无法驾驭的方法。儿童心理问题个体差异较大,特殊儿童的心理问题评估更复杂,这就更需要评估者具备较高的专业知识和技术,合作评估也是最常见的方法。

评估者对自己的工作能力要有准确的把握,了解自己的所长且发挥优势,知晓自己的所短且回避劣势。在自己的劣势领域采取与他人合作的方式,才可以保证儿童心理问题评估结果的有效性。

3. 评估过程要尊重儿童

儿童对评估意义的理解有限,也可能无法积极配合心理评估工作,在评估过程中可能会出现各种突发问题。因此,评估者一定要有爱心和耐心,不强迫儿童,耐心开导儿童,以争得儿童配合为目标,完成心理评估。如果遇到儿童无法配合的情况,可以分多次评估,不可强行完成评估。总之,评估过程一定要坚持以儿童为中心的原则。

4. 对评估结果保密

保密原则在心理学领域的意义重大。心理评估结果中包含着大量被评估者的个人信息和资料,当然也包含着其个性心理特质、心理问题表现等资料。这些资料需要绝对保密,如果用于研究和教学,必须在争得被评估者同意的前提下,做好各种保密性措施后才可使用。对于儿童心理评估的结果也一样,资料用于研究与教学时,须经被评估儿童监护人的知情同意,再加上严格的保密信息处理,如用化名,隐去具体地名等才可使用。

第三节　心理评估的分类

心理评估根据评估目的的不同,可以分为排查性心理评估、诊断性评估及治疗性评估。

一、排查性心理评估

对排查性心理评估的了解,应该从定义、类别及实施过程中的注意点三个方面入手。

1. 排查性心理评估的定义

排查性顾名思义就是根据目标将极端特质者筛查出来的过程。所谓排查性心理评估是指对群体中存在各种心理问题的人进行甄别与筛查,从而发现具有某些个性特质和心理问题的人群或存在心理健康风险的人群。目的是发现有一定潜在心理危机的个体,以便对这些个体实施更有效的心理支持。

排查性心理评估最重要的一点就是在设定排查目标时,要以心理学元素为目标,以个体的认知特性、人格特质、情绪特性和行为状态为目标进行评估,只有这样才能了解个体心理在群体中的状况,揭示由心理因素引发的各种问题。

2. 排查性心理评估类别

排查性心理评估,按目标的不同可以划分为三种类别:以心理健康水平为目标的排查性评估、以个性特质为目标的排查性评估及以能力特长为目标的排查性评估。

第一,以心理健康水平为目标的排查性评估。这类排查性心理评估是为了将存在心理健康隐患的个体排查出来,以达到重点关注、及时应对的目的。例如,使用SCL-90[1] 心理测量工具对人的心理健康水平及其症状进行测量,根据临界值划分筛查出心理健康高危人群,并了解其症状特性,以达到提供有效心理支持的目的。

---

[1]　SCL-90 全称为 SCL-90 症状自评量表,1975 年由德若迦提斯编制,是心理与行为问题评估时最为常用的症状量表之一。该量表共有 90 个项目,包含较广泛的精神症状学内容,从感觉、情感、思维、意识行为、生活习惯、人际关系、饮食睡眠等方面对人的心理症状进行全方位的评估。这一测量工具被广泛应用于精神科和心理咨询的诊断中,对人们的心理健康水平有较高的评估价值。作为不同职业者的心理卫生问题测量工具,间接反映了不同行业对心理健康的关注。

第二,以个性特质为目标的排查性评估。这类排查性心理评估是为了将存在人格危机的个体排查出来,以达到有效预防和干预心理问题的目的。例如,使用EPQ①心理测量工具对人群中焦虑易感人群(自身属于焦虑人格)进行筛查,帮助这一特殊人群找到有效应对高焦虑的方法,达到对其进行心理支持的目的。

第三,以个体能力特长为目标的排查性评估。这类排查性心理评估是以个体的能力特长为目标,将个体优势能力测出,以达到促进个体健康成长的目的。例如,使用 WISC② 心理测量工具对个体的智力特质进行评估,帮助我们了解自己的智力分布特性,进而达到扬长避短、更好地促进个体发展的目的。

3. 排查性心理评估实施过程中的注意点

第一,要有明确的排查目标。目标是评估的指挥棒,也是有效评估的保障,一个目标不明确的评估是没有意义和价值的。例如,考察个体在新环境中的心理状况,就应该以其适应能力为排查目标等。

第二,要有测量常模的支持。常模是用于比较的参照值,没有常模的测量是无意义的。评估的目的就是了解个体在群体中的位置,了解个体的特性,要达到这一目的就离不开比较,而实现比较的基础就是构建常模。例如,韦氏智力测验的参照值,智商分数在 130 分以上的为天才,70 分以下的为智力障碍者等。

第三,评估要根据排查目标合理选择评估工具。选择恰当的评估工具是确保评估目标实现的前提,更是评估有效性的保障。例如,排查个体的人格特质可选择EPQ;排查个体的心理卫生状况可选择 SCL-90 等。

二、诊断性评估

同排查性心理评估一样,对于诊断评估的了解,也应该从定义、目标及实施过程中的注意点等三个方面入手。

---

① EPQ 全称艾森克人格问卷,是由英国著名心理学家艾森克依据自己的人格三维理论于 1975 年编制而成的。该量表共有四个分量表:神经质、精神质、内外向及掩饰性,其中,神经质是测查焦虑易感人群较好的评估工具。

② WISC 全称韦氏儿童智力量表,首先是由韦克斯勒于 1955 年编制,后经过多次修订而成,是目前应用最为广泛的智力测验工具之一。WISC 不仅能够测得个体的整体智商,而且对个体智力分布特征,即个体的智商特点也有较好的评估作用。

1. 关于诊断性心理评估

诊断性评估主要是对那些已经被确认为异常或偏态人群的心理与行为进行评估，是以对其进行有效心理干预为目的的评估。

(1) 诊断性心理评估的特点

诊断性心理评估最重要的特点是不仅要对那些非常态人群的症状进行定量评估(了解问题严重程度)，而且要对其问题进行定性评估(了解属于什么问题)。例如，在心理咨询过程中，对来访者进行心理评估，既要对问题进行诊断，搞清楚具体属于什么类别的问题，同时还要对症状严重程度和可能存在的心理影响进行评估。

(2) 诊断性心理评估的作用

诊断性心理评估的作用主要包括以下三个方面：

第一，有利于对心理问题的主要症状进行清晰分析。在心理咨询与治疗过程中，来访者问题的呈现有些比较清晰，但大多情况下还是表现出模糊而复杂的特点。比如，来访者主诉：最近由于学习压力大而产生烦躁、抑郁、不想做事等消极情绪与行为。如果我们不对其症状进行评估(了解主要症状及其水平)，就很难确定来访者是情绪问题引发的行为问题，还是事件引发的行为问题。

第二，有利于对问题的心理成因进行梳理。在心理咨询与治疗中明确来访者问题是确保有效咨询与治疗的重要前提，而影响因素分析的重要手段之一就是心理评估。例如，来访者主诉自己近一个月睡眠一直都不好，并伴随着焦虑不安等情绪。对于这个案例，仅凭来访者对自己症状的主观陈述是远远不够的，我们不仅要对其睡眠和情绪等问题的严重程度进行评估，更重要的是要对其可能存在的影响因素进行分析，比如，运用人格问卷进行心理层面的探究，运用生活事件问卷进行客观现实影响因素的探究等。

第三，有利于针对性地制订心理干预方案。一个好的心理咨询基于一个切实可行的咨询方案，而一个切实可行的咨询方案大多是基于一个信效度较高的心理评估而做出的。例如，来访者主诉最近一直被人际关系问题困扰。为了对来访者实施有效的咨询，首先我们要对其进行一系列的心理评估，根据评估结果制订咨询方案。如果评估得出来访者是由于人际关系问题引发较大的情绪问题，那么无疑在咨询方案中首先要对其情绪进行疏导，但如果来访者并没有太突出的情绪问题，而是人际交往能力需要提升，那么就需要针对其相关能力进行分析，这些通过来访者自己的陈述往往无法清楚呈现，更多的时候需要通过心理评估获得。

2. 诊断性心理评估目标

常见诊断性心理评估在目标设定上,主要集中在来访者的心理症状、生理疾病、人格特性分析、生存环境及社会功能等方面。

第一,心理症状是指认知、情绪、意志及行为等方面存在一定的问题,是诊断性心理评估最重要的关注点,只有把握来访者的心理症状,才能目标明确地展开咨询与治疗工作。

第二,了解生理疾病是准确判断来访者是单纯性心理问题,还是由生理疾病引发的心理问题的重要依据。

第三,人格特性分析,是对来访者进行心因分析最重要的手段。通过人格特性分析能够准确把握来访者自身特性与其心理问题的关联,是病因分析时进行主观影响因素分析的主要内容。

第四,生存环境是指包括来访者的社会环境、工作环境、家庭环境及文化环境在内的所有生存环境,是来访者心理问题形成的客观因素。对这些外部因素进行深入分析,是全面把握来访者问题形成的外部因素的有效途径。

第五,社会功能是指个体在社会生活中所呈现的状态,即其社会能力、社会功效和社会影响的发挥状况。社会功能正常与否,是考察个体身心健康的重要指标。在诊断性心理评估中,无论是对问题性质的界定,还是对问题严重程度的界定,社会功能是否受损都是必须关注的重要指标。

3. 诊断性心理评估实施过程中的注意点

第一,评估方案的系统性。我们知道诊断性心理评估是一个多维度的评估,主要从心理症状和社会功能的表现,到对生理、人格及环境等主客观影响因素等做系统的分析。因此,在诊断性心理评估实施过程中,一定注重评估内容的系统性,尽可能做到相对全面的评估,减少主要信息的丢失。

第二,不能忽视鉴别诊断的作用。诊断性心理评估顾名思义就是要对问题进行鉴别诊断。鉴别诊断是将症状表现与相近的问题进行比较分析,以排除法对问题做定性分析并减少诊断中的误诊率,提升评估的有效性。

第三,重视诊断评估与疗效评估的关联。在心理咨询与治疗过程中,疗效评估是不可或缺的环节,前测和后测的对比是疗效评估最常用的方法,即在心理咨询与治疗前进行相关评估,然后在治疗后进行相同内容的评估,对两个评估结果进行相关分析,检验咨询与治疗的有效性。

三、治疗性心理评估

不同个体的心理特性差异很大,问题的表现形式也千差万别,因此,在制订个体认知、情绪及行为的矫正方案时,如何根据其个体心理特性选择适合的心理干预方法,即评估个体的治疗需求,是治疗性心理评估最核心的问题。

1. 治疗性心理评估的功能

治疗性心理评估也被称为处方性心理评估,是以制订心理咨询与治疗方案为目的的评估。最常见的治疗性评估方案,是评估心理干预策略对矫正来访者或患者的心理与行为问题的适合程度。

治疗性心理评估方案在制订时,主要以制订出改善认知、缓解情绪、矫正行为等心理干预方法为目标,根据个体的心理特性制订对应的治疗方案,达到个体人格趋于成熟、社会功能逐步完善的治疗效果。

2. 治疗性心理评估的类型

治疗性心理评估的重点是对治疗方法的有效性进行评估,评估分为疗效预测性评估和疗效检验性评估。

疗效预测性评估是以获得良好咨询效果为目标,在心理咨询进入治疗阶段初期,对根据诊断资料制订的咨询计划进行可行性分析。特点在于它的预测性,重点在于它结合来访者的个性特质、问题特性等评估治疗方法的适用性和可行性。

疗效检验性评估是以治疗效果的有效程度为评估目标,运用前后测的方法,即参考治疗前期相同测验量表的评估结果,进行前后测对比,从而获得治疗有效性的评估。疗效检验性评估的重点在于针对治疗目标进行治疗前后对比,二者之间的差异是治疗有效性的有力参考。

3. 治疗性心理评估在实施过程中的注意点

第一,治疗性心理评估方案在制订时,应该重视将短期治疗目标和长期目标相结合,即阶段性疗效评估和终极目标达成状况评估相结合。例如,在心理咨询过程中,在初期阶段,一般都会对来访者的情绪进行疏导,再根据来访者的情况进行认知、行为及社会功能等方面的矫正,最终对其人格进行重塑。

第二,治疗性心理评估方案在制订时,一定要结合来访者的问题特性和个性心理特质,选用合适的评估方法。例如,对防御性或掩饰性心理特质较突出的来访者,可选用投射测验等方法。

第三,治疗性心理评估在实施过程中,应该坚持主观和客观评估方法相结合,如此方可最大限度地获得好的评估效果。采用主观感受性评估,例如咨询师及来访者本人对咨询疗效的主观评估;采用系统评估方法,如采用各类测量工具对咨询疗效进行标准化评估。

第四节　儿童心理评估的方法

心理评估的方法很多,常用的方法主要有观察法、访谈法和测量法。

一、观察法

观察法是心理评估在获取资料时最常用的、不可缺少的方法之一。在这里,我从观察法的操作定义和应用,为大家系统地讲解观察法在儿童心理问题评估中的实践应用。

1.观察法的操作定义

心理评估中的观察法是观察者依据设定的目标,运用视觉感官,对相关对象的心理与行为实施观察的过程,其主要目的在于获得心理评估所需的资料。心理评估中的观察法具有目的性、计划性、系统性和可重复性等特点。目的性,是指观察不是随意的而是有目标的,如对被观察者语言表达习惯、行为习惯或在人际交往中的状态等进行观察;计划性,是指观察并非无序的,而是遵循一定的计划完成的,如对在什么时间、什么地点、观察什么人、观察其什么等,具有完整的计划;系统性,是指观察不是仅就被观察对象的某一部分进行随意观察,而是一个完整的系统过程,分为重点观察部分和一般观察部分等;可重复性,是指观察方法、观察内容和观察计划可以重复操作,既可以在一个观察对象身上多次使用,又可以在多个观察对象身上使用,或者说观察结果既可以进行纵向比较,又可以做横向比较。

2.观察法在儿童心理问题评估中的应用

由于儿童的心理发展特性,观察法在儿童心理问题评估中,一般在两种观察情景中完成:一种是在自然情景中;另一种是在设定情景中。

（1）自然情景中的观察法

运用自然情景观察法在对儿童心理问题进行评估时,一般会通过对儿童日常生活,如游戏、学习及基本生活进行观察来完成。观察者可以是专业人员,也可以是儿童家长或教师。

自然情景观察法实施的五个步骤及要点：

第一步：制订评估目标。根据需要，如研究、教育及心理咨询与治疗的需要，制订相关目标及方案。在此阶段需要注意的是观察目标要与儿童身心特质相关，方案要具有完整性和可行性。

第二步：选择适合的观察对象。如果用观察法对儿童心理进行研究，那么在选择评估对象时，一定要注意选择那些具有代表性的观察对象，避免由于观察对象取样偏差导致误差。比如要了解儿童焦虑情绪产生的原因，就要将他产生焦虑情绪的情境作为观察对象，而不用观察他的饮食习惯等。

第三步：选择观察者。为了保障观察的客观性，观察者无论是专业人士还是教育者，都应接受相关培训，而观察技术和观察内容是培训的重点。

第四步：实施观察。观察者在实施观察中一定要注重客观性，不应对观察对象随意主观臆断，避免观察结果的不准确。

第五步：完成观察结果报告。观察任务完成后，观察者应提交书面的观察报告，特殊情况下可以使用口头报告，也可以使用音视频录制资料。

实操案例：观察幼儿在群体游戏中的社会性发展水平[①]

观察目的：了解幼儿在群体游戏中的参与性、活跃度、规则性与互动性，具体观察维度如表 2-6 所示。

观察者：心理学专业人员两名。

观察手段：进入幼儿园内进行观察，主要采用了时间取样（课上和课下）的观察策略，对游戏过程进行录像（严格遵循研究伦理规范）。采用"幼儿群体游戏表现观察评分表"对录像进行编码，编码的过程经过两个步骤：首先，直接记录幼儿在群体游戏中的关键性行为发生的频次；其次，利用幼儿群体游戏表现计算每次游戏中各行为发生的总频次，从而确定幼儿的游戏水平，并进行评分。

评分规则：对参与性、活跃度、规则性三个维度进行评分，是根据其不同的游戏水平，由低到高分别记 0、1、2 分（见表 2-6）。互动性部分的评分依据幼儿在群体游戏中攻击、帮助和破坏行为的总频次，其中帮助行为出现一次记 1 分，攻击和破坏行为出现一次记 −1 分。幼儿在群体游戏中的总体表现是通过总分来体现的，总分即各维度得分之和。

---

① 兰岚,雷秀雅.幼儿在群体游戏中的应用行为与其社会能力的关系[J].心理研究,2014,7(05):34-41.

表 2-6　幼儿在群体游戏中的各维度游戏水平的操作性定义

观察维度	游戏水平	游戏水平的操作性定义
参与性	主动	指幼儿在没有他人邀请的情况下自发地参与群体游戏(如在课下主动提出开始游戏,或在老师组织游戏时主动举手要求参加)
	被动	指幼儿由于接受了他人邀请等外力作用而参与群体游戏(如在课下接受其他幼儿的邀请而加入游戏,或在老师组织游戏时未举手却被点名参加游戏)
	其他	指幼儿参与群体游戏时,既不明显地出于主动,又不完全是被动的,归为以上两种水平以外的情况,记为其他
活跃度	领导地位	指幼儿在整个群体游戏中稳定地表现出积极、踊跃的行动特征,能使气氛变得热烈,或能够打破僵局
	一般地位	指幼儿在群体游戏中曾表现出一两次较为积极、踊跃的行为,或打破僵局
	无所事事/旁观	指幼儿在群体游戏中并没有真正地融入团体,而是仅站在旁边看或者什么都没做
规则性	遵守规则	指幼儿在群体游戏中能够按照游戏规则表现出特定的行为,在游戏的整个过程中基本上能有意识地按照游戏的流程去做,配合他人,没有故意捣乱等行为的出现
	一般表现	指幼儿在群体游戏中有时会按照游戏规则表现出特定的行为,某些时候的行为是符合游戏流程的,但也会出现一两次无视规则、不配合或故意捣乱等行为
	不守规则	指幼儿在群体游戏进行的整个过程中基本上都没有按照规则和流程去做,而是常常出现无视规则、不配合或故意捣乱等行为
互动性	攻击	指幼儿在群体游戏中对其他人造成心理或生理上的伤害(如推倒同伴、打人或说别人是"笨蛋"等)
	帮助	指幼儿在群体游戏中表现出助人行为(如把摔倒的同伴扶起来、提醒同伴怎样做等)
	破坏	指幼儿在群体游戏中表现出损坏物品或妨碍他人活动的行为(如弄坏玩具、抢他人的东西等)

（2）设定情景中的观察法

设定情景观察法是根据心理评估目标的需要,在设定的情景中对观察对象实施观察的方法。设定情景中的观察法一般是为完成某些特定的目标而实施的观察,既可以针对团体实施观察,也可以对个体实施观察。比如,计划了解小学一年级刚刚入学的学生对学校的适应状况,可以组织一个主题为"我的学校"的班会,在这一特定环境中,从语言、人际互动、情绪及行为等多方面对儿童实施适应性观察。

设定情景观察法除了和自然情景观察法一样需要实施五个步骤外,最重要的是根据观察目标,设计特定情景。设定情景时,需要坚持如下五个原则:

原则一:情景设定必须服从观察目标的需要。观察法的核心是实现观察目标,因此在情景设定时不能与目标相脱节,例如,为了运用观察法了解儿童的社会性发展状况,就要设定与其社会性发展相关的情景,如设计一个与人打招呼的特定情景等。

原则二:情景设定必须符合被观察儿童心理发展特性。在对儿童实施心理评估时,无论是哪种方法都应该从儿童身心发展的实际出发,设计的问题情景不得超出儿童发展常模①。例如,运用游戏对 5 岁的孩子进行智力评估,做游戏应该是这个年龄阶段孩子基本能够达到的水平。

原则三:情景设定必须保证实施的可行性。情景设计的可行性主要指在时间、地点及人员等方面的可行性,是情景设定观察法实施的关键。

原则四:情景设定必须在保证儿童身心安全的前提下实施。在非自然状态下完成对儿童心理与行为的观察,情景的安全性就尤其重要,设计情景应该避免一切安全隐患的出现,这是设计情景观察法的首要原则。

原则五:情景设定必须遵守心理学研究规范。情景设定不得违背儿童的参与意愿,不得出现任何妨碍儿童身心健康发展的内容。

实操案例:一例广泛性发育障碍儿童的行为观察案例②

观察对象:伟伟(化名),男,5 岁,融合幼儿园。

观察目的:家长反映,伟伟自小就表现出与同龄儿童相比发育滞后的问题,希望对孩子的问题作评估。

观察目标:包括运动、语言、社交及行为能力等广泛性发育状况。

---

① 发展常模是指与儿童实际年龄水平匹配的心理发展水平,即正常儿童的发展状况。

② 该案例为作者的临床案例,案例中来访者信息均做了保密处理,情景设计方案和结果为真实信息。

观察方法:自然情景观察法和设定情景观察法相结合。

观察者:专业人员及家长。

观察情景设计(见表 2-7)。

表 2-7 伟伟观察法的观察情景设计

观察目标	情景设定
运动	蹲起动作、立定跳、从台阶往下跳(一个台阶)等
语言	引导伟伟使用简单语言表达自己的意愿,如我想要那个纸飞机等
社交	让比伟伟小的孩子与其打招呼等

观察结果:

观察结果包括专业人员在设定情景下的观察结果和伟伟母亲在自然情景下的观察结果。

运动能力状况:专业人员观察结果。蹲起有障碍,蹲下的时间不能超过三秒钟,否则就蹲不住,站起来的时候先撅起臀部再起来。立定跳无法完成,也无法完成从台阶往下跳。母亲观察结果:不敢爬梯子、上电梯不敢迈步,跑步姿势不协调,腿部呈现 X 形。

语言能力:专业人员的观察。无法理解专业人员的语言,也无法用语言表达自己的意愿。

社交能力状况:专业人员观察伟伟。当一个 4 岁左右的小女孩和他打招呼时,他不能做出有效回应,小女孩拉他的手叫哥哥,伟伟把手缩回不理睬。母亲观察:当同小朋友一起玩耍时,他不能够主动找朋友玩,当小朋友问他多大了时,他将头使劲低下,躲在父母身后。

行为异常状况:会突然对摆放物品感兴趣,但是必须同一方向同一条直线丝毫不差,否则会叫嚷。例如,摆放鞋子,必须摆放整齐。

自理能力:吃饭、洗手等不能全部自理,只会穿裤子,不会穿鞋子。

评估结果:广泛性发育迟滞。

二、访谈法

访谈法同观察法一样也是为进行心理评估在收集资料时最常用的方法之一。这里,我从访谈法的操作性定义及其在儿童心理问题评估中的应用两个方面为大家系统讲解。

1.访谈法的操作定义

访谈法顾名思义就是通过口头形式,获得与访谈对象相关的资料。在实施访谈过程中,访谈者必须严格遵循客观性原则,不能带有任何个人主观偏见。

访谈法与一般生活中的访谈有着本质上的不同,主要表现为如下三点:

一是目标性。目标性是指无论是研究还是心理咨询,访谈都有着非常明确的目标,即访谈内容要依据既定目标进行。

二是计划性。计划性是指访谈需要按照一定的程序制订计划,从而在有限的时间内使访谈取得的信息量最大化。一般情况下制订访谈计划涉及四个步骤:步骤一,设计访谈提纲,即根据访谈目标设计具体化的访谈提纲;步骤二,根据访谈提纲选择访谈方法,即选择合适的访谈方法,如开放式或封闭式等方法(下文相关概念介绍),以便准确地捕捉信息,及时收集有关资料;步骤三,确定记录访谈内容的手段,即根据访谈目标确定采用记笔记、录音还是录像的手段;步骤四,预测困难,即预测在访谈中可能出现的各种问题与困难,设定相关的应对方案,以确保访谈过程顺利完成。

三是技术性。技术性是指在谈话法实施过程中使用必要的技术支持,如封闭式访谈与开放式访谈技术。封闭式访谈技术也被称为结构化访谈技术,是指有一定预设答案的访谈,被访谈者不需要过度思考只需回答事实即可。例如,问题:你家里有几口人? 回答:3口人,爸爸、妈妈和我。开放式访谈技术被称为非结构化技术,是指没有预设答案的访谈,来访者可根据自己的感觉任意回答问题。例如,问题:你评价一下妈妈好吗? 回答:我妈妈是一个非常善良的人,她非常爱家……

表2-8是我为大家整理出封闭式访谈与开放式访谈技术的区别表。

表2-8　封闭式访谈与开放式访谈技术的区别

区　别	封闭式访谈技术	开放式访谈技术
使用目的	澄清事实时使用	深层了解事实时使用
有无预设答案	有预设答案	无预设答案
回答问题程度	回答事实,不需要展开与评价问题	需要展开回答,尽可能对问题谈出个体想法

2. 访谈法在儿童心理问题评估中的应用

由于儿童身心发展特性,无论是在研究中还是心理咨询与治疗中,一定要依据儿童认知发展规律,设定符合儿童身心特性的访谈方案。以儿童为主要访谈对象的访谈法在使用时,必须遵循如下十个原则:

- 访谈前,不仅要争得儿童同意,还需要和相关教育者沟通,应在法定监护人同意后才可实施。

- 访谈地点要选择儿童认为安全的地方,不得过于隐蔽也不可过于公开。例如,在学校心理咨询室或者相对隐蔽而放松的地方。

- 在对儿童实施访谈时必须要有时间观念,访谈者既要守时,又要遵循儿童注意力的时间特性,访谈时间不可过长,一般为 15 分钟左右一次为宜。

- 访谈的内容不得超过儿童的理解能力和经验,问题必须从儿童视角出发,围绕儿童感兴趣的话题展开。

- 使用儿童能够接受的方式实施访谈。封闭式访谈对儿童而言更合适,但开放式访谈技术也是必要的。

- 访谈中用词要准确,切忌使用一些负面词汇或儿童无法理解的词汇,避免引发不良后果的语言,如,使用网络流行语、成人语言或专业用语。

- 访谈中如果使用记笔记、录音或录像等方式必须告知儿童,争得儿童同意后才可实施。

- 访谈中要严格遵循心理学的伦理规范要求,不得出现任何违反儿童意愿包括利用权力者(家长或老师)施压强行实施访谈的行为。

- 将家长作为访谈对象是非常必要的,但对青春期儿童实施家长访谈时一定要谨慎行事。

- 访谈结果要严格遵循个人信息保密原则。

　　实操案例:一例儿童厌学情绪心理咨询与治疗的访谈案例①

　　来访者:小明(化名),男,16 岁,高一学生;母亲,42 岁。

　　家庭成员:父母、小明和比他小 4 岁的妹妹。

　　访谈法技术:采用封闭式访谈技术和开放式访谈技术。

　　访谈对象:小明及其母亲(首先询问小明的意见,是分别对母子俩进

---

① 案例为作者临床实践案例,案例中的来访者个人信息均为虚假信息,访谈方案为真实案例。

行交谈还是三方交谈,小明选择三方交谈,即小明、母亲和咨询师一起交谈)。

访谈地点:作者工作室。

来访者主诉:因在学校出现违纪问题被停学在家反省一个星期,在学校准许返校后就产生厌学情绪,已经请病假在家休息了一周时间,家长非常焦虑。

访谈提纲:表2-9为本次访谈提纲。

表2-9　针对小明和母亲的访谈提纲

访谈方式	主要指标	具体问题
封闭性	人口资料	1.家庭成员;2.居住及生活状况等
	诱发事件	1.以前是否出现过类似问题;2.讲述诱发事件
	现状	1.目前安置状况;2.本人与家人的身体、情绪与行为状况
	上学意愿	1.本人的就学态度;2.家人对他继续接受教育的态度
开放式	对小明的访谈	谈谈你对自己目前的看法,好吗?
	对母亲的访谈	关于孩子的现状谈谈你的想法

访谈结果及其应用:

根据访谈整理出初始访谈结果,并完成初步问题诊断。

诱发事件:刚刚入学一个月,小明和同宿舍另外两名同学发生矛盾,动手打伤了同学,之后,学校对其进行了严肃处理,勒令其回家反省并写出深刻的书面检讨。后在家长的努力下,学校允许小明提交检讨报告后返校上学。但小明以其他同学挑衅自己在先,拒绝写检讨,并以身体不适为由拒绝上学。

主因:小明性格内向,不善于与人交流。现在就读的高中本身就不是小明理想的学校,原本就对入学有抵触情绪。家庭教养较为溺爱,很少对其进行规则教育。

小明的心理与行为:愤怒情绪,尽管自己出手打人在先,但事出有因,不做检讨也不去学校。

母亲的心理与行为:非常焦虑,对孩子厌学问题进行多方努力无效后处于习得性无助状态。

厌学的核心问题:新学校同伴关系与环境适应问题。

问题诊断:个性因素引发的人际关系适应问题。

建议:首先,建立学校人际关系支持体系;其次,对小明进行性格自我分析与接纳的心理咨询。后期咨询过程(略)。

三、测量法

心理测量不仅是获取资料时常用的方法之一,也是进行心理咨询疗效评估时最重要的评估手段。这里,我从心理测量法的操作性定义、主要类型及其在儿童心理问题评估中的应用三个方面进行讲解。

1.心理测量法的操作定义

(1)定义

测量的目的在于对测量对象进行数值区分,心理测量就是对个性心理特质进行量化的过程。

心理测量需要在标准化状态下实施,即指导语标准化、使用工具标准化、数据收集标准化、分数分析标准化。具体地讲,心理测量就是使用成熟的心理测量工具,完成对研究对象实施问卷调研、数据分析及结果呈现的过程。

心理测量主要针对与个体相关的心理因素及环境因素进行测量,包括认知、性格、气质、动机、能力、态度、兴趣及社会环境等。

心理测量以测量目标来划分,包括:智力测验,如韦氏智力测验;人格测验,如16PF人格测验;心理与行为测验,如SCL-90症状自评量表;适应性测验,如人际交往能力测验;社会环境测验,如社会支持量表;能力测验,如音乐能力测验;职业生涯规划测验,如霍兰德职业兴趣量表等。

(2)实施阶段

第一,要选用适合的测验工具;

第二,计划如何联系测评室,何时实施测验,指定数据回收和处理方案。

第三,在测量实施中要保证整个过程是在标准情境下完成的,测量条件的一致性是确保测量信效度的前提;

第四,要能够应对调查过程中出现的各种突发事件,以保证调查的顺利完成;

第五,回收问卷后,一定要妥善保管,以免因问卷丢失而影响调查信效度。

2.心理测量法在儿童心理问题评估中的应用

心理测量法一般分为量表测验法和操作测验法,这两种方法在心理评估实践中的应用都非常普遍。下面,我将结合理论与案例分析的方法,就这两种方法在儿童心理问题评估中的应用做详细分析。

(1)量表测验法在儿童心理问题评估中的应用

量表测验法是指使用成熟的心理测验量表对受测者施测,获得相关数据,通过数据分析了解受测者的心理特质的测量方法,量表测验法一般分为自评与他评两种评价方式。

量表自评法是指受测对象根据自己的实际感受直接完成测试的方法。采用自评法的前提是受测者必须具备理解和回答问题的能力,只有这样才能保证心理测验的信效度。由于自评测验具有这一特点,对于年龄较小的孩子就不太适合采用这一方法,即便是对于大龄儿童,测题内容也要符合儿童心理发展规律,切忌出现儿童一知半解的题目,避免出现虚假回答的现象。基于以上特点,在针对儿童使用自评法时,应该注意以下几点:

第一,问卷实施前,应该充分和儿童说明问卷调查的目的,获得儿童的理解与配合。

第二,实测必须在尊重儿童个人意愿并明确同意的前提下实施,不得借任何权利手段,如通过家长、班主任或学校领导强行要求学生完成问卷。

第三,问卷的实施必须保证儿童在自由舒适的状态下完成,杜绝一切安全隐患的发生。

第四,问卷的内容必须和儿童的理解一致,避免研究者的理解和儿童的理解相脱节而影响测量的效度。

第五,问卷实施过程中,应该尽量保障受测者有独立回答问题的空间,避免儿童互相讨论答案,导致测验信度的降低。

第六,问卷回收后,必须对受测者的个人信息保密。

目前,儿童自评量表并不多,且主要集中在测量青少年心理问题上,比如对青少年自尊、中学生自信、中学生考前焦虑、亲社会行为及人际交往能力等方面的测量。

他评法是指依据测量工具,采用访谈或观察法,对受测者的心理进行评估的方法。他评法在儿童心理评估中,多适用于年龄较小的儿童或一些有发展障碍的儿童。一般情况下,他评量表在实施过程中,他评者多由儿童家长、教师或专业人员完成,为了保证测量的可信度,在使用他评法进行评估的过程中需要注意以下几点:

第一,在选择他评量表时,应该选择使用描述性问题量表,尽量避免使用评价问题量表,以确保测量的客观性。例如,可使用包含类似"孩子每天大约会出现几次不遵守规则的行为"等问题的量表,避免使用包含"你认为孩子不遵守规则吗"等问题的量表。

第二,实施他评量表法前,应该对他评者进行量表相关注意事项的培训,以保证他评法的测评质量。例如,针对量表中的关键点、评价标准等对他评者进行培训。

第三,他评者应该对儿童的实际情况进行评价,尽可能避免加入主观感受。例如,对他评者的评价习惯进行了解,对那些过度使用主观感受的他评者做出提醒,或替换他评者。

目前,常用于儿童心理问题评估的他评量表主要集中在智力、言语、情绪及行为等方面,如多元智能测验工具、儿童语言障碍测验、儿童焦虑性情绪障碍筛查量表、儿童行为量表(CBCL)等。

(2)操作测验法在儿童心理问题评估中的应用

操作测验法也被称为非文字类测验,是对图形、实物、工具、模型等进行辨认和操作获得受测者反应的测验。具体来说,操作测验的题目不以文字表述,受测者不以语言或文字方式作答,而是根据测题的要求,以相对应的方式,如以填图、摆放实物、使用工具及构建模型等方式回答。

操作测验法由于其非文字性,所以存在明显的优缺点,具体表现如下:

优点:首先,由于操作测验材料的特殊性,这类测验不易受文化因素的影响,可用于文化水平较低者,如学前儿童、文盲等,并且适合进行跨文化研究。其次,操作测验的指导语非常简单,甚至可不用口述,只用手势表示。因此,可用于测试文盲、聋哑或有其他言语障碍的人。最后,由于操作测验属于非文字测验,这在很大程度上可以避免语言的掩饰性,增加了测验的有效性和可信性。

缺点:首先,操作测验一般不太适合团体施测,多用于个别施测,因此会存在费时、费力的问题。其次,操作测验一般无法采用数据系统回收,因此对测验结果的评分易受主观因素的影响。最后,操作测验的施测在很大程度上受评估者的影响,因此,指导语、结果分析时很难达到严格的标准化水平。

操作测验根据测验目标可分为一般操作测验和投射测验。

①一般操作测验。

一般操作测验是指那些目标明确、成熟的非文字类测验。在儿童心理问题评估中,该类测验主要集中在对儿童智力和感知觉等认知能力的评估上,如韦氏儿童智力测验中的操作测验、瑞文标准推理测验、视知觉发展测验、班达视觉动作完形测验、普度钉板测验、斯尔文儿童认知测验等。

目前,上述一般操作测验工具在儿童问题,特别是在特殊儿童问题评估中越来越受到重视,使用越来越广泛。由于特殊儿童心理问题的特殊性,一般操作测验工具在使用时,应该注意以下问题:

第一,在选择工具时,一定要选择目标清晰、适应受测者具体情况的工具。例如,年龄是否在测试规定范畴内,测验本身是否和预测目标一致等。

第二,在使用工具时,不仅要重视测验结果,更要关注受测儿童在测验过程中的表现。因为特殊儿童,特别是发展性障碍儿童一般在环境适应和人际交往能力上较弱,因此,细致观察其在测验过程中的情绪状态、反应时、配合态度等,有利于更加准确地了解儿童的真实发展状况。

第三,测验过程要最大限度地保证受测儿童的安全,不得存在任何安全隐患。

第四,应减少人为因素对测验结果的影响,在家长不得以必须配合完成测验的情况下,要对家长进行疏导,避免因家长的介入影响测验结果。

第五,对儿童实施测验,时间可以适当放宽,但并不是无时间原则,应根据测试儿童的状况灵活把握测验时间。

视知觉发展测验在儿童心理问题评估中的应用

工具介绍:1964 年,由玛丽安·弗罗斯蒂格等人编制的视知觉发展测验(Developmental Test of Visual Perception, DTVP),是以测量儿童视知觉运动统合能力发展水平为目标的测验工具。DTVP 自产生至今,已在全球范围内测量了三亿多名儿童。使用期间经过两次较大的修订,目前使用的版本为 DTVP-3。在所有关于视觉感知发育及视觉整合运动发育的测试中,DTVP-3 所有分测项目中的信度均在 0.80 或以上,并且混合年龄组的测试信度在 0.90 以上,显示出其独特的优势。

适合对象:4 ~ 12 岁儿童。

测验时间:30 ~ 60 分钟。

视知觉发展测验组成：视知觉发展测验共由 8 个分测验组成，具体内容如表2-10所示。

表2-10　视知觉发展测验分测验一览表

分测验名称	内　　容	题目数
手眼协调	让受测者在 4 个逐渐变窄、弯曲的带状图形上画线	4
临摹	让受测者照图形的样子画简单的图形	20
空间关系	让受测者通过连接点线，呈现测试者要求的图形	10
空间位置	让受测者在 3～5 个经过旋转的图形中找到原图	25
图片背景	让受测者在若干交叠在一起的图形中找到指定图形	18
视觉填充	让受测者从若干未画完的图形中找出与提示图相同的图形	20
视觉动作速度	让受测者根据一定的规则，给128 个图形标注对应的符号	1
图形恒常性	让受测者在选项中找出与呈现例图相同的图形	20

目前，视知觉发展测验被广泛应用于疑似视知觉发育不良引发的学业问题、情绪问题及行为问题儿童的诊断与干预效果评估中，其标准化的实施过程及常模参照是测验信效度的有效保证。

②投射测验。

投射测验是一种人格测验，是运用投射①原理形成的、利用受测者对设定刺激物的独特反应，呈现其人格特质的心理测验。

由于投射测验给受测者提供的，或是一种象征性且不清晰的多义刺激物，并要求受测者即时反应，如罗夏墨迹投射测验；或是让受测者完成一个操作性作品，如绘画测验和沙盘测验等。

投射测验具备如下特点：

第一，由于受测者是在下意识状态下回答问题的，因此，投射测验有着对测量中掩饰心理进行控制的特点，即受测者在回答时会不自觉地把自己的真实情绪、情感、态度、需要、动机、观点、信念和个性特点等心理活动，投射在个人的反应之中。

---

①　投射一词在心理学上是指个人将自己的思想、态度、愿望、情绪、性格等个性特征，不自觉地反映于外界事物或者他人的一种心理作用，也就是个人的人格结构对感知、组织以及解释环境的方式产生影响的过程。

第二,由于投射测验是在给予受测者极大的自主性的条件下完成的,即受测者可以根据施测者的要求自由联想与操作,克服了以问卷形式测量个性的局限性,可以最大限度地获得受测者的心理信息。

第三,一般情况下投射测验材料以图片等可视物为主,这样即使是没有阅读能力的受测者,如幼儿、老人、文盲等也可以进行施测。

第四,由于受测者在投射测验中的回答是开放式、非结构化的,因此,对特定行为不能提供较好的预测,如测验上发现受测者控制欲很强,但是在现实生活中其并没表现出较强的控制欲。

第五,由于对投射测验的评价很难有客观标准,因此测验的结果在解释时受分析者主观性的影响较大,也就是说投射测验的施测容易,但要获得有价值的结果却对分析者的能力提出很高的要求。

第六,由于投射测验工具的不同,在完成时间和精力上的消耗也不同,如罗夏墨迹投射测验耗时耗力,而绘画投射测验一般省时省力。

由于投射测验的操作性特点与儿童操作性活动特点高度匹配,因此其被广泛应用于儿童问题评估中,其中使用较多的有绘画投射测验、沙盘投射测验、TAT 投射测验及叙事投射测验等。下面我主要结合案例对沙盘投射测验和绘画投射测验做系统介绍(这两种方法也是非常重要的治疗方法,第七章会针对这两种疗法做详细讲解,这里仅就它们在心理评估中的应用做简单的介绍)。

第一,沙盘投射测验在儿童心理问题评估中的应用。

工具介绍:沙盘投射测验是沙盘游戏(亦称箱庭疗法)的一种主要功能,是以荣格的心理分析理论为基础,以受测者在沙盘中呈现的沙具(沙盘中摆放的各种微缩模具)作品为分析对象,就其心理表征或心象进行分析,进而获得受测者的个性心理特质与心理状态。

沙盘投射测验在儿童心理评估中的作用:首先,沙盘游戏中,沙盘、沙具和游戏是其三个关键词,这与儿童爱玩的天性高度吻合。因此,儿童会在下意识状态下参与沙盘游戏,进而主动表达自我。其次,与其他心理评估工具相比,沙盘游戏更加适合儿童,沙盘游戏为儿童提供了一个自由创造的空间,我们可借此直观地了解儿童的内心世界。最后,对于儿童来说,与沙子接触和玩耍,不仅是主动表现自我的过程,也是治愈的过程,特别是对那些有过创伤经历的儿童而言,更是一个获得心理调适的过程。

实操案例:一例学习障碍(LD)儿童小志(化名)的沙盘作品①

受测者:小志,性别:男。年龄:14岁。安置状况:休学在家。

受测者症状表现:

家长陈述:自幼语言能力发育正常,幼儿园期间除运动技能发育较弱以外,其他方面发展基本正常。小学学业除语文与英语成绩较差以外其他学科成绩良好,人际交往能力相对同龄人较弱,但还能够进行正常交往。

目前问题:在学校几乎没有朋友,厌学且拒绝上学,情绪不稳定。

咨询师的观察:目光游离无法与人长时间地对视,无法达到同龄人的人际交流水平,精神萎靡,目光游离。

其他心理测验结果:韦氏儿童智力测验结果:VIQ108,PIQ112,FIQ107,结果显示智力发育正常。抑郁量表SDS测验结果:标准分57,呈现轻度抑郁。焦虑量表SAS测验结果:标准分60,呈现中度焦虑。

沙盘投射测验结果:如图2-1所示,见彩插。

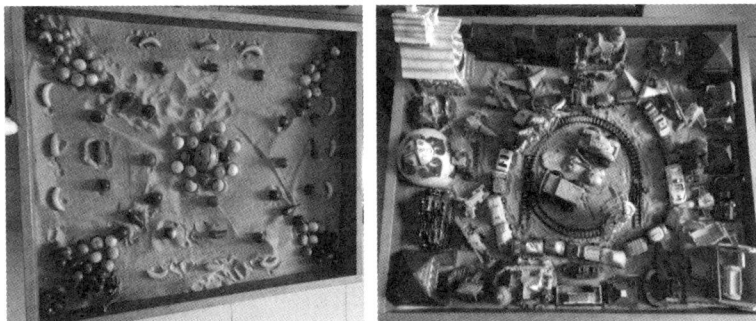

图2-1 小志的沙盘作品

沙盘测验过程:第一步,向儿童家长说明沙盘测验的目的,争得家长的同意;第二步,引导小志进入沙盘室进行沙盘游戏;第三步,引导小志完成两个沙盘主题测验。其一:自由摆设沙具,目的是更广泛和深入地了解小志的心理状态及特质,测验结果见图2-1左图;其二:校园主题沙盘,目的是了解小志对学校的感受及人际满意度等相关信息,测验结果见图2-1右图。

沙盘投射测验结果解释:

沙盘作品描述:图2-1左图是由各类水果组成的,其命名为水果王

---

① 本案例为作者的临床实践案例,案例中来访者个人信息已做保密处理。

国,以一个西瓜为中心有序地排列,依次分层为橘黄色果实、粉色果实、红色果实和紫色果实,黄色果实构成中心地带。再就是规则的四角水果布局;图2-1右图主要由各类交通工具和建筑物组成,构图基本为相似的沙具组成一个环状——中心是战车;一环是小汽车;二环是飞机;三环是以建筑物为主等。

结果分析:两个沙盘作品呈现较为相似的"心象"①,第一,两个作品均为中心扩散图形,且构图追求对称,这表明测试者很容易接受规则性较强的东西,从心理层面解析,其性格中可能存在较高的强迫特质,也可能在思维与行为上较刻板;第二,两个作品均没有人物出现,也没有呈现任何象征沟通的元素,这表明受测者可能存在一定的社会性发展问题,即人际交往等能力可能滞后;第三,两幅作品均由众多同类别的小物件组成,表明受测者很有可能在认知加工时过度关注某些细节,且对事物的整体信息梳理能力较弱。

第二,绘画投射测验在儿童心理问题评估中的应用。

工具介绍:通俗一点讲,绘画测验就是通过绘画,获得绘画者在人格、认知范式、情绪表达及行事方式等方面的个性特征。心理学领域的研究表明,人会在下意识状态下将自己的一些个性特征投射在自己的作品(文字、绘画、音符及叙事等)及他人或其他物体上,也正因为这样,我们可以从个体的作品或对他人的态度上了解其个性。绘画测验就是这样一个通过绘画走近绘画者内心的工具。

绘画投射测验在儿童心理评估中的作用:目前,绘画心理测验在儿童心理问题评估中使用得非常广泛,较常用的工具有:以儿童认知发展水平为测验目标的哈里斯绘人测验;以综合人格特质为测验目标的房树人主题测验及树木投射测验;以自我感受特性为测验目标的自画像主题测验;以人际关系为测验目标的动态绘画测验;以个体压力感受为测验目标的雨中人主题测验,等等。之所以被广泛使用,主要在于绘画测验具备如下特点:

第一,绘画在某种意义上讲,是人类的一种本能。因为,早在渔猎时代,人类没有使用文字之前,我们的先祖就以绘画的方式进行沟通与交流。因此,任何一个人

---

① 心象是心理学的专业术语,是指人们对物体的个性知觉组织加工特性。例如,不同的人对同一物体会产生不同的反应,我们把这种知觉形象称为心象。

包括儿童,都能不用学习就可以画画,所以绘画测验对于儿童来说非常适合,在绘画游戏中即可完成测试。

第二,绘画具有较好的视觉化效果,很容易通过绘画发现问题。

第三,绘画测验所需的材料非常容易获得,对于测试地点要求也不高,所以,绘画测验相对于沙盘投射测验较为省力。

第四,绘画测验作为一种投射测验也存在解读指标获取困难的问题,因此,主观性解读造成的误差也无法避免。

实操案例:一例坠楼儿童小楠(化名)的绘画测验作品分析①

受测者:小楠,性别:男。年龄:11 岁。无绘画经验。安置状况:治疗后暂时回家休养。

绘画测验背景:小楠因不小心从三楼坠落,导致骨盆骨折,肾包膜下出血,跟骨、股骨骨折。这是小楠出院前画的房树人绘画作品。

绘画测验结果:如图 2-2 所示,见彩插。

图 2-2　小楠的房树人绘画作品

绘画测验实施过程:地点:医院病房。材料:A4 纸张,12 色彩色铅笔。

对小楠绘画测验的结果解释:

绘画作品描述:如图 2-2 所示,小楠的房树人三个主题分别是:房子在左侧,且画面只呈现出房子的一部分;树居中偏左,人物在右侧为背影

---

① 本案例为作者的督导案例,咨询师为医院护理部主任,个案中的信息已做保密处理。

人物画。另外,在人物画头部右侧出现了一个被小楠称为树枝的红色绘画符号(下半部分影子是摄影师拍摄时留下的)。

结果分析:绘画分析采用半结构化绘画分析指标①。

第一,运用半结构化绘画分析技术的总体感受指标分析得出:从小楠的房树人总体画面感受分析得出,小楠的作品呈现视觉记忆画特征,达到11岁左右儿童在绘画方面的基本水平,说明其智力没有受损。绘画给人的感受较为压抑,表明小楠处于消极情绪状态中。

第二,运用半结构化绘画分析技术的绘画风格指标分析得出:从绘画空间布局看,绘画的主题元素偏左部,表明小楠在性格上可能较内向;从大小指标看,人物和树相对于房子较大,且房子只呈现了一部分,这表明其可能存在安全感不足的问题;从色彩指标分析,小楠过多地使用暖色及不合常理地使用红色,表明小楠在情绪上可能存在不稳定性和冲动性等问题。

第三,运用半结构化绘画分析技术的绘画元素指标分析得出:从人物指标分析可以得出,人物是背对我们的,所以小楠的孤独感较强,加之树元素树干较细这一绘画特点,有可能提示小楠是一个敏感且容易出现焦虑等情绪问题及退缩等行为问题的人。

第四,运用半结构化绘画分析技术的特殊元素指标分析得出:小楠的画面在人物画头部右上角有意义不明的特殊元素出现,提示其可能存在一定程度的创伤后应激反应。

第五节　儿童心理评估使用的工具

这一节作为心理问题评估的应用环节,我从儿童感知运动技能、认知发育、心理健康等三个方面为大家介绍儿童心理评估常用的工具。

一、感知运动发育水平评估工具

感知运动发育是目前教育学与心理学普遍关心的问题,对该类儿童问题的评

---

① 半结构化绘画分析指标体系是作者在总结前人绘画心理分析技术的基础上,结合自己的研究与临床实践经验,于2018年提出的绘画分析技术。参考资料:雷秀雅.透视心灵——绘画心理分析技术[M].华东师范大学出版社,2018.

估也在探索中不断发展。

1. 感知运动发育问题

生活中经常发现有些儿童会出现一些异常举动,如别人与他(她)打招呼时不予回应,过马路红灯亮时却熟视无睹,无法达到同龄人的运动水平和学业水平等,这在很长一段时间被教育者认为是儿童态度不好或不努力所致。现在,心理学领域越来越多的研究发现,这些现象可能由儿童存在的不同程度的知觉和运动技能发育缺陷或不协调所致。因此,评估儿童的感知运动发育水平,对那些存在学业、情绪与行为问题的儿童提供有针对性的指导,有着重大意义。

2. 感知运动发育评估工具

评估儿童感知运动发育状况的工具有很多,如我在本章第四节介绍的"视知觉发展测验"就是使用较为广泛、信效度较好的工具。

表 2-11 是我汇总的评估感知运动发育水平常用的工具。

表 2-11　感知运动发育评价工具

名　称	编制者(时间)	测量目标	适用对象
班达视觉动作完形测验	班达(1975 年)	儿童脑损伤评估	5~11 岁儿童
南加利福尼亚感觉统合测验	艾尔斯(1975 年)	儿童的感觉与动作技能	4~10 岁儿童
视觉-动作统合发展测验	比里(1967—1997 年)	儿童视知觉和精细动作技能	3~18 岁儿童
视知觉发展测验	弗罗斯蒂(1964 年)	儿童视觉动作统合能力	4~14 岁儿童
听觉辨别测验	韦普曼(1975—1987 年)	儿童单一音素单词的区别能力	4~8 岁儿童
戈德曼成套听觉技能测验	戈德曼等(1974 年)	儿童各种听觉技能	3~80 岁
布鲁因宁克斯-奥泽丽特斯基动作熟练度测验	布鲁因宁克斯、奥泽丽特斯基(1978 年)	儿童技能发展	7~12 岁儿童
普度钉板测验	蒂芬(1948 年)	儿童动作的灵巧性	发育迟缓儿童

二、儿童认知发展水平评估工具

儿童认知发展水平是指,儿童对信息的处理与加工能力,儿童的认知能力是其心理发展最基本的能力。评估儿童认知能力的工具有很多,主要表现在智力、言语与语言、认知能力等三个方面。

1. 智力测验

智力评估在儿童心理问题评估中受关注度最高,自比奈创立第一个智力测验以来,各种工具纷纷产生。

表 2-12 是我将较为常用的儿童智力测验工具,从所测智力目标、适用对象、评价三方面做的汇总表。

表 2-12　智力测验汇总表

名　称 (首位编制者;时间;现行版本)	智力目标 (适用地域)	适用对象	评　价
斯坦福-比奈智力量表 (推孟;1916—1986 年;SB- 4)	儿童认知能力 (全世界)	3 ~ 13 岁儿童	编制理论综合与全面;采用离差智商;有利于儿童智力发育诊断;适应性测验方式
韦氏儿童智力量表 (韦克斯勒;1931—1997 年; WISC- 4)	综合智力 (全世界)	3 ~ 16 岁儿童	言语测验和操作测验成套;使用范围广泛;对一般智力测量信效度较高
考夫曼儿童智力测验 (考夫曼;1983 年;K- ABC)	综合智力 (美国)	2.5 ~ 12.5 岁儿童	以认知心理学和神经心理学为理论基础;文字测题减少,有利于对特殊儿童施测;施测过程简单
瑞文标准推理测验 (瑞文;1938 年;CPM)	推理能力 (全世界)	5 岁以上儿童	施测简单;年龄跨度大;可作个体也可作团体施测;非文学测试可作跨文化比较
古迪纳夫-哈里斯绘人测验 (古迪纳夫;1926—1985 年; GDT)	综合智力 (全世界)	4 ~ 12 岁儿童	非文字测验简单易行,可用于特殊儿童施测,但对测量结果的解释不够精确,无法全面反映儿童智能

续表

名　称 （首位编制者；时间；现行版本）	智力目标 （适用地域）	适用对象	评　价
中国比奈-西蒙测验 （陆志伟；1936—1982 年； 第 3 版）	综合智力 （中国）	2 ~ 18 岁儿童	操作方法简单；有详细的指导语有利于降低误差；但该测验只有单一的智商分数，不利于分析智力特点
团体儿童智力测验 （金瑜；1996 年；CITC）	综合智力 （中国）	9 ~ 18 岁儿童	有详细的指导语；构建了中国常模和较为全面的地域常模；有较好的信效度；分为总智商、言语与非言语智商

2. 言语与语言测验

言语与语言的发育是儿童认知发育水平又一个很重要的指标。在本章前面，我们论述了言语与语言对儿童身心发展的重要性，这里，我就言语与语言的心理评估现状及所用工具向大家做介绍。

对言语与语言的评估基本为同一过程，主要采取测验法。目前，可用于评估言语与语言的量表非常多，主要分为针对一般儿童的测量工具和针对有障碍儿童的测量工具。表 2-13 是常用的儿童言语与语言测量工具。

表 2-13　儿童言语与语言测量工具

名　称	现行版本	功能	测验形式	适用对象
皮博迪图片词汇测验	PPVT-3 （1997 年版）	儿童的词汇理解能力	图板与词汇操作类测验	2 ~ 40 岁的人
伊利诺斯心理语言能力测验	RTPA （1968 年版）	儿童理解、加工和产生言语或非言语性能力	文字类测验	2 ~ 10 岁儿童
语言发展测验	TOLD-3 （1997 年版）	儿童对音韵、语法和语义的掌握能力	文字类测验	2 ~ 8 岁儿童 8 ~ 12 岁儿童

续表

名　称	现行版本	功能	测验形式	适用对象
学前儿童语言障碍评量表	（1993年版）	儿童口语理解、表达及构音、声音、语言流畅等能力	文字类测验	3~5岁11个月儿童
汉语言语流畅度诊断测验	徐方版	汉语儿童语言流畅能力	操作类测验	3~18岁儿童

3. 儿童认知能力诊断量表

工具名称：儿童认知能力诊断量表（Diagnostic Scale of Cognitive Ability for Children）

工具编制背景：1991年，由我国学者吕静等人编制的儿童认知能力诊断量表，主要是用于鉴别和诊断学习不良儿童认知缺陷的工具。

工具结构：儿童认知能力诊断量表由观察力、记忆力和思维推理能力三个分测验共七个项目组成。

工具适应年龄：6~9.5岁小学生。

工具的信效度：该工具已建立浙江省城市常模，有一定的实证效度。但各分测验的稳定性系数偏低，各分测验不宜单独使用。

三、儿童心理健康评估工具

这里，我从学业问题、人格问题、情绪与行为问题及社交技能四个方面为大家介绍儿童心理健康评估的相关工具。

1. 学业问题评估量表

目前，学业问题除了使用智力测验进行评估以外，还会从个人成就、教育成就、学习能力、阅读能力、数学能力等方面进行测试。

表2-14是目前在评估儿童学业问题时常用的工具。

表 2-14　儿童学业问题评估工具

名　称	现行版本	测量目标	适用对象
皮博迪个人成就测验	PLAT－R(1998 年)	儿童数学、阅读、拼写及一般知识	3～22 岁儿童
斯坦福成就测验系列	SAT－8(1992 年)	儿童综合学习能力	6～15 岁儿童
考夫曼教育成就测验	K－TEA(1998 年)	儿童的阅读和数学学习能力	6～22 岁儿童
希－内学习能力倾向测验	H－NTLA－CR(1997 年)	听觉障碍儿童和正常儿童的非言语能力	3～17 岁儿童
中小学生非智力评价量表	NFASA－TE(1997 年)	儿童非智力因素,如成就、交往动机等	6～16 岁儿童
高职学生学习倦怠量表	LBQVCS(2005 年)	与学习相关的情绪、行为及成就感等	16～22 岁儿童

2. 人格特质评估量表

问卷法出现之前,对人格特质的评估多采用观察和访谈等主观评定法。目前,人格特质评估中,心理测量法越来越多地占据了重要位置。人格特质测评工具大致可以分为两大类:一类是以综合人格特质为测量目标的测评工具;一类是以人格的某个侧面为测量目标的测评工具。由于儿童的人格特质具有发展性特点,所以儿童人格测评工具一般以小学四年级以上的儿童为测评对象。表 2-15 是现行的常用儿童人格测评工具。

表 2-15　儿童人格测评工具

名　称	现行版本	测量目标	适用对象
青少年学生自立人格量表	SSPS－AS(2008 年)	青少年的人际自立、个人自立及印象管理	12～22 岁
西北初中生自我概念量表	CSLSS(2004 年)	初中生文化自我概念	初中生
犯罪青少年应对方式量表	CCCWS(2011 年)	犯罪青少年的应对方式	犯罪青少年

续表

名　　称	现行版本	测量目标	适用对象
中学生人格偏离筛查量表	MPDI(2011 年)	18 岁之前出现的人格偏离倾向	12～18 岁儿童
儿童马基雅维利主义量表	KMS(1970 年)	儿童马基雅维利主义人格①特质	9～15 岁儿童

3.情绪与行为评估量表

儿童的情绪与行为问题是最常见的心理问题评估指标,相关测评工具也非常多。目前,使用较为广泛的测评工具汇总如表 2-16 所示。

表 2-16　儿童情绪与行为评估工具

名　　称	现行版本	评估目标	适用对象
安全感－不安全量表	S－I(2011 年)	情绪、人际和自我安全感	初中以上人群
存在焦虑量表	EAS(2011 年)	生存焦虑与自然焦虑	16 岁以上的人
儿童心理虐待与忽视量表	CPANS(2010 年)	身心与性虐待;被忽视	6～16 岁儿童
青少年亚健康多维评定量表	MSQA(2009 年)	躯体亚健康和心理亚健康	中学生和大学生
青少年品行问题、行为倾向问卷	CPTI－A(2011 年)	违规、成瘾及攻击倾向	在校青少年
儿童行为量表	CBCL(1970 年)	儿童社会能力与行为问题	2～18 岁儿童
阿肯巴克儿童行为量表	CRS－R(1997 年)	注意力缺陷多动、情绪及交往	12～17 岁儿童
康纳斯儿童行为评定量表	CRS(1999 年)	儿童品行、多动及学习问题	6～12 岁儿童
李－高强迫行为特征量表	LGCFS(2011 年)	个体强迫特质水平	16 岁以上的人

---

①　马基雅维利主义人格是指具备不达目的不罢休人格特质的人,马基雅维利主义人格特质较高的人不愿意服从他人,更愿意操纵别人;反之,马基雅维利主义人格特质较低的人更容易受别人影响,较为盲从。

续表

名　　称	现行版本	评估目标	适用对象
独立行为量表	SIP(1984 年)	运动、社会交往、生活技能等	婴儿至成人
中小学生互联网使用偏好问卷	(2011 年)	使用互联网的目的偏好	中小学生

4.社会功能评定量表

儿童的社会功能是儿童身心发展的重要指标,社会功能是否能正常发挥是儿童健康成长的重要指标。儿童社会功能主要表现在对环境的适应和人际关系上,表 2-17 是我汇总的目前较常用的儿童社会功能评定工具。

表 2-17　儿童适应能力与社会交往技能测评工具

名　　称	现行版本	测评目标	适用对象
中学生生活事件多维评定问卷	MLERQ(2011 年)	中学经历的生活事件及其强度	中学生
小学高年级学生亲社会行为量表	PSUGSPBS(2011 年)	利他、遵守规矩、社会性等行为	10 ~ 12 岁儿童
情感能力自评量表	ACI(2009 年)	调节情绪、处理人际关系、适应社会等能力	小学生
AAMR 适应行为量表	ABS – SE2(1993 年)	适应能力和不良行为	3 ~ 17 岁儿童
文兰社会成熟量表	VSMS(1965 年)	自理能力、自我管理能力、交往及社会化	0 ~ 25 岁的人
适应行为调查表	ABI(1986 年)	自理、沟通、交往、学业等能力	6 ~ 18 岁儿童
生活适应能力评定手册	1987 年版	一般生活与认知能力	3 ~ 18 岁儿童
社会适应能力评定量表	2004 年版	家庭、学校及社区适应能力	6 ~ 18 岁儿童

第六节　儿童心理问题评估程序

前文中,我为大家介绍了儿童在什么情况下需要做心理评估,讲述了谁有资格为儿童做心理评估等问题。无论儿童是什么类型的心理问题,无论是谁做心理评估,也无论使用什么方法,心理评估都要经过如下四个阶段。

一、选择评估对象

第一个阶段是确定心理评估对象。这个阶段的评估者必须完成两个任务:一是了解评估对象;二是根据评估对象的问题确定评估目标。

1.了解评估对象

对被评估儿童基本情况的初步了解是评估儿童心理问题的前提,包括儿童的年龄、性别、家庭情况、与出生相关的基本事实、目前的安置情况及存在的主要问题等。

了解这些信息主要有三个作用:一是判断儿童是否需要做进一步评估;二是为下一个环节,即确定评估目标奠定基础;三是为后续工作,如评估方法的选择提供有效参考。

2.确定评估目标

心理评估目标一般有四个方面:一是指通过心理评估了解被评估问题的严重程度,如对焦虑问题的评估需要了解被评估者是高焦虑,还是适度焦虑等;二是对心理问题的原因进行评估,如造成行为问题的生理因素、个性因素及环境因素等;三是通过诊断与鉴别诊断获得被评估者的问题性质等;四是评估目标问题的影响,即问题对儿童行为、人际关系及学业的影响。

在确定心理评估目标时,必须依据被评估儿童的具体情况而定,确保后续在确定评估内容、选择评估工具和方法时不会出现差错。

二、制订评估方案

儿童心理评估依据儿童的问题性质,既可简单也可复杂。如,一般儿童情绪问题只需要评估其情绪是不是常态反应即可,而对于特殊儿童的情绪障碍就要从障碍的严重程度、性质、成因及与行为和社会功能的相关性进行评估。一般情况下,一份完整的心理评估方案包括以下四个方面的内容:

1.确定评估的指标体系

心理评估的指标,是指评估指向个体或群体的某种心理因素的相关属性和发展状况。对于心理评估来说,儿童生长发育史、智力、运动技能、言语与语言、社会技能、情绪与行为、学业、人际关系及环境状况等,都是较常见的指标。在评估方案的设计阶段,评估者应根据受测儿童的实际需求设计有效的评估指标。

2. 选择收集资料的方法和工具

设立了评估指标体系后,下面的工作环节就是选择什么方法和工具完成相关资料的收集。心理评估的方法很多,除了我在前面介绍的观察法、访谈法及测量法以外,还有作品分析法、实验法等,选择正确的评估方法是获得有效评估结果的关键。

心理评估工具的选择也很重要,因为,每一种评估指标都有许多工具。常用的智力测验工具就有很多,如韦氏儿童智力测验、瑞文标准推理测验、中国比奈-西蒙智力测验及古迪纳夫-哈里斯绘人测验等,对于不同的儿童,选择哪种工具进行智力测验,需要评估者对智力测验工具和受测儿童的具体情况进行分析后决定,只有这样,才能取得好的评估结果。

3. 设计收集资料的程序

收集资料的程序,是指收集资料前需要做一个计划表,即什么时间段评估,先收集哪些资料,后收集哪些资料。

由于儿童的睡眠和饮食规律与成人不同,表现为易困和易饿等特点,因此,对儿童的心理评估应尽可能避免在儿童易困和易饿的时间段进行。

另外,一般情况下,心理评估都是本着先易后难的原则完成资料的收集。但这一原则的执行要依据受测儿童的具体情况而论,特殊情况下可以打破原则。例如,需要对儿童心理危机干预事件进行评估时,应先对危险性较高的问题做评估,在事情平息后再根据儿童心理干预的需要对其他问题做评估。

4. 评估人员的确定

在做心理评估时,评估人员可以是个人也可以是团队。但无论是个人还是团队,评估者都必须经过严格筛选,符合专业评估人员的标准。

作为儿童心理评估专业人员,除了必要的专业知识外,定期的专业培训是非常必要的。儿童问题存在复杂性和变化性的特点,例如,同为焦虑情绪问题,不同儿童就存在不一样的情绪表现;同一问题发生在同一儿童身上,在不同的时间和地点其问题表现形式也存在差异等。这些都需要评估者在不间断的学习中提升自己的评估能力,以便灵活应对。

三、评估的原则

心理评估必须经过确定评估目标、制订评估方案、实施评估和数据处理分析等四个阶段,每个阶段的实施都要遵循相应的原则,目的是保证评估的有效性。

1. 确定评估目标阶段的原则

心理评估从评估目标开始,确定有效的心理评估目标必须遵守如下原则:

第一,目标的确定必须与心理学相关。心理评估顾名思义是对人心理与行为进行分析,因此,心理评估目标不能设定为评估心理问题以外的内容。

第二,目标应该满足量化分析的条件。心理评估主要是对人的心理进行定量分析的过程,因此,评估目标在设定时必须遵循可测量的原则。

第三,目标应该对心理分析有意义。心理评估的意义就是要对个体或团体的心理特性有一定的分析价值,因此,在设定评估目标时一定要遵循这一原则,确保评估的有效性。

2. 制订评估方案阶段的原则

根据目标制订评估方案是心理评估非常重要的环节,方案的制订关乎整个评估过程的顺利进行,因此,在方案制订时必须遵循如下原则:

第一,评估方法与工具选择时的准确性与多样性原则。选择准确的评估方法和评估工具是确保心理评估有效性的核心,选择精准的评估方法和工具是心理评估目标达成的基本保证。另外,在评估方案制订过程中,不要拘泥于单一方法和工具,应根据需要多种评估方法和工具并用,从而确保评估效果最优。

第二,评估方案完整性原则。心理评估从评估者和被评估者的选定,评估目标的确定,到评估方案的具体实施,再到数据回收处理及其应用等,这些在制订评估方案阶段必须要逐一考虑,并要落实到评估方案中,这是评估顺利实施的前提。

第三,可行性分析原则。评估的可行性分析是确保评估能够完成的有力支持,在可行性分析后制订的方案才能得到有效实施。

3. 实施评估阶段的原则

心理评估实施阶段遵循的原则如下:

第一,评估执行中的灵活性原则。在心理评估中,特别是在心理咨询中的心理评估,评估者可以根据实际情况,在保证评估目标完成的前提下,适当调整评估方案,以确保评估的顺利进行。

第二,以被评估者为本的原则。在评估过程中,评估者从开始到结束,必须对被评估者有清晰的了解,不断把握被评估者的变化,给予被评估者真实回答问题最大的支持,及时解决实施评估过程中可能出现的突发问题。

第三,评估者与被评估者共同参与性原则。心理评估是评估者与被评估者共同参与的过程,只有双方达成共识,在评估过程中积极参与,才能保证评估结果的可信性。因此,在实施评估的过程中,评估者必须要将评估的目的、意义及内容向被评估者解释清楚,在取得被评估者的认可下完成评估。

第四,评估实施中的时间原则。在心理评估实施的过程中,时间是一个值得重视的问题。一般心理测评工具都有时间限制,在实施过程中,应该严格遵守测评工具本身的时间规定。但是,心理评估需要用到多种测量工具,所以在时间上很难有一个绝对标准。因此,评估者在实测前应该对施测时间有一个预估,以确保评估在有效的时间内完成。

4.数据处理分析阶段的原则

数据处理分析是心理评估结果的呈现阶段,该阶段应该遵循的原则如下:

第一,科学性原则。心理评估的数据处理一般是通过文献分析、统计学分析和经验分析等方法完成的。无论使用哪一种方法都必须坚持数据的真实性,使用科学的手段完成结果呈现,最大限度地减少过程中的误差,确保数据分析结果真实有效。

第二,系统性原则。心理评估多为探究两种或两种以上心理变量之间的关联性,因此,在数据分析过程中,要坚持系统性原则,对各变量之间的关联性进行多视角的分析,确保评估结果的全面呈现。

第三,保密性原则。保密性原则是心理评估中最基本的原则之一,在数据处理阶段要对被评估者个人信息严格保密,不得以任何理由泄露被评估者的个人信息,如姓名、身份、评估内容及结果等。

四、评估实施

儿童心理评估的实施阶段存在两大重要任务:一是根据评估方案完成资料的收集;二是对所收集的资料进行分析与整理。

1.资料的收集

在实施心理评估时,需要遵循评估方案收集资料,这是取得评估结果的重要环节。在收集资料环节,儿童相对于成年人的资料收集会更复杂,突发问题会频繁出现。例如,孩子对评估环境和评估者陌生,抗拒评估;儿童出现身体不适无法完成评估等。这就要求儿童心理评估者在资料收集阶段,采取灵活多变的应对方式适当调整评估方案,最大限度地保证资料收集的数量与质量。

2. 资料的分析与整理

分析与整理资料是心理评估资料收集后非常重要的工作,是体现评估者专业能力的重要环节,更是保障评估有效性的关键步骤。

该阶段评估者需要完成如下工作:

第一,通过分析,区分出可靠资料和有待核实的资料。由于资料收集的方法不同,所获得资料的可信度也不同,如通过测量法等客观手段获得的资料可信度较高,而那些通过访谈等主观性较强的手段获得资料的可信度,还有待斟酌。

第二,分析所获得的各种资料之间是否存在矛盾。心理评估受测者在回答问题时,有意或无意间会对同一事件做出不一样的描述,或者在资料与资料间存在矛盾性,这些信息都会影响评估者对问题的判断,应该对该类资料进行区分。

第三,剔除无用资料。在收集资料阶段,评估者一般都会尽可能地、最大限度地获取较多的资料,但到了资料的整理阶段,那些对评估和制订干预计划无用的资料就要考虑剔除,以确保有用资料发挥作用。

第四,比较和解释资料。比较和解释资料是得出评估结果的前奏,只有对所获资料做合理比较与分析,才能得出有效的评估结果。一般情况下,该阶段评估者要通过对被评估儿童资料进行分析和解释,做出问题诊断,并对问题的症状和成因做出描述。

五、评估结果应用

儿童心理评估的结果目前主要应用于儿童家庭教育、学校教育与教学及心理咨询领域。在儿童家庭教育中,家长对儿童问题的正确理解,是家庭教育做到因材施教的保证;学校需要根据儿童的实际情况,有针对性地对儿童进行教育与教学,特别是针对有特殊心理需要的儿童,心理评估结果意义重大;心理咨询的第一环节就是要完成对来访者儿童及家长问题的诊断,准确的评估诊断是儿童心理咨询取得良好治疗效果的前提。

从专业层面上来看,儿童心理评估的结果可以从三个方面论及:

1. 心理评估在儿童心理健康教育方面的应用

心理评估是有针对性地进行心理健康教育的依据。在经济飞速发展的今天，儿童身心健康关系着每个家庭的未来，由心理因素引发的儿童道德等问题越来越受到人们的关注与重视。心理评估是有效把握心理因素的手段，通过心理评估，我们可以了解儿童的心理脉搏，进而有效地实施心理健康教育。

心理评估也是检验心理健康教育是否有效的工具。如何检验教育的有效性，一直是一个看似简单其实复杂的问题。简单在于通过被教育者的直接反馈就可以获得第一手的效果评估资料；复杂在于被教育者的反馈常常受其主观因素的影响，其真实性有限，比如，讨好式或厌恶式等非客观评价等。而多种心理评估方法并用，可以有效地控制这些主观评价误差，从而真实地反映教育的有效性，对于相关工作的开展有着建设性的促进作用。

2. 心理评估在心理咨询与治疗方面的意义

心理评估是心理诊断的重要依据。心理咨询与治疗是极具个性化的工作，要求咨询师必须根据来访者的问题有针对性地开展工作。一个疗效显著的心理咨询与治疗，首先必须正确找出儿童的问题症结，了解他所处的环境特征，准确地把握他的心理活动特质，即完成准确的诊断任务。在心理咨询与治疗资料收集过程中，通过各种心理评估方法获得的资料是诊断的重要依据。

心理评估是心理咨询与治疗疗效评估的重要手段。与心理健康教育一样，心理咨询与治疗疗效评估也是一个重要但较复杂的环节，来自咨询师的评估和来自来访者的自我评估多少都带有一定的主观感受性误差。因此，客观的心理评估，是目前了解心理咨询与治疗疗效的重要手段。

3. 心理评估在人才选拔方面的意义

心理评估是人才选拔的有效手段。心理评估作为人才选拔的手段，已经被广泛应用于美国军人招募和选拔领域。心理评估不仅可以为军队选拔身心健康的人才，还能在个性特质和职位特点之间进行有效的匹配，进而达到人尽其才的效果。

心理评估也是中小学实施心理健康管理的重要手段。中小学校对学生实施有效的身心健康管理，已经成为学校管理的一项重要工作。心理评估作为把握学生心理健康水平，了解影响学生身心健康个性因素的有效方法，可以提供给学校教师有价值的参考资料。

本章主要介绍了几种常用的儿童心理评估技术,这部分内容也是儿童心理咨询与治疗中最重要的评估技术,希望大家能重视评估技术的学习,并能在临床实践中科学、规范地运用评估技术。

导入案例分析:某小学幼小衔接中的心理评估方案后期工作

名称:小学新生心理发展测评方案

目的:运用心理测评手段,对小学一年级新生的学校生活适应状况进行调查,从而制订有针对性的幼小衔接教育方案;通过心理测评手段,排查在心理发展层面有特殊需要的学生,以便为教师提供有效的教育指导建议。

问题收集基本情况:运用访谈法收集学校管理层的相关想法:希望通过心理学手段了解该届学生的共同特性,使得教育更加有针对性。运用访谈法收集一线教师的意见:希望了解特殊学生的心理原因,获得有效的教学建议。通过对学生的观察发现:小学一年级新生在心理层面主要存在的问题,首先是不了解学校规则引发的纪律性问题;其次是同伴交往方式过于个性化,引发的人际关系问题;再次是个别儿童适应能力较弱导致的情绪和行为问题;最后是特殊儿童心理障碍引发的行为问题等。

手段:观察法、测量法和访谈法

工具:绘画测验工具和游戏法等

具体操作:

观察法:针对全体同学,以班为单位,运用游戏法(游戏可以根据儿童的具体情况选定),观察每个儿童对游戏规则的理解和执行情况;了解儿童同伴合作的特点;了解儿童情绪表达和行为表现的共性与个性特质。

测量法:针对全体同学,运用绘画测验方法,了解儿童的认知发育、个性特点、自我意识等发展状况。

访谈法:针对个别问题学生,进行深入访谈获得问题的详细情况。

提交评估报告:根据心理评估和分析结果,为学校提供相关教育教学建议。

? 思考题

1. 谈谈你对儿童心理问题评估程序的理解。

2. 儿童在什么情况下需要做心理评估？

3. 思考各类儿童心理问题评估方法的优缺点。

4. 根据本章所学的内容,结合自身的教育实践设计一个儿童问题评估方案。

第三章　儿童心理障碍及其诊断评估

∷∷∷
∷∷∷

导入案例:灵灵(化名)属于什么问题?①

灵灵是一名9岁的女孩,在普通小学就读。灵灵和爸爸、妈妈、爷爷及奶奶生活在一起。因为灵灵在班级表现出许多行为问题,班主任老师建议她求助于心理辅导。

班主任反映:灵灵情绪管理差,容易被激怒,不太能融入集体活动,有一定的攻击性,控制欲强,经常和同学打架。几乎每天都会发生这样或那样的问题。比如,上课时间躺在教室后面的地板上看书,不写作业,不听老师讲课,等等。

灵灵妈妈反映:灵灵在3岁上幼儿园时,就无法和小朋友正常交流,经常发生打小朋友的事儿,后来换了家幼儿园还是表现出不喜欢参加集体活动的倾向,和小朋友发生冲突的事件不断,后来被幼儿园勒令退学了。

灵灵妈妈认为,灵灵的爷爷和爸爸脾气非常暴躁,经常对灵灵发脾气,大声吼叫,所以,妈妈认为灵灵的问题是爸爸的教养方式导致的。

咨询师接到灵灵的被动求助后,首先邀请灵灵参加团体心理辅导活动,但在活动中发现,灵灵基本无法与其他孩子一样参与集体活动,一直游离在团体之外。鉴于此,决定对灵灵进行个体咨询,采用的方法为游戏治疗和沙盘治疗。

图3-1(见彩插)就是灵灵在心理咨询过程中的典型沙盘游戏作品之一。

咨询师对灵灵的沙盘作品进行分析:首先,灵灵的所有沙盘中都没有人物元素,提示灵灵的社交困难与其对他人的感知有关;其次,灵灵的空间区域划分清晰,物品分类合理,提示灵灵具有较好的空间概念。

咨询师在与灵灵的接触中感受到:灵灵的注意力很容易转移,一点儿声音就能让她离开座位;不关注同伴,也无法参与同伴活动;只有谈自己喜欢的电子游戏时,才会有效地集中注意力。

---

① 本案例为作者督导的案例,咨询师是有一定咨询经验的儿童心理咨询师,案例中的来访者信息已做保密处理。

图 3-1　灵灵的典型沙盘作品

基于以上信息收集和分析,咨询师诊断灵灵的问题,应该是父母的教养方式导致的心理问题。

该心理咨询过程收集的资料严重不足,仅以教养者的描述下诊断是不符合心理问题诊断要求的。

灵灵的问题到底是什么?如何给灵灵一个较客观、准确的诊断,本章内容会帮助你学习到相关内容。

第一节　儿童心理障碍评估总论

我在第一章就心理问题与精神疾病做了解释,本章我着重就心理障碍及其评估方法进行讲解。

一、心理障碍及其划分标准

首先,我将对心理障碍,从概念和划分标准两个方面为大家进行讲解。

1. 心理障碍的概念与特点

心理障碍是指个体在遇到某种生理、心理或社会变化时产生的异常人格反应及异常情绪与行为反应。

心理障碍具有如下特点:

第一,问题产生的原因可以为生理因素、心理因素或环境因素,但症状表现为行为异常,如儿童对环境不适应时,就会在心理上产生过度恐惧进而表现出退缩行为(如因对幼儿园不适应而拒绝参与集体活动或出现缄默等)。

第二,外显心理活动异常程度未达到医学诊断标准。心理障碍强调的是这类心理异常的临床表现或症状,不把该类症状当作疾病看待。从某种意义上讲,心理障碍的提出减少了人们对心理疾病的污名化,如人格障碍、情绪障碍及社交障碍等。

第三,心理障碍的核心问题是个体因缺乏适应社会的能力,而引发一系列无法适应社会的行为。如社交障碍就是由于个体缺乏相对成熟的社会交往能力而产生社交恐惧、不安及紧张等心理问题,导致无法进行正常的社交活动等。

第四,心理障碍者存在一定的心理机能失调,即存在一定程度的认知、情感或者行为障碍。

第五,心理障碍会给个体带来较大的痛苦感受。

2. 心理障碍的划分标准

(1)统计学标准

依据统计学中的正态分布理论,一般情况下心理测量数据会呈正态分布,处于中间的95%的人群趋于心理正常范围,两端的5%则趋于异常心理范畴,看一个人是否异常主要看其与正常人群的偏离程度,越趋于偏态,其异常程度就越高。按统计学标准,心理障碍人群处于偏态范围,如在智商测验中,以韦氏智力测验常模为参照,平均值为100IQ,标准差为15IQ,95%的人智商为70IQ～130IQ,低于70IQ为偏态,存在智力障碍的可能性较高。

(2)心理障碍的程度及身心特点划分标准

心理障碍按严重程度可以划分为:严重心理障碍、中度心理障碍和轻度心理障碍。划分心理障碍严重程度的指标很多,如生理异常程度指标、精神异常程度指标、情绪异常程度指标、行为异常程度指标及社会功能异常程度指标等。

心理障碍按身心特点可以划分为身心障碍和心身障碍。身心障碍是指由生理疾病引发的心理问题,如由严重的躯体疾病引发的精神不振、情绪低落或行为异常等问题。心身障碍是指由心理障碍引发的躯体问题,如压力过大导致头晕目眩甚至出现休克等现象。

二、三大精神疾病诊断标准简介

目前,在疾病的诊断标准中,以 ICD-10、DSM-5 和 CCMD-3 使用最为广泛,下面我就这三个诊断标准进行简单介绍。

1. ICD-11

《国际疾病分类》(*International Classification of Diseases*, ICD), 是世界卫生组织(WHO)制定的国际统一的疾病诊断标准,是根据疾病的主要特征,按照一定的规则将疾病分门别类,并用编码的方法表示的疾病诊断系统。

ICD 的编撰源于 19 世纪,世界卫生组织是其管理者,至今 ICD 经历了多次修订,目前全世界通用的是第 11 次修订本《疾病和有关健康问题的国际统计分类》,被简称为 ICD-11。

ICD 关于疾病的诊断标准主要从症状标准、病程标准、排除标准及鉴别诊断标准等四个方面对疾病进行描述。

1948 年,ICD 首次将精神疾病列入其中,将 10 种精神病,9 种神经症,7 种人格、行为与智能障碍编入第五章。在 ICD-11 第五章精神和行为障碍诊断标准中,对器质性精神障碍、物质滥用引发的精神与行为障碍、精神病(精神分裂症、分裂样障碍及妄想障碍等)、情感性障碍、神经性障碍、生理紊乱与躯体性综合行为障碍、人格与行为障碍、精神发育迟缓、心理发育障碍、儿童与青少年情绪与行为障碍、未特指精神障碍 11 类常见精神疾病进行了详细描述。其中精神发育迟缓、心理发育障碍和儿童与青少年情绪与行为障碍是关于儿童期发作的精神疾病描述。

2. DSM-5

DSM 是美国精神科学学会《精神疾病诊断与统计手册》(*Diagnostic and Statistical Manual of Mental Disorders*)的简称,是西方精神科医师和心理治疗师诊断精神病的重要工具,为医学著作和研究论文所广泛采用。目前使用的是 DSM 第五版,简称 DSM-5。

DSM 对每类疾病都有确切的概念、定义,对每一个有诊断价值的症状、症候群都予以明确定义,对病史采集、精神检查均有统一的方法,是目前精神疾病诊断标准中具有重要参考价值的标准之一。

不仅如此,DSM 还采用了定式症状问卷的方法来收集资料,在很大程度上消除了资料收集和观察方面的分歧。工作用诊断标准和定式精神检查相结合是当代精神疾病诊断学的重要进展。

DSM 对每一种精神疾病从症状学标准、病程标准、严重程度标准及排除标准四个方面都制订了可操作的诊断标准,其中排除标准堪称划时代创举。

DSM-5 关于儿童期心理障碍,采用神经发育障碍这一名称,包括智力障碍、自闭症谱系障碍、特定学习障碍、交流障碍、注意力缺陷多动障碍、运动障碍(抽动障碍、刻板运动障碍、发育性协调障碍)等。

3. CCMD-3

CCMD 是指《中国精神障碍分类与诊断标准》,其编制是参照《国际疾病分类》(ICD)的分类原则,再结合我国国情完成的。其中对精神活性物质或非成瘾物质所致精神障碍、精神分裂症(分裂症)和其他精神病性障碍、心境障碍(情感性精神障碍)、癔症、应激相关障碍、神经与心理因素相关生理障碍、人格障碍、习惯与冲动控制障碍、性心理障碍、精神发育迟滞与童年和少年期心理发育障碍、童年和少年期的多动障碍、品行障碍、情绪障碍、其他精神障碍和心理卫生情况等精神疾病进行了详细描述。目前使用的是 CCMD 第三版,简称 CCMD-3。

CCMD-3 中关于儿童精神疾病的界定主要集中在第 7 部分的精神发育迟滞与童年和少年期心理发育障碍,第 8 部分的童年和少年期的多动障碍、品行障碍和情绪障碍两部分。

第 7 部分的精神发育迟滞与童年和少年期心理发育障碍包括精神发育迟滞、行为障碍、言语和语言发育障碍、各类学习障碍、运动技能发育障碍、广泛性发育障碍(包括儿童自闭症等)、其他或待分类的广泛性发育障碍等。

第 8 部分的童年和少年期的多动障碍、品行障碍和情绪障碍包括多动障碍、品行障碍、品行与情绪混合障碍、童年的情绪障碍、儿童社会功能障碍、抽动障碍、其他童年和少年期行为障碍等。

三、儿童心理问题与障碍中的家庭评估

在进行儿童心理问题与障碍评估时,评估对象不仅仅是儿童本人,更多的时候是包括家长在内的家庭评估。这里我从家庭评估的必要性、家庭评估的对象及方法等三个方面,为大家解释家庭评估的相关内容。

1. 家庭评估的必要性

儿童的心理问题与障碍评估目的不仅仅是完成问题诊断,同时也需要对问题与障碍的成因及与儿童心理康复相关的社会支持资料等进行分析。为此,家庭评估就成为儿童心理问题评估中的一个重要环节。

以下我将从四个方面论及家庭评估的重要性。

(1)儿童心理问题与障碍形成过程中遗传因素

在前文中,我在许多地方都提到了遗传在儿童身心发展中的作用。同样,在儿童心理问题与障碍的形成原因分析中,遗传因素也是重点分析的因素之一。在儿童心理问题与障碍的评估过程中,对家庭成员的生理与心理特质进行调研分析,是了解儿童心理问题与障碍是否存在遗传可能性的重要途径。

(2)儿童心理问题与障碍评估的环境因素

儿童的成长环境一般分为直接环境和间接环境。直接环境是指与儿童直接关联的环境,如家庭环境、学校环境和社区环境等;间接环境是指间接影响儿童成长的环境,如社会文化等。

儿童的成长环境无论在儿童心理问题的形成还是问题的发展过程中,都起着直接或间接的重要作用。因此,了解儿童成长的客观环境是评估儿童心理问题与障碍时不可或缺的内容。获得儿童成长环境情况的渠道有很多,但对儿童家庭进行评估是最不可或缺的重要渠道。

(3)家庭教养模式

在本书前文中,我讲了许多关于父母的教养方式对儿童身心发展作用的内容,当我们面对存在心理问题或障碍的儿童时,父母的教养方式对他的影响,自然是心理评估不得不考虑的问题,而家庭评估是了解父母教养方式的唯一有效方法。

(4)家长对儿童心理问题的态度

在我的临床实践中,一般情况下当儿童出现心理问题后,父母对问题儿童的态度会表现为如下两个方面:一是对问题的归因态度;二是对问题发展的态度。

一般境况下,家长对儿童问题的归因态度会表现在三个方面:一是将儿童问题的产生全部归因于孩子,如,"这孩子从小就不听话""孩子这样做我真的不能理解"等;二是将儿童问题的产生全部归因于自己,如,"都怨我没有尽到做父母的责任""我们家长的教育方法出了问题"等;三是将儿童问题进行外归因,如,"孩子如果没遇到这个老师就不会这样""如果孩子没有做这件事就会很好"等。

家长在面对孩子问题时的态度主要表现为:家长或者会以积极态度应对,或者以消极态度来面对。积极态度,如家长面对孩子的问题时,相信问题总会解决,孩子会一点点好起来的;消极态度,如孩子没救了,自己无能为力,任其发展等。

家长是儿童非常重要的社会支持力量,直接关系着儿童问题解决的质量。所以,了解父母对儿童问题的态度,不仅关乎问题的解决,更关乎问题解决的质量。

2. 家庭评估目标

儿童出现心理问题需要进行家庭评估时,评估的对象包括儿童本人、父母及其共同生活的家庭成员。因此,在制订家庭评估目标时,可分为以儿童心理问题为主要评估目标、以父母问题为主要评估目标与以家庭其他成员问题为主要评估目标三大类。

(1)以儿童心理问题为主要评估目标

以儿童本人的问题作为家庭评估目标时,评估目标及其方法如表3-1所示。

表3-1 以儿童心理问题为主要评估目标

评估领域	评估目标	评估方法	评估对象
运动技能	动觉发育、协调性、精细动作等	测量法、观察法	儿童和家长
认知发育	智力因素与非智力因素的发展等	测量法	儿童和家长
社会技能	交往能力、理解能力及合作能力等	测量法、观察法和访谈法	儿童和家长
情绪状况	情绪状态与情绪特质等	测量法、访谈法	儿童和家长
行为状况	攻击性行为和退缩性行为等	测量法、访谈法、观察法	儿童和家长
家庭人际	亲子关系、兄弟姐妹关系等	测量法、访谈法、观察法	儿童和家长

(2)以父母问题为主要评估目标

以父母问题为主要评估目标时,评估目标及其方法如表3-2所示。

表3-2 以父母问题为主要评估目标

评估领域	评估目标	评估方法	评估对象
家庭环境	家庭人口学资料、经济状况和居住环境等	访谈法	父母双方
教育方式	家庭教育理念与教养方式等	测量法、访谈法	父母双方
亲子关系	母亲或父亲与儿童的关系等	测量法、观察法和访谈法	父母双方
人格特质	父母的人格特质等	测量法、访谈法	父母双方

(3)以家庭其他成员问题为主要评估目标

以家庭其他成员(祖父母、兄弟姐妹和日常一起居住者)问题为主要评估目标时,评估目标及其方法如表3-3所示。

表3-3 以家庭其他成员问题为主要评估目标

评估领域	评估目标	评估方法	评估对象
家庭环境	家庭人口学资料、经济状况和居住环境等	访谈法	家庭常住人口
家庭关系	家庭成员之间的关系等	测量法、访谈法	家庭常住人口
对问题儿童的评价	态度、关系及状态等方面的评价	观察法和访谈法	家庭常住人口
社会支持	成为问题儿童的社会支持的可能性	测量法、访谈法	家庭常住人口

第二节 常见儿童心理障碍的评估

常见儿童心理障碍主要表现在情绪、行为和人格等方面,本节,我就这三方面的儿童心理障碍评估方法为大家做介绍。

一、情绪障碍评估

1.焦虑障碍评估

(1)关于儿童焦虑障碍

儿童焦虑障碍是一组以过度焦虑、不安行为和自主神经系统功能紊乱为症状的情绪障碍。

不同年龄的儿童在焦虑上的表现各异。幼儿的焦虑一般表现为哭闹、惶恐不安、无法与父母分离、食欲不振和睡眠障碍等;小学生则表现为注意力难以集中,学业问题、厌学、人际交往困难等;青少年则更多地表现为烦躁不安、与他人发生冲突,继而拒绝上学甚至离家出走等行为问题。

目前,国内外对儿童焦虑障碍的研究日益增多,普遍认为儿童焦虑障碍是一种患病率高、最常见的儿童心理障碍,并对儿童的生理与社会功能产生较大的影响。流行病学调查显示,儿童焦虑障碍患病率为2.4%~4.7%。

依据DSM-5中对焦虑障碍的界定,常见的儿童焦虑障碍有分离性焦虑障碍、选择性缄默症、特定恐惧、社交性焦虑障碍、惊恐障碍、广泛性焦虑障碍等。

（2）儿童焦虑障碍的行为界定

①分离性焦虑障碍：

第一，与主要依恋对象离别时产生的反复的、过度的痛苦；

第二，持续地、过度担心会失去依恋对象；

第三，异常性地拒绝去陌生地方；

第四，以上这些现象持续4周；

第五，以上行为在一定程度上影响社交与学业等功能的发挥。

②选择性缄默症：

第一，在一定的社交场合（如幼儿园、学校等）持续性地不能讲话，而在其他场合（如家庭）能够讲话；

第二，这种障碍影响儿童接受正常的教育；

第三，这种缄默障碍持续时间至少一个月以上；

第四，这种缄默状况不是由其语言表达能力不足引起的。

③特定恐惧：

第一，对特定的事物或情况（如飞行、高处、动物、注射、血液）产生害怕、哭闹、发脾气、惊呆或过度依恋他人；

第二，对恐惧的事物或情况主动回避，或过度焦虑；

第三，以上行为与事实不相称，存在过度的危机感受；

第四，以上行为至少持续六个月以上；

第五，以上行为影响儿童社会功能的发挥。

④社交性焦虑障碍：

第一，在特定的人际交往中（如与陌生人见面、表演等），也包括在同伴交往时出现显著的害怕与焦虑；

第二，经常不合时宜地害羞和害怕导致拒绝别人或冒犯他人；

第三，回避社交场合；

第四，以上情况至少持续六个月以上。

⑤惊恐障碍：

第一，反复出现不可预期的惊恐发作，如心悸、出汗、身体不适等；

第二，在第一次发作之后，出现过度恐惧、担心及回避等相关行为等。

⑥广泛性焦虑障碍：

第一,在至少六个月的时间里,多数日子表现出难以控制的焦虑与担心;

第二,这种焦虑伴随着容易疲劳、注意力难以集中、易怒或睡眠障碍等;

第三,该焦虑障碍与生理、事件的严重程度等没有直接关联;

第四,这种焦虑障碍损伤儿童社会功能的发挥。

(3)关于儿童焦虑障碍的评估

对儿童焦虑障碍的评估应从起病、症状的演变、有关的应激因素、诊疗情况、学校表现、家族的精神病史及精神状况检查等方面进行。

常用的评估方法包括,采用定式或半定式精神问卷以获得可靠的诊断。采用临床评定量表、自评量表以及父母评定量表等,以获得好的临床类型和严重程度信息。

定式精神问卷:国外较常用的有"学龄儿童情感性和精神分裂症流行病学调查表",该定式问卷内容详尽、严谨,非常适用于临床和流行病学的调查评估。

临床评定量表:临床医师或相关专业人员用于评定患者病情严重程度的量表。目前使用较为广泛的评估工具,是1994年由克拉克等人修订的"焦虑量表修订版",该工具用于评定青少年心理和躯体的焦虑。

自评量表:国外用于评定青少年焦虑的自评量表较多,比较著名的有"多维儿童焦虑量表""修订儿童焦虑量表""儿童恐怖调查表""儿童社交焦虑调查表"等。目前使用较多的是1997年由Birmaher编制的,一种用于测查儿童焦虑症状的自评量表。该量表由41个条目组成,平行于DSM-4对焦虑的分类方法。该量表共有广泛性焦虑、分离性焦虑、惊恐发作、社交恐怖、学校恐怖等五个因子,具有较高的内部一致性和重测信度,适用于筛查焦虑症状,该量表目前已经有了中国修订版。

父母评定量表:该类量表是父母对儿童焦虑状态的他评报告,目前我国使用较为广泛的是"儿童行为评定量表"中的焦虑量表部分。值得注意的是,在使用该类他评量表时,由于是父母报告的儿童症状,结果常常受父母本身情绪的影响,所以儿童焦虑得分与父母的焦虑水平一般呈正相关。在报告测量结果时,应注意结合父母的情况进行分析。

2.抑郁障碍评估

(1)关于儿童抑郁障碍

儿童抑郁障碍,是起病于儿童或青少年期,以情绪低落为主的一类心境障碍。

与成年人抑郁障碍相比,儿童抑郁障碍的表现多和学业及人际关系有关,如厌学、无法或不愿与他人交往等。而成年人常见的抑郁表现,如严重的睡眠与饮食问题、自我否定和负罪感等,这些在儿童抑郁障碍中并不常见。

青少年的抑郁障碍有其独特的表现,易激惹、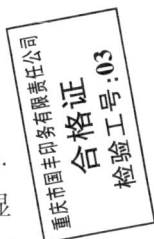莽不计后果,甚至离家出走或将自己封闭起来与他人隔离等都是常

与焦虑障碍相比,学龄期儿童(小学阶段)抑郁 不高,美国研究者的调查表明抑郁在儿童中的发生率为0.4%~2. 的发生率为2.4%~4.7%),但在青少年期,抑郁障碍的发病率明显 上升至5%~10%。相关研究还表明,10岁以前抑郁障碍的男女患 相似,以后随年龄的增加,女性患病率逐渐增加,接近男女比1:2。

依据 DSM-5 中抑郁障碍的界定,常见的儿童抑郁障碍有破坏性心境障碍、重性抑郁障碍、持续性抑郁障碍(心境恶劣)、躯体疾病所致的抑郁障碍等。

(2)儿童抑郁障碍的行为界定

儿童破坏性心境障碍:

第一,严重与反复的坏脾气或暴力行为;

第二,脾气爆发平均每周3次或3次以上;

第三,几乎每天心境处于持续性易激惹或发怒状态;

第四,以上状况不分场合均有表现;

第五,首次诊断在6~18岁;

第六,有躁狂和轻躁狂症状。

重性抑郁障碍:

第一,每天大部分时间都处于心境易激惹或心境抑郁状态;

第二,几乎丧失所有活动兴趣或活动乐趣减少;

第三,体重明显减轻或增加;

第四,几乎每天失眠或嗜睡;

第五,几乎每天都精神性激越或迟滞;

第六,每天疲劳或精力不足,注意力难以集中;

第七,无价值感或内疚;

第八,无躁狂和轻躁狂表现;

第九,反复出现死亡的想法;

第十,以上症状出现在两周内,并伴有一定的社会功能损害,与躯体疾病无关。

持续性抑郁障碍(心境恶劣):

第一,抑郁心境或易激惹表现至少一年;

第二,存在饮食障碍、睡眠障碍、疲惫、自尊感降低、注意力不集中及无力感等问题;

第三,从未有过躁狂或轻躁狂发作;

第四,有极其痛苦的感觉,并伴有一定程度的社会功能损伤;

第五,以上症状与躯体、药物及其他精神疾病无关。

躯体疾病所致的抑郁障碍:

第一,抑郁症状与躯体疾病有关,是病理生理性结果;

第二,该抑郁症状并非谵妄所致;

第三,有极其痛苦的感觉,并伴有一定程度的社会功能损伤。

(3)儿童抑郁障碍的评估

对儿童抑郁障碍的评估方法有如下四个方面:

儿童成长史评估

方法:访谈法。

访谈对象:儿童本人与家长。

访谈内容:围生期情况、生长发育过程、家庭及社会环境背景、家族精神病史。

儿童个性心理特质评估

方法:访谈法、测量法。

访谈对象与内容:对象是儿童本人、家长及相关抚养人、教师;内容主要针对亲子关系、适应能力、学业情况、躯体情况、性格特点及有无重大精神刺激等。

测量对象和内容:施测对象是儿童和家长;内容主要针对亲子关系、抑郁水平及社会支持等;常用工具有智力测验工具、SAS、SDS、亲子关系量表、社会支持量表、生活事件量表等。

儿童抑郁症详细的精神和躯体检查

方法:观察法与测量法

观察对象与内容:观察对象是儿童;观察内容是儿童的面部表情、姿势、动作、词语量、语言语调和活动情况等。

测量对象与工具:观察对象是儿童;用到的工具是儿童抑郁障碍自评量表。

儿童抑郁症必要的辅助检查

目的：重点是排除器质性疾病。

方法：生物仪器检查，常用的仪器有脑 CT、脑电图检查、DST（地塞米松抑制试验）等。

二、行为障碍评估

在临床医学诊断中，我们经常可以看到有行为异常或行为障碍的诊断结果，这种诊断在青少年精神疾病评估中并不少见。

行为障碍就是指可观察到的个体活动异常，较常见的有精神运动性抑制（如木僵、退缩、缄默、违拗、强迫等行为）和精神运动性兴奋（如攻击、亢奋、躁狂等）。依据 DSM-5，行为障碍在儿童中较常见的有如下四种。

1. 对立违抗障碍评估

（1）关于对立违抗障碍

对立违抗障碍多发病于 10 岁以下，儿童成长至青春期达到高峰。主要症状为一种愤怒加易激惹的心境模式，伴有违抗、敌对、争辩、不合作、报复及破坏行为。一般情况下，对立违抗障碍不会出现严重的违法或冒犯他人权利的社会性紊乱或攻击行为，但对立违抗行为给儿童家庭、学校和社会带来了极大的痛苦和伤害。

1955 年，利维（Levy）等人最先描述了精神障碍中儿童对立情绪及对立行为的存在。之后的相关研究发现，儿童对立违抗障碍的发病率受环境、人口、社会经济背景、性格特征、年龄、性别的影响，平均发病率为 2%～16%，我国发病率在 8% 左右。

（2）对立违抗障碍行为界定

第一，愤怒的、易激惹的心境。如经常发脾气、敏感易怒、怨恨与愤怒等。

第二，争辩的对抗行为。如习惯与权威者争辩、经常惹怒他人、无端指责别人等。

第三，报复心理与行为频繁发生。

第四，给家人或他人带来严重的负面影响。

2. 间歇性暴怒障碍

（1）关于间歇性暴怒障碍

间歇性暴怒障碍是一种以情绪和行为控制问题为特征，个体处于无法控制的攻击性行为状态的障碍，且该障碍可以造成违背社会规范及侵犯他人权益的后果。

（2）间歇性暴怒障碍的行为界定

第一，言语性攻击（例如，发脾气、长篇的批评性发言、吵架等）。

第二，对财产、动物或其他个体的躯体性攻击，平均每周至少发生两次，至少持续3个月。

第三，攻击行为与诱发事件或任何诱发性社会心理应激的严重程度均明显不成比例。

第四，行为爆发为冲动性、非计划性，是对愤怒的一种反应而非为了某些现实目的。

第五，上述该类行为的爆发不仅导致个体产生痛苦体验，也会使其人际关系严重受损。

3. 品行障碍

（1）关于品行障碍

品行障碍是指，18岁以下儿童青少年期出现的持久性侵犯他人基本权利的反社会行为、攻击性行为和对立违抗行为，严重违反相应年龄的社会规范，与正常儿童的调皮和青少年的逆反行为相比更严重。

关于品行障碍的研究显示，10~11岁儿童的患病率约为4%，18岁以下人群中男性患病率为6%~16%，女性患病率为2%~9%，城市患病率高于农村。国内调查发现，我国患病率为1.45%~7.35%，男性高于女性，男女患病率之比为9∶1，患病高峰年龄为13岁左右。

（2）品行障碍的行为界定

第一，攻击他人和动物。经常欺负和恐吓他人，或经常打架斗殴；虐待小动物或比他（她）小的儿童或残疾儿童；曾对他人使用可能引起躯体伤害的武器，如刀、枪、棍、棒、石块等；曾强迫他人与自己发生性行为等。

第二，破坏财产。曾有故意纵火或破坏他人财产等行为。

第三，有欺诈和盗窃行为。

第四，严重违反规则，如违反父母规定的夜不归宿，经常逃学等。

三、人格障碍评估

1. 关于人格障碍

（1）人格障碍的概念

人格障碍是指个体存在明显偏离正常，且根深蒂固的人格特质和行为方式，导致其无法与他人正常交往,给自身和他人带来严重痛苦,引发社会功能无法正常发挥的精神障碍。近年来,人格障碍的检出率呈上升趋势,对人格障碍的理解也随之增多。

对人格障碍的理解主要有如下两种倾向:

第一,人格障碍在概念上的界定。早期研究认为,人格障碍是一种疾病,与其他精神疾病的产生过程类似,即一个人原来行为正常,后来在生活中遭遇挫折出现异常反应,引发人格障碍。但近年来的相关研究对此产生怀疑,提出了一种与此观点截然不同的看法,认为人格障碍在少年阶段或更早阶段即可发现,并贯穿整个生命过程,这类人常常有根深蒂固的适应不良人格。

第二,人格障碍与人格变化的关系。相关研究表明,人格障碍完全不同于人格变化。人格变化是获得性的,指个体的人格原本处于常态范围,但在深陷严重或持久的应激事件后,或遭遇严重的精神障碍及脑部疾病或损伤后产生人格突变,引发障碍,随着疾病痊愈和境遇改善,有可能恢复或部分恢复。而人格障碍并没有较为明确的起病事件或起病时间,临床显示人格障碍大多始于童年或青少年时期,并且持续终身。

人格障碍与人格变化的最大区别在于,人格变化以改变前人格为参照物,经前后对比呈现问题;而人格障碍的参照物则是社会规范、社会化能力及心理的一般准则。

(2)人格障碍的行为界定

第一,在认知、情感、人际关系等方面,行为范式明显偏离其所处文化背景的要求;

第二,存在极度的冲动控制;

第三,上述问题涉及个人和社交等诸多方面;

第四,上述问题根深蒂固,可追溯至青少年时期甚至更早;

第五,该类问题与其他精神疾病或脑部等生理疾病无关。

2. 常见青少年人格障碍

依据上文描述,人格障碍出现在青少年期甚至更早。

常见的人格障碍根据其精神与心理特征表现可分为三类:一类是具有偏执、猜忌、冷漠、古怪思维的 A 类人格障碍,如偏执型人格障碍、分裂样人格障碍和分裂型人格障碍等;一类是具有激烈的情绪与行为反应,经常性地产生人际冲突的 B 类人格障碍,如反社会人格障碍、边缘型人格障碍、表演型人格障碍及自恋型人格障碍等;一类是以回避、退缩及强迫行为为特征的 C 类人格障碍,如回避型人格障碍、依赖型人格障碍及强迫型人格障碍等。

(1)A 类人格障碍

①偏执型人格障碍的行为界定。

偏执型人格障碍是一种对他人存在不信任和猜疑的普遍心理行为模式,主要症状如下:

第一,没有足够的依据猜疑别人对自己有伤害行为;

第二,总是不公正地怀疑朋友,很难与他人建立信赖关系;

第三,无法理解他人善意的谈论等;

第四,持久性地心怀怨恨;

第五,总是感到自己的人格或名誉受到打击,并迅速做出过度愤怒的反应或反击。

②分裂样人格障碍的行为界定。

分裂样人格障碍是一种脱离社会关系,人际交往存在情感表达受限的普遍心理行为模式,始发于青春期后期(以高中阶段居多),主要症状如下:

第一,不需要也不享受密切的人际关系,包括家庭关系;

第二,总是选择独自活动;

第三,几乎无法从活动中获得乐趣;

第四,几乎没有知心朋友;

第五,对他人的批评和表扬无所谓;

第六,情绪冷淡和情感平淡等。

③分裂型人格障碍的行为界定。

分裂型人格障碍是一种社交和人际关系存在严重缺陷的普遍心理行为模式。主要表现为对亲密关系感到强烈的不舒服和无法建立亲密关系,并伴随着非精神分裂症性的认知或知觉的歪曲和古怪行为,起病于青春期后期,主要症状如下:

第一,牵连观念,如感觉自己周围的每一件事情都与自己有关等;

第二,存在影响行为的古怪信念或魔幻思维等,如迷信,相信自己有特异功能等;

第三,不寻常的知觉体验,包括躯体错觉等;

第四,存在古怪的思维和言语,如莫名其妙的语言表达、过分刻板的行为等;

第五,猜疑和偏执行为表现;

第六,有与事实不符的受限制感觉;

第七,古怪的、反常的或特别的行为表现;

第八,除了家人外,几乎没有其他亲密关系;

第九,过分的偏执害怕引发社交焦虑,且无法随着熟悉程度而改变等。

(2)B 类人格障碍

①反社会人格障碍的行为界定。

反社会人格障碍是一种漠视或侵犯他人权利的普遍心理-行为模式,一般起病于 15 岁,主要表现如下症状:

第一,经常性地不遵守社会规范,有多次触犯法律的行为;

第二,存在欺诈行为,习惯性说谎;

第三,做事冲动;

第四,经常处于易激惹状态,重复性地打架斗殴;

第五,行事鲁莽,不顾自己和他人的安全;

第六,社会责任感极度缺乏;

第七,对自己的不良行为毫不懊悔;

第八,15 岁之前出现过品行障碍等。

②边缘型人格障碍的行为界定。

边缘型人格障碍是一种人际关系、自我形象和情绪不稳定及显出冲动的普遍心理-行为模式,一般始发于青春期后期,主要表现如下症状:

第一,极力回避真实的或者异想出来的被遗弃经历,如被寄养经历等;

第二,人际关系不稳定,人际交往模式呈现出在极端理想化和极端贬低之间交替变动的特征;

第三,自我形象和自我感觉紊乱;

第四,存在自我损伤的冲动性,如物质滥用、鲁莽驾驶、暴饮暴食等;

第五,反复出现自杀姿态、威胁或自残等;

第六,经常性地心境恶劣,一般持续时间很短,很少超过几天;

第七,慢性空虚感;

第八,易激惹,经常处于发怒状态;

第九,存在偏执观念,以及和主流意识及认识相分离的症状等。

③表演型人格障碍的行为界定。

表演型人格障碍是一种情绪化和追求他人注意的普遍心理-行为模式,多发于青春期,主要有如下几个症状:

第一,没有成为他人关注的中心时,感到不舒服;

第二,与他人交往时经常做出不合时宜的挑逗行为;

第三,情绪表达较为肤浅;

第四,言语风格是使人印象深刻但缺乏细节;

第五,表现为生活戏剧化,夸张地情绪表达;

第六,自认为和他人的人际关系更亲密等。

④自恋型人格障碍的行为界定。

自恋型人格障碍,是一种需要赞扬但自身缺乏共情能力的自我感觉良好的普遍心理-行为模式,多起始于青春期,主要症状表现如下:

第一,极端的自我重要性夸大感,如夸大自己的成就和才能等;

第二,过度幻想成功、美丽、才华、权力;

第三,存在不真实的自我评价,如认为自己是特殊的,只能受到特殊的待遇;

第四,要求过度赞美;

第五,在人际关系上强行要求和利用别人;

第六,常常嫉妒别人或感觉被别人嫉妒;

第七,经常表现为高傲的态度等。

(3)C类人格障碍

①回避型人格障碍的行为界定。

回避型人格障碍是一种社交抑制、能力不足感和对负性评价极端敏感的普遍心理-行为模式,多起始于青春期,主要表现为如下几个症状:

第一,经常因惧怕被批评、被否定或被排斥而回避社交活动;

第二,因害羞或害怕而在亲密关系中过度拘谨;

第三,具有在社交活动之前就产生被排斥的先入感;

第四,极端排斥陌生社交活动等。

②依赖型人格障碍的行为界定。

依赖型人格障碍,是一种过度需要他人照顾以至于产生顺从,或依附行为并害怕分离的普遍心理-行为模式,多起始于青春期,主要存在如下症状:

第一，在日常做决定时，大量依赖他人的建议和保证；

第二，需要他人为自己承担其应该承担的责任；

第三，因为害怕排斥而难以表达出不同的意见；

第四，无法独立完成一件事；

第五，过度在意别人，经常会做出一些令人不愉快的事；

第六，频繁出现无力感；

第七，经常会出现没人照顾自己的孤独感等。

③强迫型人格障碍的行为界定。

强迫型人格障碍，是一种沉湎于有次序且完美的精神或人际关系的控制中，进而导致思维和行为缺乏灵活性、开放性和效率的普遍心理-行为模式，一般起始于青春期，主要症状如下：

第一，做事时过度沉湎于细节、规则、条目、次序、组织或日程等，以至于忽略事情的要点；

第二，过度的完美主义人格特质；

第三，忽略娱乐活动和朋友关系；

第四，对道德、伦理或价值观念过度在意；

第五，存在物品舍弃困难，如对无用或没有价值的物品也难以舍弃；

第六，存在与他人合作困难；

第七，生活中较为吝啬；

第八，表现出极端的固执等。

第三节　儿童神经发育障碍评估

儿童神经发育障碍，是儿童心理障碍中最严重的心理障碍。对儿童心理咨询与治疗工作者来说，儿童神经发育障碍评估是一项非常重要的工作。

依据 DSM-5，常见的儿童神经发育障碍包括智力障碍、交流障碍、自闭症谱系障碍、注意力缺陷多动障碍、特定学习障碍、运动障碍等。

一、智力障碍的评估

1. 智力障碍的定义

智力障碍（MR）又称智力迟滞，是儿童在发育阶段因智力受损引发的障碍，即患儿的智力明显出现发育迟滞,并由此引发适应障碍,故智力障碍主要包括智力和适应功能两方面的缺陷。智力障碍具体表现在患儿在概念理解、记忆、认知、语言、空间感知、社交和生活领域等多方面的能力不足。

关于智力障碍的研究显示,导致智力障碍的因素很复杂,较为权威的解释认为脑部器质性病变导致智力障碍。对脑部器质性的损害或发育不完全的成因解释有很多,遗传变异、感染、中毒、头部受伤、颅脑畸形或内分泌异常等有害因素都可能造成胎儿或婴幼儿的大脑不能正常发育或发育不完全,使智力活动的发育停留在某个比较低的阶段,进而产生智力障碍。

2. 智力障碍的行为界定

(1)智力方面的缺陷

第一,感知觉方面,感觉速度与一般儿童相比较慢,一般情况下视觉刺激优先于听觉刺激;

第二,注意力方面,注意力无法集中,存在严重的注意力分散问题,且注意力广度有限;

第三,记忆力方面,长时记忆和短时记忆均较一般儿童差;

第四,言语能力方面,无法准确表达自己的想法,无法使用较为复杂的语言;

第五,思维能力方面,缺乏推理、判断和抽象思考的能力,基本没有数字概念,靠机械记忆能学会简单的加减计算;

第六,理解能力方面,严重缺乏想象力和概括力,无法完成学业和从经验中学习。

(2)适应功能方面的缺陷

第一,人格方面,无法实现独立性,也无法承担社会责任,意志力薄弱,缺乏自信;

第二,情绪方面,情绪不稳定,自控力差;

第三,生活能力方面,日常生活能力较弱,无法独立生活;

第四,社交方面,在家庭、学校和社会中均存在交流与社会参与问题。

二、交流障碍评估

1. 关于交流障碍

交流是日常生活的基本能力之一。能够进行交流的基础是人们在用语言表达观点时,彼此对对方语言理解的一致性,如果人们说出的话是一种意思,可是在听话人的理解中,它又变成另一种意思,那么就会产生交流问题。

交流障碍是指在人际交流中存在交流不畅或无法交流,即无法正常地表达自己的想法和无法理解他人语言的意思。

导致交流障碍的因素有很多,既存在社会因素又存在个性因素,主要可以归纳为以下几个方面:

第一,文化因素。不同文化背景导致的交流障碍是常见的社会性文化交流障碍,不同民族由于观念、习惯、风俗等差异,造成交流上的困难,双方难以在同一理解度上进行思想感情沟通。

第二,语言因素。不同民族所使用的语言符号或非语言符号都对交流有重大的影响。不同民族、不同地区之间,语言使用不当,不光会引起误解,有时甚至会造成彼此反目。

第三,社会因素。由于个体利益和立场不同,在日常生活中,即使同一语言背景下,也无法避免语言交流不畅和交流障碍的发生。

第四,个性因素。每个个体的社会性发展水平不同,这就导致了个体在交流能力上存在较大差异,也不乏无法与他人交流的个体。

2. 常见的儿童交流障碍

交流障碍是儿童常见的一种精神疾病,儿童交流障碍主要有如下三种:

(1)语言障碍

语言障碍是语言的综合理解或生成方面存在缺陷,导致在各种形式的语言习得和使用中持续存在困难。

语言障碍的行为界定:

第一,字的知识和运用存在缺陷,即词汇量严重不足;

第二,无法掌握基本语法;

第三,语言陈述困难;

第四,语言能力显著低于同龄人,并引发学业困难和交往困难;

第五,语言障碍症状在幼年期有表现;

第六,语言障碍并非由听觉等感觉器官和脑部损伤引起,也无法用智力障碍和发育迟缓进行解释。

（2）言语流畅障碍（口吃）

儿童言语流畅障碍是指儿童言语的正常流畅程度和停顿出现紊乱，与个体年龄所应该具备的语言能力呈现不相符的表现，且这种症状长期持续存在，并发病于发育早期，不属于运动感觉障碍或神经系统引发的言语障碍。

言语流畅障碍的行为界定：

第一，语言和音节不断出现重复，或元音和辅音的语音延长；

第二，字词断裂，如出现字词内停顿；

第三，出现无法发音的字词；

第四，说话时伴随过度的躯体紧张；

第五，严重的单音字重复，如这……这……这……这个人我见过；

第六，以上障碍引发严重焦虑、社交障碍、学业问题等。

（3）社交语言障碍

社交语言障碍的定义：儿童在社交中使用口语和非口语交流时存在持续性困难，而这种困难严重影响儿童有效的社会交往、社会参与、学业成绩等。该障碍一般发病于发育早期，且并非由躯体疾病或神经疾病以及语言能力引起。

社交语言障碍的行为界定：

第一，存在以社交为目的的交流沟通缺陷，如在社交场合无法以正常的方式与人打招呼或分享信息等；

第二，无法适应语境和交流对象的变化，如很难在陌生环境中或与陌生人进行交流；

第三，无法遵循一般的对话规则，如轮流交流规则等；

第四，无法根据语境理解语言，如自谦语言或讽刺语言等；

第五，对语言做出推论和判断存在困难等。

三、自闭症谱系障碍评估

1. 关于自闭症谱系障碍

1980 年，DSM-3 首次将自闭症定义为一种发生于儿童早年的、严重的广泛性发育障碍，这是继区别于精神分裂症之后，进一步明确了与"精神病"的区别，并对这种障碍提供了一套操作性诊断标准。1987 年的 DSM-3 修订版(DSM-3-R)提供了一个更复杂的定义,用孤独症取代婴儿孤独症;设置一个新的分类"未分类的广泛性发育障碍"。

1994 年,DSM-4 将自闭症谱系障碍(ASD)确定为由自闭症性障碍、阿斯伯格障碍、儿童瓦解性障碍,以及广泛性发育障碍多个亚类别组成的一组儿童发育障碍。

DSM-5 将自闭症谱系障碍定义为单一的分类,不再使用"广泛性发育障碍",并且取消原该类障碍包括的亚类别。自闭症谱系障碍一般发病于发育早期,并且不能用智力障碍来解释,自闭症谱系障碍儿童包括智力受损和无智力受损儿童,也包括语言障碍和无语言障碍儿童。目前关于自闭症谱系障碍的发病率说法不一,我个人比较倾向 1‰~3‰的说法,其中男女患病率比例为 6∶1~9∶1。

2. 自闭症谱系障碍的行为界定

(1)语言与言语障碍

第一,口头言语发育迟滞或完全缺乏;

第二,刻板地重复一些言语或有独特的言语;

第三,虽有足够的言语能力,但不具备发动和维持与别人交谈的能力。

(2)社会交往障碍

在多种社交场合下,在与人交流和互动方面存在持续性的缺陷,具体表现为如下症状:

第一,社交情感互动困难;

第二,在社交中使用非言语互动困难;

第三,理解他人和维持人际关系困难。

(3)行为障碍

第一,刻板或重复的躯体运动;

第二,持续性地、缺乏弹性地坚持常规或仪式化的语言或行为模式;

第三,兴趣匮乏,高度受限的爱好,其强度和专注力异常。

(4)感觉障碍

第一,对感觉输入的过度反应或反应不足;

第二,对环境的感受存在不同寻常的兴趣。

四、注意力缺陷多动障碍评估

1.关于注意力缺陷多动障碍

注意力缺陷多动障碍(ADHD)在我国称为多动症,是儿童和青少年最常见的精神障碍,亦可见于成年人,1976 年由伍德等人首次报道。

注意力缺陷多动障碍是持续性的注意力缺陷、多动和冲动障碍,一般在 12 岁之前出现,主要表现为与年龄和发育水平不相称的注意力不集中和注意时间短暂、活动过度,常伴有学习困难、品行障碍和适应不良。国内外调查发现患病率为 3%~7%,男女患病率比例为 4∶1~9∶1。部分患儿成年后仍有症状,显著影响患者的学业、身心健康以及成年后的家庭生活和社交能力。

注意力缺陷多动障碍的临床诊断主要依据临床医师对患者的病史采集及精神科检查,除了 ICD、DSM 等临床诊断手册外,症状评定量表也是临床诊断的重要辅助方法。目前,国内诊断中常用的注意力缺陷多动障碍量表是 Conners 父母用症状问卷、Achenbach 儿童行为量表、ADHD 症状量表、SNAP 量表等,这些工具均有较高的信效度。

2.注意力缺陷多动障碍的行为界定

注意力缺陷多动障碍主要表现在注意力分散、多动和冲动等方面,具体表现如下文所述。

(1)注意力障碍

以下症状存在 6 项以上且至少维持 6 个月。

第一,无法关注细节,粗心大意;

第二,在任务或游戏中无法维持注意力;

第三,无法持续性地关注别人的讲话;

第四,无法遵循指示,听从指挥;

第五,做事没有条理,丢三落四;

第六,意志力薄弱,无法完成需要不懈努力才可以做成的事情;

第七,很容易被外界刺激分神;

第八,经常在日常活动中忘事。

(2)多动和冲动

以下症状存在 6 项以上且至少维持 6 个月。

第一,经常性地手脚不停地晃动;

第二,经常擅自离开座位;

第三,经常无目标地东跑西颠;

第四,无法安静地玩耍或休息;

第五,讲话过多;

第六,无法克制自己,不断打扰别人;

第七,有一定的破坏和攻击性行为。

五、特定学习障碍评估

1. 关于特定学习障碍

(1)学习障碍概念

自 1963 年美国特殊教育心理学家科克最早提出学习障碍(LD)概念以来,心理学领域就在不断地完善对学习障碍的理解。

科克认为学习障碍是指儿童在语言、说话、阅读等方面存在障碍,并伴随着社会交往技能方面的发育障碍,即科克把学习障碍聚焦在儿童言语与语言发育范畴。

在此之后,对学习障碍的定义影响较大的还有美国全国学习障碍联合会给出的定义。他们认为,学习障碍是儿童在听、说、读、写、推理及数学等方面存在获取和运用知识的困难,并认为这些困难并非由外界环境所致,而是个人内在的,主要是中枢神经系统功能异常所致。同时也强调,学习障碍儿童也存在自我感知、行为控制及社会认知与交往等问题。

世界卫生组织将学习障碍定义为:发病于儿童发育早期,儿童认知加工异常引发的学习功能受损,即这种学习受损不是由儿童所处的学习环境不良,及儿童智力发育迟缓引发的,也非后天的脑外伤或疾病引发的,而是由儿童认知加工异常引发的,是一种阅读、拼写、计算功能障碍。

(2)特定学习障碍概念

1999 年,日本学者在对学习障碍进行定义时指出,学习障碍儿童在听、说、读、写、计算或推理等特定的学习和使用知识方面呈现出困难。首次在学习障碍概念中强调了特定学习困难,即学习障碍儿童在学业上存在与一般学习困难不同的特定学习困难问题。由此,学习障碍儿童的特定学习困难引起人们的广泛关注。

特定学习困难是指儿童因为中枢神经系统某些功能异常而引发的学习困难,

而并非由儿童视觉障碍、听觉障碍、智力障碍、情绪障碍及环境等一般因素导致的。

2. 特定学习障碍的行为界定

特定学习障碍表现为学习和使用学业技能困难,主要表现为如下症状(存在一项且至少维持6个月):

第一,尽管很努力,但仍然无法准确地读字;

第二,虽然能阅读文字,但无法理解所阅读的内容;

第三,存在拼写困难;

第四,书面表达困难;

第五,在掌握数字知识、计算知识及数学推理方面存在困难;

第六,学习困难始于学龄期。

六、运动障碍评估

运动障碍是指各种原因导致的运动困难或运动随意等障碍。运动困难是指儿童无法完成同龄人所具备的运动技能,如无法在适合的年龄完成爬行、单腿跳等动作技能。运动随意是指不受主观意志控制的"自发"动作。关于运动障碍的成因目前并没有明确的解释,大多数研究者认为,运动障碍与神经系统疾病、精神障碍、外伤等因素有关。儿童常见的运动障碍主要有发育性协调障碍、刻板运动障碍和抽动障碍。

1. 发育性协调障碍

发育性协调障碍主要表现为儿童协调的运动技能和使用显著低于其生理年龄,主要症状如下:

第一,动作笨拙;

第二,动作技能缓慢和不精准;

第三,无法完成协调度较高的动作等;

第四,以上症状出现在儿童发育早期;

第五,以上症状对儿童技能学习和学业产生影响。

2. 刻板运动障碍

刻板运动障碍是指儿童出现重复的、看似被驱使的、显然是漫无目的的运动行为。主要症状如下:

第一,某种不断出现的重复行为,如握手、摆动身体、打自己等;

第二,重复行为严重影响儿童自身的学业、社交活动和身心发展;

第三,症状起始于发育早期;

第四,重复行为与生理效应和神经疾病无关。

3. 抽动障碍

抽动障碍是指儿童存在运动随意障碍,即不受主观意志控制的"自发"出现突然的、快速的、反复的和非节奏性的运动与发声。常见儿童抽动障碍主要有 Tourette 综合征、持续性运动或发声抽动障碍及暂时性抽动障碍三种障碍。

(1)Tourette 综合征

Tourette 综合征主要症状如下:

第一,在疾病的某一段时间内存在多种运动和一个或更多的发声抽动,尽管不一定同时出现;

第二,抽动的频率有强有弱,但自第一次发生起持续超过一年;

第三,起病于 18 岁以前;

第四,从病因解释,该障碍与生理效应或躯体疾病无关。

(2)持续性运动或发声抽动障碍

持续性运动或发声抽动障碍主要症状如下:

第一,单一或多种运动或发声抽动持续存在于疾病的病程中,但并非运动抽动和发声抽动同时存在,即可能仅仅有运动抽动或仅仅有发声抽动;

第二,运动抽动和发声抽动的频率可以有强有弱,但自第一次发生起持续超过一年;

第三,起病于 18 岁以前;

第四,从病因解释,该障碍与生理效应或躯体疾病无关。

(3)暂时性抽动障碍

暂时性抽动障碍的主要症状如下:

第一,单一或多种运动或发声抽动;

第二,自第一次发生起持续超过一年;

第三,起病于 18 岁以前;

第四,从病因解释,该障碍与生理效应或躯体疾病无关。

导入案例分析:灵灵的问题评估方法

鉴别与诊断环节

9岁的孩子在学校中出现比较严重的情绪问题及攻击性行为等社交问题,我们针对这种情况,需要收集的资料:

成长史:一般通过访谈法向孩子的抚养人进行了解。

疾病史:是否患过严重疾病,疾病前后孩子是否有变化?

发育状况:

语言方面:何时开口说话,表达能力如何? 比如按照正常儿童的发展阶段,1岁左右有单词蹦出,3岁有语句的表达如我要回家,可能还有"因为""所以"等关联词的运用。案主的语言发育是否有滞后的表现?

社会技能方面:刚满月时,叫他时是否有反应? 半岁时是否有依恋? 1岁时是否与人有互动? 3岁时是否会主动与人进行互动等,案主的社会技能方面是否发育正常?

情绪控制:两岁以后,孩子可以有一定的情绪控制。得不到时会表现出大哭大闹甚至动手的情况,案主是否经常出现?

运动技能:感觉统合是否正常? 比如本体觉和平衡觉,如果有问题,必定引起注意力分散和多动,触觉是否失调,例如遇到问题脾气会比较暴躁。

基于以上评估结果方可做出诊断与鉴别诊断。

咨询目标设定的环节

制订的目标分短期、中期和长期三种。本案例的短期目标是改善孩子的情绪问题,这个应作为首要目标,但这个问题太大了,要分析情绪问题的具体原因,比如有的是事件引发的问题,有的是焦虑易感人群的惯有表现,有的是抑郁人群的特定表现,如果是最后一种,则问题比较难应对。所以,咨询师需要考虑先处理情绪的哪部分。帮助案主改善和人的互动可作为中期目标,同时考虑社会支持系统的建构和孩子的心理建设。长期目标设定为逐步提升其社会功能、促进其身心健康发展。

❓ 思考题

1. 思考儿童心理问题与心理障碍的关系。

2. 思考心理测量和心理诊断的区别与联系。

3. 谈一谈你对儿童神经发育障碍的理解。

第四章　儿童心理咨询与治疗概述

∷∷∷

导入案例:小强(化名)的行为问题①

来访者:小强,男,16岁,普通高中在读。

案例背景:由于小强诸多的行为问题,如和同学打架、经常旷课、违反校纪等,在班主任老师的建议下,由小强的叔叔带来咨询。

叔叔陈述:小强幼时父母忙于工作,基本无暇顾及小强的生活,故小强从小就全托在校。9岁时母亲因病去世,父亲也因经济问题坐牢。其后便在叔叔家居住。小时候,小强是一个很乖的孩子,虽然学习成绩一般,但还算听大人的话。现就读于一所普通高中,学习成绩基本处于班级末尾。一般情况下,周末是约定好小强去外公外婆家的日子,但现在他会以各种理由不去,即使去了也常常与外公外婆发生冲突。家人都觉得付出了很多,但孩子就是不听话,而且不懂得感恩,不会关心家人,让人很失望,担心其前途,也怕对不起他的父亲。目前,小强的主要问题是爱撒谎、常去网吧、有时饮酒、夜不归宿、行为冲动、因违反学校纪律面临退学的危险。叔叔很着急而又无奈,称家人反复劝说无效。

小强自述:自己是外公外婆的累赘、负担,对其亲戚亦有此感觉。外出不告知大人,有时发脾气,也知道不好,但不能控制。现在不想上学,就想找份工作,等父亲出狱,与其一起生活。

咨询师对小强和叔叔的观察与访谈结果:

小强既往体健,人格内外向不明显,情绪不稳定,易冲动,家族无精神病史。初次见小强时,其并没有奇装异服,话语尚和气。情绪显得失落迷惘,对在学校及与家人相处中产生的碰撞感到压力很大,但缺乏应对方法。无严重焦虑或抑郁情绪,睡眠饮食亦可。小强在咨询过程中的代表性语言与行为:经常处于沉默状态;"我做什么他们都会认为我有问题""爸爸出狱,我会照顾他""现在我是一个没有人爱的人""我学习成绩不好,是没有什么前途的",等等。

---

① 本案例为作者督导过的一例心理咨询案例,已对案主信息做了保密处理。

叔叔 50 岁左右,言谈举止显得精明干练。叔叔在咨询过程中的代表性语言:"这孩子,我一点办法都没有了,我在单位能管理几十名员工,但在家里却没法应对他""这孩子太像他妈,不知道他整天在想什么""老师,你一定有办法帮助他",等等。

问题一:小强的心理咨询方案如何设置?

问题二:小强的心理咨询目标?

问题三:小强的预后会如何?

第一节　儿童心理咨询与治疗的概念

一、儿童心理咨询与治疗的概念

儿童心理咨询与治疗在概念界定上,既有一般心理咨询与治疗的内涵与外延,又有自己独特的内容。

1.儿童心理咨询与治疗的定义

(1)儿童心理咨询的定义

2017 年,我根据自己多年的儿童心理咨询与治疗的临床经验,结合现有心理咨询的相关定义,对儿童心理咨询做出了如此界定:儿童心理咨询是指咨询对象为儿童(3~18 岁)及其教育者,运用心理咨询理论与技术,以良好的咨访关系为前提,以缓解儿童情绪、矫正行为问题及提升社会功能为目标,实施促进儿童健康成长的心理支持过程。以下我从五个方面对这一定义做出解释。

第一,关于儿童心理咨询的年龄。儿童心理咨询的年龄需要从两个方面考虑:一方面,心理咨询应该关注多大儿童的心理问题;另一方面,多大儿童可以作为独立的来访者进行心理咨询。

首先,我认为 3 岁以下的儿童由于语言和社会性发展的局限性,普遍存在各种情绪和行为问题,且许多问题都是一过性的,存在极大的不确定性,所以 3 岁以下儿童的问题不易纳入心理咨询范畴。

其次,我在心理咨询临床实践中发现,10 岁以下的儿童还没有形成完整的逻辑思维,因此,作为独立的来访者存在诸多问题,例如,无法清晰地陈述问题,存在无法理解和明确心理咨询的责权利问题,等等。因此,10 岁以上的儿童才比较适合做独立来访者,并且还只限于学校心理咨询室等特殊心理咨询服务机构。

第二,儿童心理咨询对象。儿童心理咨询对象应该是儿童及其主要抚养人。儿童心理问题的产生与家庭之间存在着千丝万缕的联系,这就决定了问题的解决离不开家庭的支持。因此,在确定儿童心理咨询的对象时,除了将儿童本人作为咨询对象外,也应该包括其主要养育者,必要时还应该包括学校相关教师。

第三,儿童心理咨询中的咨访关系。儿童心理咨询过程中的咨访关系,是指心理咨询师和儿童之间,咨询师和教育者之间全方位的人际关系,而良好的咨访关系是取得较好咨询效果的保证。相对于成人心理咨询,儿童心理咨询过程的人际关系更复杂,因此,咨询师需要付出更多的努力建立良好的咨访关系。

第四,儿童心理咨询理论和技术。儿童心理咨询技术和理论有其独特性,这就需要咨询师不仅有较深厚的心理咨询专业知识,更需要具备做儿童心理咨询所需要的独特专业理论与技能,如精准的发展与教育心理学知识,及类似沙盘疗法、绘画治疗、游戏疗法等心理治疗技术。

第五,儿童心理咨询的目标。由于儿童的身心发展阶段特点,儿童心理咨询的咨询目标在设定上有其特殊性。这一点要求心理咨询师不仅要了解儿童发展的普遍规律,更要了解儿童自身发展的特殊性,制订满足儿童特定需要的有效心理咨询目标。

(2)儿童心理治疗的定义

根据心理治疗的定义,结合儿童心理治疗的特点,我对儿童心理治疗做出如此界定。儿童心理治疗是指运用适当的心理治疗技术,以心理障碍或精神疾病的患儿为主要治疗对象,结合家长的心理调适,在良好的治疗关系中开展长期的、系统的心理治疗和心理支持,从而使患儿在一定程度上恢复心理及社会功能,具体解释如下:

第一,儿童心理治疗对象。儿童心理治疗对象是指那些患有心理障碍或精神疾病的儿童,如神经发育障碍、情绪障碍、行为障碍及人格障碍等儿童患者及其家长。在心理治疗过程中,对儿童患者实施心理治疗,对其家长实施心理咨询。

第二,儿童心理治疗场所和治疗者。目前,关于儿童心理治疗场所,并没有像成人心理治疗那样明确规定在医院环境下进行,由于儿童心理障碍的特殊性,特别是那些神经发育障碍儿童,更多地会选择一般的心理咨询环境。由那些擅长儿童心理治疗的心理咨询师完成,当然也会有患儿在医疗环境下由心理治疗师完成。以家长为对象的心理咨询,更适合在心理咨询环境下进行。

第三,儿童心理治疗的治疗目标。儿童心理治疗目标需要依据儿童的自身障碍和疾病的特点,及心理治疗的目标特点而设定。心理治疗目标不能脱离心理特性,常见的目标有言语与语言、社会交往技能、情绪管理、感觉统合训练及行为控制,这些是儿童心理治疗过程中经常设定的一般性目标。

第四,儿童心理治疗过程中的心理支持。儿童心理治疗中的心理支持是指对存在神经发育障碍的儿童,如存在智力障碍、自闭症谱系障碍等终身精神疾患的儿童给予的理解、接纳及关爱等心理支持。由于该类儿童的心理治疗需要长期,甚至终身实施的特点。所以,作为治疗者在心理支持体系的构建上,需要付出更多的努力。

2. 儿童心理咨询与心理治疗的关系

儿童心理咨询与心理治疗的关系,也符合一般心理咨询与心理治疗的关系特点,既有相同点又有区别点。区别点主要表现在对象、实施者、场所、性质及疗程五个方面;相同点主要表现在设定的目标、运用的技术、实施者三个方面,具体表现如表4-1 所示。

表4-1　儿童心理咨询与心理治疗的关系表

关系		心理咨询	心理治疗
区别点	对象	一般儿童及其教育者	患有心理障碍的儿童
	实施者	心理咨询师	心理咨询师或心理治疗师
	场所	心理咨询环境	医疗环境或心理咨询环境
	性质	成长类或事件类发展性心理问题	心理障碍或精神疾病
	疗程	一般为短期或中期咨询	一般为中期或长期治疗
相同点		设定的目标都是心理学范畴的目标,如以情绪、行为及社会功能方面的改善为目标等	
		运用的技术相同,都是运用心理咨询与治疗技术,如行为疗法、认知疗法等	
		实施者均可由擅长儿童心理治疗的心理咨询师担当	

二、对儿童心理咨询与治疗的理解

对于儿童心理咨询与治疗不仅要在概念上有正确的理解,而且还应该从更多的角度理解其特质。

1.儿童心理咨询与治疗和儿童教育的关系

在我的心理咨询实践中,以下的情景并不少见。一位妈妈带着小学四年级的儿子前来心理咨询,一进我的工作室就直接表达了她的咨询诉求,"老师,你一定要让我儿子好好学习,听老师和家长的话"等。这是我国家长和老师对心理咨询的普遍认知,认为心理咨询就是通过咨询师对儿童的开导,实现教育者自己无法实现的教育目的。之所以产生这种想法主要源于教育者没有将心理咨询与儿童教育区别开。这里,我就儿童心理咨询与治疗和儿童教育的关系进行论述。

儿童教育和儿童心理咨询与治疗两者间存在显著的区别和联系,具体表现如表 4-2 所示。

表 4-2　儿童心理咨询与治疗和儿童教育的关系表

关系		儿童教育	儿童心理咨询与治疗
区别点	身份	教师	心理咨询师或治疗师
	性质	指导性与教育性	探究性与干预性
	方法	教育方法	心理咨询与治疗方法
	价值	价值观介入	价值观中立
	场所	学校环境	心理咨询与治疗环境
	问题	成长性常见问题	成长性个性问题与病理性问题
相同点		目标一致:都是以儿童身心健康发展为目标 对象一致:都是以儿童及其家庭教育者为对象 理念一致:都是坚持以儿童为本的理念	

儿童教育和儿童心理咨询与治疗的区别主要表现在指导者、性质、方法、价值观、场所和问题性质六个方面的不同。

第一,身份不同。从事儿童教育工作的是教师,教师的职责是依据《教育法》和教师职业规范,有目的、有计划和有组织地通过教育教学活动,促进儿童的身心发展。从事儿童心理咨询与治疗工作的是心理咨询师或心理治疗师,其职责是依据心理咨询与治疗的职业规范,在特定的咨询或治疗环境下,帮助儿童缓解或解决心理问题或障碍。

第二,工作性质不同。教师的工作在于培养儿童在德、智、体、美、劳等方面全面发展,因此,其工作性质具有较强的指导性与教育性特点。心理咨询与治疗的工作是依据儿童的心理特质,对其存在的心理问题或障碍进行疏导,其工作性质具有探究性和干预性的特点。

第三,方法不同。儿童教育使用的是教育方法,即依据一定的教育思想,根据儿童个性特点,实施有效的教育教学方法。儿童心理咨询与治疗使用的是心理咨询与治疗方法,即运用心理学理论,结合儿童的身心发展特点,实施有效的心理干预方法。

第四,价值观态度不同。儿童教育和儿童心理咨询与治疗在价值观上,有着截然不同的态度。儿童教育强调价值观介入,即强调进行价值观教育,使儿童的价值观按教育目标形成与发展。而儿童心理咨询与治疗则强调价值中立,即对儿童的价值观持中立的态度。

第五,场所不同。儿童教育是在公开的教育环境下进行,整个教育过程不需要保密,是非私密性活动。而儿童心理咨询与治疗是非公开的私密性活动,需要严格对咨询过程和咨询内容保密。

第六,问题性质不同。教育一般应对的是常见的、具有普遍性的成长类问题,运用教育方法就可以解决该类问题。而心理咨询与治疗不仅要应对个性化的、非普遍性的成长类问题,而且还要应对儿童心理障碍问题。

2. 儿童心理咨询与治疗的特点

(1)被动求助较多的求助特点

心理咨询与治疗的求助方式一般分为主动求助、被动求助和强迫求助三种形式。

- 主动求助是指来访者自身感知有心理困惑时,主动寻求心理帮助的行为。如自己或在别人的陪同下主动寻求心理咨询与治疗等。

- 被动求助是指来访者周围的人,包括家人、朋友或其他人感知来访者有心理困惑时,劝说其寻求心理帮助的行为。如在家人或朋友的陪同下被动地寻求心理咨询与治疗等。

- 强迫求助是指来访者的家人或直接教育者,感知来访者有心理困惑时,劝说其寻求心理帮助无效的状况下,采取强迫其寻求心理咨询与治疗的求助行为。如家长发现孩子存在网络成瘾后,在劝说儿童寻求心理帮助无果时,采取的强制治疗行为等。

儿童心理咨询与治疗的求助方式较为复杂,求助方式受年龄、心智发育特点及环境等多种因素的影响。

首先,就年龄因素分析。年幼儿童因无法觉察自己存在的问题,因此多由家长或其他直接教育者引导前来寻求心理帮助。例如,一个六岁男孩晚上需要开灯才能入睡,家长感到困惑,带孩子寻求心理帮助;再如,一个三岁女孩在上幼儿园1个月后一直不适应,一到幼儿园就处于缄默状态,回家后就开口讲话,教师发现问题建议家长带孩子寻求心理咨询与治疗等。年长儿童,如青少年,一般也存在对自身问题判断不足,有主动求助心理咨询与治疗的,但大多数儿童依靠家长或教师引导寻求心理咨询与治疗。

其次,就心智因素分析。儿童或是因为年龄较小,或是由于心智发育问题大多需要教育者发现问题,这也就导致了儿童来访者一般都处于被动求助的状态。如,注意力缺陷多动障碍儿童需要在家长的支持下,发现问题并寻求专业的帮助等。

最后,就环境因素分析。是否主动求助心理咨询与治疗,与个体所处的环境对心理咨询与治疗的认识密不可分。目前,我国对于心理咨询与治疗的认识并不客观,大多数人认为只有得了严重的精神疾病才去看心理咨询师,这种看法在儿童中也一样。所以,即便是青少年也存在排斥寻求心理帮助的现象,这也就导致儿童心理咨询大多是被动求助。

(2)心理咨询与治疗过程中沟通和理解能力缺乏的特点

一般情况下,心理咨询与治疗是在谈话和沟通中完成的,即便是操作性较强的心理咨询与治疗技术,也离不开言语交流。例如,在沙盘治疗中,来访者和心理咨询师需要通过语言沟通帮助心理咨询师更好地理解沙盘的设计思路,因此,这就要求来访者具备一定的沟通交流能力。儿童,特别是年幼儿童,或者是青少年,由于各种问题,如心智问题、发展阶段的心理特性问题,存在着这样或那样的自我表达困难,这些都会给心理咨询造成阻碍等。因此,儿童心理咨询师必须充分估计到,儿童在心理咨询与治疗过程中存在的沟通和理解能力缺乏问题。

(3)问题与家庭关联性特点

儿童心理问题就其成因分析,遗传与环境是两个不可或缺的影响因素,这在本书前文中已经做了大量论述。这里,再次强调儿童的心理问题与家庭的关联特性是儿童心理咨询与治疗工作的重要特点之一。

(4)动态心理特点

儿童处于身心发育阶段,因此其情绪表达、行为表现及社会交往能力等会随着年龄和环境的变化而改变。或许一个孩子在某一特定环境下表现得身心发展良好,而在另一种环境下则问题不断;或许儿童在某一年龄段身心发展较好,而在另一个年龄段心理问题频发等。因此,儿童心理问题相对于成人存在着较为明显的动态特点,这是儿童心理咨询师在咨询与治疗过程中不可忽视的问题。

(5)自愈力特点

儿童身心发展的自愈力是心理咨询与治疗过程中不可忽视的存在。儿童的问题表现直接且激烈,经常会导致家长万分焦虑,多数家长会急于按自己的想法强行引导孩子。欲速则不达,这样经常会适得其反,有时表面上看似问题得到了解决,但在大人压抑下做出的改变可能存在更大的心理隐患。因此,在儿童心理咨询与治疗过程中,心理咨询师应该注重儿童的内心建设,重视儿童本身具备的心理能量,不可急于求成而抑制儿童原本具有的自愈力。

(6)社会支持特点

与成人相比,在儿童心理咨询与治疗中,必要而强大的社会支持显得更为重要。第一,儿童作为未成年人,需要来自家人和社会的爱护,特别是那些存在心理问题或障碍的儿童更需要来自各方面的爱护;第二,儿童的心理问题与环境关联密切,缺少来自环境的社会支持,儿童靠自身力量很难适应环境;第三,那些存在心理障碍或精神疾病的儿童更需要优质的社会环境。或许心理咨询师无法直接为儿童建设优质环境和搭建强大的社会支持,但重视儿童的社会支持力量,适当引导教育者为儿童提供或争取社会支持是儿童心理咨询师工作的重要内容。

第二节　儿童心理咨询与治疗的目标

目标的制订,是心理咨询与治疗过程中最重要的一环,是引导来访者在心理上发生有利于其身心发展的改变,即希望其发生什么样的改变,以及向什么方向改变,都与心理咨询与治疗的目标有关。本节我为大家详细解析儿童心理咨询与治疗目标制订的相关内容。

一、心理咨询与治疗目标

儿童心理咨询与治疗取得良好效果的前提是确定目标,如果没有明确的目标,咨询与治疗工作就容易出现盲目性,难以取得成效。

心理咨询与治疗的目标,就是咨询与治疗工作期望达到的效果。心理咨询与治疗的目标或者说期望达到的效果往往不是单一的,其中既有长远的、总体的期望和目标,也有根据来访者存在的问题提出近期的、具体的期望和目标。此外,小同的心理治疗理论取向也会导致治疗目标不同。排除理论取向的因素,可以看到下述目标的特性与区分。

1. 心理学目标与其他目标

心理咨询与治疗的目标应该是心理学目标。心理咨询师或治疗师在确定心理目标时,一定不能将与心理学无关的目标纳入其中,如医学目标、学习目标、工作业绩目标、经济收入目标及人际关系恢复目标,等等。

心理咨询与治疗的干预手段通常只能对来访者的认知、情绪、意志和行动过程施加影响,而不能对来访者的生理、生活状况或其他现实处境产生直接影响。所以,在制订目标时,一定要使其具有心理学特性,如使来访者变得更为自信,不再自卑,少发脾气等,这些目标是有利于来访者心理健康或人格健康发展的目标,而不是生理学方面、生活状态或物理条件方面的目标。

例如,来访者有躯体症状,如果这些症状是与心理因素有关的,其目标不应设定为消除或减轻这些生理症状,而是应设定为改变引发这种躯体问题的心理因素;来访者对工作现状不满意,其心理咨询的目标不应设定为改变其工作,而是设定为改变引发其工作状态的心理因素;来访者失恋,其心理咨询目标不是帮助其恢复恋情,而是帮助其更好地应对失恋的现状等。

2. 终极目标与中间目标

心理学者帕洛夫为了使心理咨询与治疗目标更易理解,曾提议将心理咨询和治疗的目标划分为中间目标和终极目标。帕洛夫认为,所有心理咨询与治疗的终极目标都是减轻来访者的焦虑,提高来访者的生理机能和社会功能;中间目标则可以看作向着终极目标迈进的步骤。

心理咨询与治疗的终极目标是增强来访者的心理素质,增进其身心健康,提高其适应环境的能力。在确定终极目标时,尽管心理咨询与治疗的各个学派所用的专业术语不同,但存在相当高的一致性,即最终要使来访者成为一个心理健康的人。

心理咨询与治疗的中间目标,是指终极目标实现过程中的阶段性目标或方面性目标。阶段性目标是指依据咨询发展阶段的不同而制订的目标,如,在咨询的初期阶段,收集资料做出诊断的目标;中期阶段,根据来访者的具体情况逐个解决问题的目标;结束阶段的疗效巩固目标等。方面性目标是指依据来访者心理问题特质制订的侧重性目标,如侧重于来访者性格方面、侧重于来访者情绪方面、侧重于来访者认知方面或侧重于来访者行为方面的目标等。

终极目标是我们心理治疗工作的总体方向,要想真正实现还有很长的路要走,会受到很多因素的制约。因此,在终极目标实现过程中的中间目标就有着非常重要的作用,咨询与治疗效果的实现往往与中间目标的达成关联密切。

3. 内部目标与外部目标

心理咨询与治疗过程的内部目标,是指来访者自己所提的目标。来访者的内部目标常常是与其问题相联系的,这里是指那些他们自己无法解决、需要得到咨询师帮助的问题。例如,来访者的内部目标可能是:"我总是觉得很悲哀、很抑郁,真希望我能不这样","我觉得孤独极了,希望能有一个人理解我"等。

外部目标则是由其他人对来访者提出的,比如父母、教师、咨询师等。例如,心理咨询师希望来访者在了解自己的基础上学会接纳自己;来访者父母希望其能摆脱痛苦等。由于外部目标存在两者甚至三者间的关系协调,例如,来访者和心理咨询师、来访者和家人,或来访者与心理咨询师和家人之间的关系等。因此,在目标的一致性上会产生两种状况,即外部目标的一致性或不一致,而外部目标是否达成一致直接影响心理咨询与治疗的效果。由此可见,实现心理咨询与治疗在外部目标上的一致性,是心理咨询师一项重要的工作。

4. 不同流派的心理咨询与治疗目标

由于心理问题本身的复杂性,以及应用心理学还处于不断成熟中,因此,心理咨询与治疗领域中对目标的研究和设置存在着很多分歧,形成了众说纷纭的现状。各理论流派的基本咨询目标如表 4-3 所示。

表 4-3　各主要流派的咨询目标

理论流派	基本目标
心理动力学派	将无意识意识化
	重组基本的人格
	帮助来访者重新体验早年经验,并处理被压抑的冲突,作理智的领悟
行为主义学派	消除来访者适应不良的行为模式,帮助他们学习建设性的行为模式以改变行为
	帮助来访者选择特殊的目标,将一般性的目标转化成具体的目标

理论流派	基本目标
人本主义学派	提供一种接纳与共情的气氛,引导来访者进行自我探索,以便帮助来访者认识成长中的阻碍,能体验到从前被否定与扭曲的自我 使他们能开放性地体会,更相信自己的能力和更接纳自己 有投入咨询的意愿并增加自发性和活力
格式塔学派	帮助来访者觉察此时此刻的经验 激励他们承担责任,以内在的支持来对抗对外在支持的依赖
理性情绪疗法	消除来访者对人生的自我毁败观念 帮助他们更能容忍,更能理性地生活

资料来源:马建青. 辅导人生——心理咨询学[M]. 济南:山东教育出版社,1992.

由表 4-3 可以看出,虽然各理论流派的治疗目标有不少分歧,但有一条却是肯定的,即每个咨询师心中都应该有一个理想的、有关人的发展模式的理念,这在确立咨询目标时是必不可少的。

二、儿童心理咨询与治疗的目标

儿童心理咨询与治疗在目标确定上,既要遵循一般心理咨询与治疗的目标设定原则,又要根据儿童心理发展特点,有针对性地设置对儿童身心健康有促进作用的目标。

1. 儿童心理咨询与治疗的目标特点

（1）儿童心理咨询与治疗目标的发展性

前文,我已经在论述儿童心理咨询与治疗特点时,强调了儿童身心发展自愈力对于解决心理问题的重要作用。这就决定了儿童心理咨询与治疗在目标上的发展性特点,即儿童心理问题存在一定偶发的或暂时性特点,而且随着儿童不断成长,这些问题有可能会自行解决。因此,从发展的视角看待儿童问题,充分地考虑儿童自身发展的力量,是儿童心理咨询与治疗目标确立时必须考虑的问题。

（2）儿童心理咨询与治疗的外部目标导向性

儿童在接受心理咨询与治疗时,更多的时候是在家长或其他养育者的陪同下前来的。因此,在确定咨询与治疗目标时,陪同者会先入为主地提出自己对咨询目标的要求,即外部目标往往会占很大的比例。这一目标特点应该引起咨询师的高度警觉,切不可受家长等成人的咨询期待影响而忽略了以儿童为本的咨询初衷。另外,由于儿童心理问题更多地与家庭教育环境关联密切,因此,咨询师一定要在外部目标基础上制订家长的相关咨询目标。

(3)儿童心理咨询与治疗的目标与学业的关联性

完成学业是学龄儿童重要的任务之一,很多儿童的心理问题都会在学业上反映出来。例如,不适应学校生活,无法专心学习,学习成绩不佳;再比如,在学校出现人际关系问题,陷入抑郁情绪,影响学业等。这些与学业相关的心理问题,决定了在设定儿童心理咨询与治疗目标时不得不考虑学业特性。但是,这并不是说,心理咨询与治疗要以提升学习成绩为目标,而是需要解决影响学业的心理因素,如调整人际关系或提升对环境的适应能力等。

(4)儿童心理咨询与治疗的社会支持目标

正如前文所述,争取必要而强大的社会支持是儿童心理咨询与治疗的特点之一,这在儿童心理咨询与治疗目标上也充分地表现出来。儿童心理问题的解决不能脱离各种社会支持,如家庭支持、学校支持等。因此,在儿童心理咨询与治疗中,为儿童提供较好的社会支持就成为其目标特点。

2. 儿童心理咨询与治疗目标确定的作用

(1)方向和引导作用

在儿童心理咨询过程中,儿童及其家长应该开展怎样的咨询与治疗活动,都必须根据心理咨询所确立的目标而定。如果没有设立目标,咨询过程就会毫无头绪,不分主次地应对问题会导致时间和精力的大量浪费,咨询过程无法围绕一个主要的问题进行,最终只能是一个问题都无法得到很好的解决。所以,首先,确立好咨询目标,将为以后的心理咨询与治疗进程起到指引方向的作用,并在咨询过程中及时将偏离的主题拉回来,使咨询师与来访者都集中注意力去解决某一个主要的问题。

(2)有效地进行疗效评估

儿童心理咨询与治疗过程中,咨询与治疗目标达成状况是评价疗效的有效指标。如果没有明确的咨询目标,心理咨询师与来访者就很难评估咨询与治疗的进展,不知道何时适合停止咨询,也不知道咨询还需要持续多久,从而陷入一种迷茫、不知所措甚至是麻木的状态。这样,咨询师就不能很好地把握咨询过程的各个阶段,也就不能针对来访者发展的不同阶段做出恰当的反馈与治疗,因而大大影响咨询与治疗效果。

(3)促使儿童和家长来访者及咨询师积极投入咨询

在儿童心理咨询与治疗过程中,咨访双方达成一致的目标一旦确立,即会起到激励儿童和家长来访者参与咨询与治疗的积极性,这是影响心理咨询成败的至关重要的因素。同时,明确咨询目标对咨询师也有促进作用。

三、儿童心理咨询与治疗目标的制订

为了保证儿童心理咨询与治疗目标的有效性,在目标制订时不仅要遵循相关原则,而且还要注意一系列问题。

1. 制订咨询目标的原则

制订儿童心理咨询与治疗的目标,要满足以下要求或原则。

(1)具体性原则

在制订儿童心理咨询与治疗目标时,应该首先坚持具体化原则,即将咨询与治疗目标具体化,例如,情绪目标、行为目标或人际关系目标等。咨询与治疗的目标越具体,就越容易见到效果,也越能激发咨访双方的情感投入,还有利于对心理咨询的进展进行评估。

(2)可评估原则

目标无法评估,则不称其为目标,这一点也是儿童心理咨询与治疗在制订目标时必须要考虑的。可评估的目标可以让儿童和家长来访者及时感受到咨询的效果,看到自己的进步,也可以发现不足,及时调整目标或措施。

可评估的含义有两层:一是目标是可观察的(包括内部观察和外部观察);二是能将观察到的东西数量化,即用数量表示目标行为的大小、多少及强弱。在心理咨询中,行为反应的次数、持续时间、反应强度等常是测量过程的"指针";对一些主观、内隐的感受也可以按来访者的主观估计来区分强度等级。

(3)现实的可行性原则

目标应该是可行的,这是儿童心理咨询与治疗目标设定时最关键的原则。如果目标没有可行性,超出了儿童和家长能达到的能力水平(例如,让一个儿童达到其无法实现的自律状态,让家长完成其无法完成的任务等),或超出了咨询师所能提供的条件等,则目标就很难达到。咨询目标应该能够在预期的来访期间达成。

要做到这一点,就需要综合考虑来访者的问题性质和严重程度。来访者已有的心理发展水平和潜力,以及环境条件和咨询师的条件等,使目标设定在这些条件允许达到的范围内。

(4)系统性原则

儿童心理咨询与治疗目标应该是多层次的,既有短期目标,又有长远目标;既有特殊目标,又有一般目标;既有局部目标,又有整体目标。即有效的目标应是多层次目标的协调统一。例如,以儿童的原有社会功能恢复为短期目标,以儿童社会功能提升为长期目标;以改善儿童不良环境为特殊目标,以为儿童提供心理支持为一般目标;以儿童情绪缓解为局部目标,以儿童健康成长为整体目标等。系统性是确保儿童心理咨询与治疗目标达成的保证。只重视眼前的局部目标,虽可促进来访者改变,但其改变可能是个别的、局部的、表面的,或暂时的。只有把这些改变纳入一个更庞大的变化、发展系统之中,才能使来访者发生更大的、更根本的改变。既要力求使目标成为一个有序的结构,又要力争使结构的主次、先后合理有效,有系统性。

(5)积极性原则

儿童心理咨询与治疗最重要的目标确定原则之一,就是积极性原则。积极性原则在成人心理咨询与治疗中经常被忽视,由此造成的影响已经引起咨询与治疗领域的高度重视。在终极目标设定关乎儿童身心健康成长的儿童心理咨询与治疗中,积极性原则所占的位置绝对重要,意义很大不可忽视。儿童心理咨询与治疗目标的积极性,就在于它是符合儿童身心发展需要的。

(6)双方均可接受

儿童心理咨询与治疗目标内容,与成人心理咨询与治疗一样,需要坚持双方均可接受的原则,即目标需要在咨访双方共同商定下制订,也就说无论是咨询师还是来访者提出的目标,都要经过双方讨论、认可。在儿童心理咨询与治疗过程中,儿童本人对于咨询目标的理解与接受是非常重要的问题。由于儿童认知水平等原因,对于目标的理解和接纳存在一定的局限性,这就更需要在设定目标时,充分考虑这一问题,力争获得儿童的理解与接纳。

2. 确立咨询目标时应注意的问题

儿童心理咨询与治疗目标的确立,与成人心理咨询与治疗一样,需要注意如下问题:

（1）谁来确定目标

儿童心理咨询与治疗的特点决定目标一般由咨询师方提出和确定,即在确定心理咨询目标的过程中,咨询师或治疗师起主导作用。这是因为,咨询师会从专业视角解析儿童问题,预测问题解决的方向、程度及效果。因此,由咨询师提出的目标的可行性和有效性更高。

（2）来访者的期望与目标

由于儿童心理咨询与治疗多为儿童和家长共同参与,因此不免会出现儿童来访者和家长来访者有各自的咨询期待与目标,这些期待与目标或是一致,或是完全不同。这就决定了在确定心理咨询目标的讨论中,咨询师需要慎重对待这一问题。如果处理得好,期望会成为改变的助力;处理不好,则可能失去这一宝贵的支持力量甚至可能成为阻力。

（3）目标的弹性特点

儿童问题复杂且多变,存在较大的不稳定性,这就需要在确定心理咨询与治疗目标时,保持一定的弹性,留有回旋余地,即不要把话说得太肯定、太绝对。否则,当遇到困难或发觉中途需要调整目标时,会给来访者造成受挫、失望的感觉。

（4）处理目标焦虑问题

在设定儿童心理咨询与治疗目标时,经常会受家长来访者期待的影响,出现家长期待达成的目标高于儿童来访者的实际能力的问题。不符合儿童来访者实际能力的咨询目标,极有可能诱发咨访双方对目标无法预测和控制的焦虑,这是确定目标时必须注意的重要问题之一。

（5）治疗目标常常是分轻重缓急的

儿童心理咨询与治疗目标会出现多种情况,例如只有一个治疗目标的状况,或多个目标共存的状况。如某位来访者既要解决考试焦虑、学习无效率的问题,又要解决和某一同学关系紧张的问题,还要提升社交能力的问题等。此时,咨询师要帮来访者分出轻重缓急。例如,这位来访者后天就要参加一个重要的考试,很明显,咨询师要首先帮助他解决考试焦虑的问题。当几个问题紧迫性不明显,如假定上述来访者无考试焦虑时,咨询师可以问他,在这几个问题中,哪个对他影响最大,他最希望解决的是哪个问题等,以此排出先后次序。常常会出现这样的情况:前面两个问题解决了之后,来访者就已经可以自己处理后面的问题了。

（6）让来访者对目标负起各自的责任

儿童心理咨询与治疗中，经常出现家长过度承担责任，或过度依赖儿童做出改变的现象，这就导致咨询与治疗目标常常由家长或儿童单方负责的状况。一般情况下，再好的目标，如果没有来访者有效的努力也是无法实现的。因此，在儿童心理咨询与治疗中，明确儿童及家长各自的目标责任是心理咨询与治疗效果的保证。

第三节   儿童心理咨询与治疗阶段

儿童心理咨询与治疗也要遵循一定的步骤，经历若干阶段，其阶段的划分标准可参照一般心理咨询与治疗的阶段划分标准。

关于心理咨询与治疗阶段的划分，存在多种看法：有的认为咨询与治疗过程可分为分析、综合、诊断、预测、劝导或治疗以及追踪6个阶段；也有的认为可分为确定问题、提出假设、检查假设、采取决定、参与行动以及评价6个阶段；美国心理学家伊根认为可划分为确认和分析问题、设立目标以及行动步骤两个阶段；卡瓦纳则把咨询与治疗过程划分为信息收集、评价、反馈、签订治疗协议、行为改变和结束6个阶段；美国心理咨询专家科特勒认为，咨询可分为判定问题、探索问题、理解问题、采取行动和检查结果5个阶段；国内有学者也将心理咨询分为构建关系、诊断定位、劝导帮助和检查巩固4个阶段；也有学者认为一个完整的心理咨询过程可以大致分为判定问题、探索问题、解决问题和反馈跟进4个不同的阶段等等。

对于以上看法进行分析可以得出，虽然对心理咨询与治疗的阶段提出了不同的看法，但所有的心理咨询与治疗过程却是大致相同的，都必须经历心理问题诊断阶段、解决问题的帮助与改变阶段，以及完成咨询与治疗的结束阶段。我对儿童心理咨询与治疗的阶段，也将采取这三个阶段的划分方式。

一、心理问题诊断阶段

心理问题诊断阶段是儿童心理咨询与治疗的初始阶段，该阶段经由信息收集、心理诊断、信息反馈及咨询与治疗协议的确立这样几个步骤。

1. 信息收集

信息收集过程中的主要任务，就是深入收集与儿童相关的各类资料。心理咨询师收集的信息越全面，越有利于问题的诊断。实现最大限度地收集信息的关键，在于心理咨询师懂得什么信息对于搞清楚问题最重要。

下面，我就教给大家如何在较短的时间内收集较为全面的资料的方法。表4-4所呈现的是进行儿童心理咨询与治疗时必要的信息收集指标。

表4-4　儿童心理咨询与治疗的信息三级指标

一级指标	二级指标	三级指标
儿童基本信息	家庭基本信息	家庭常住成员、父母职业、居住环境、文化程度等
	儿童基本信息	年龄、性别、兴趣爱好、身体健康状况、智商等
成长信息	生理发育史	出生状况、学龄前身体发育状况等
	心理发展史	运动发展、言语与语言发展、社会技能发展状况等
认知信息	认知特性	注意力、记忆、思维、语言等特性
	认知态度	对现实的态度、对他人的态度、对问题的态度等
个性信息	情绪与行为特质	情绪表达方式、行为表现方式等
	性格特质	内倾还是外倾、敏感还是迟钝、自尊与自信、应对方式等
学业信息	学业成绩	过去及现在的学习能力及学习成绩等
人际信息	人际关系现状	亲子关系、同伴关系及师生关系等
环境信息	家庭环境	家长的教养方式、实际关爱、心理支持、教育理念等
	学校环境	学习环境、心理成长环境、教师教育理念等
问题信息	事件	有无突发事件、事件发生的时间、事件的性质、事件发生后的社会支持等
	问题性质	突发问题还是长期问题等

2.心理诊断

心理诊断的任务，主要是对儿童心理问题及原因进行分析和确认，心理诊断主要包括以下三个方面。

（1）梳理症状

儿童心理问题主要呈现出两大类别：一类是心理障碍；另一类是心理问题。关于这方面的知识我在本书前文中已经做了详细的论述。这里，我重点强调在儿童心理问题诊断中，症状的梳理过程非常重要，如对儿童存在的症状表现、症状产生的时间、症状的严重程度等进行整理等。

（2）来访者的筛选

在儿童心理咨询与治疗过程中，筛选来访者非常重要。不同于一般心理咨询与治疗的是,儿童心理咨询不仅要确定来访者属于心理咨询对象,还是属于心理治疗对象,还要确定儿童以外的来访者。如,儿童来访者如果症状表现为一般心理问题,那么就属于心理咨询对象,其家长也需要考虑是否纳入心理咨询对象行列。再例如,如果儿童症状为精神障碍,那么就属于心理治疗对象,其家长也要根据其症状选择是做心理咨询还是做心理治疗等。

(3)明确问题

心理诊断最重要的任务就是通过诊断与鉴别诊断,明确问题。

诊断是依据相关诊断标准,结合症状进行分析,对心理问题做出判断的过程。例如,儿童存在的症状如果满足自闭症谱系障碍的诊断标准,即可诊断为儿童自闭症谱系障碍。再例如,如果儿童存在焦虑情绪,但没有达到焦虑障碍的相关诊断标准,则可以诊断为一般情绪问题。

鉴别诊断是为了减少误诊,将儿童存在的问题与相近的障碍做出排除性诊断分析,对心理问题做出判断的过程。例如,儿童存在一定的注意力问题时,就有必要对儿童进行排除注意力缺陷多动障碍的鉴别诊断。

3. 信息反馈

信息反馈是儿童心理咨询与治疗初始阶段的重要任务,是指心理咨询师或心理治疗师与儿童及家长一起探讨有关信息的过程。信息反馈的目的是将所收集到的信息进行分析整理后,反馈给儿童及家长,从而获得儿童及家长的配合,做出有利于问题解决的决策。儿童心理咨询与治疗中的信息反馈是否取得良好效果,主要取决于反馈方式和反馈内容是否得当。

(1)信息反馈的方式

在儿童心理咨询与治疗中,对儿童及家长进行信息反馈时,要尽可能采用简单明了的方式和谨慎方式。简单明了的方式是指反馈时,语言要清楚,言语简短,不用烦琐的形容词和类比,尽量运用通俗易懂的词语等。谨慎方式是指反馈时,咨询师要根据儿童和家长对问题的理解程度进行信息反馈,不可因为反馈内容惊吓到对方。

(2)信息反馈的内容

儿童心理咨询与治疗中的信息反馈内容主要包括如下几点:

第一,儿童与家长的优点和弱点。所反馈的问题可以既包括优点,也包括弱点。通常,较好的方法是从优点开始,以弱点结束。如果反过来做,来访者就会变得充满戒心,情绪低落,以致在讨论中忽略或不能领会问题的重要部分。

第二，诱因信息反馈。诱因，是指引发问题的直接事件。儿童心理问题的产生会存在多重因素，心理咨询师或治疗师将这些因素反馈给儿童及家长时，重点应该将诱发问题的事件进行清晰讲解。例如，孩子出现厌学情绪，导致厌学的原因很多，但主要诱因可能是在学校出现不良人际关系事件等。

第三，主因信息反馈。主因，顾名思义是指影响问题产生的最主要因素。在儿童问题的成因中，总会有最核心的影响因素存在，而对于这一因素的分析与反馈，是儿童心理咨询与治疗信息反馈中最重要的内容。例如，孩子出现厌学情绪，不良人际关系是其诱因的话，厌学的主要原因可能与儿童敏感内向的个性有关等。

第四，建议。在把信息反馈给儿童和家长后，咨询师可以提出一些建议，大体包括以下几个方面：调整或维持咨询次数、咨询方式（个别或家庭心理咨询等），咨询师向来访者建议更适合他的干预措施；提醒来访者不要再到处求助，说明其问题并不严重，在正常范围内，或是成长发展过程中必须经历的阶段；说明来访者的问题已不需要进一步处理，因为到目前为止，来访者已经获得较好的内省力及足够的勇气，可以自己处理问题；建议来访者不再继续进行心理咨询，因为虽然来访者的问题依然存在，但他在心理上尚未做好准备。

在对最后这类来访者提出建议时，要注意分寸。首先，不要让他们觉得自己的问题毫无解决的希望；其次，不要让他们觉得自己根本不需要咨询。咨询师应设法让他们明白，他们的问题是确实存在的，但目前时机尚不成熟，可在将来某个时候再来咨询。

4.咨询与治疗协议的确立

儿童心理咨询与治疗的诊断阶段前三个步骤完成之后，就该进入下一步，咨询与治疗协议的确立。咨询与治疗协议的确立，是指在咨询师或治疗师与来访者之间达成共识，形成咨询与治疗的协议。

咨询协议主要包括如下内容：

首先，要与来访者确定咨询的频次、每次咨询的持续时间、咨询的预约与取消的要求及方式、交费等有关问题。

其次，咨询师可以表达对来访者的角色期待。咨询师也可以向来访者简单地说明，自己期待来访者在某种方面发生改变是为了有助于其自身获得进步，具体做法应视咨询师、来访者以及特定情境而定。比如，咨询师可以对来访者说出，自己希望来访者更多地思考问题、变通想法及积极倾听等。

再次,双方表明自己对此次咨询的期待。比如,咨询师希望看到来访者对咨询能有所反应,这种反应包括开诚布公、能为达到咨询目标而努力、把咨询当作头等大事、做好家庭作业、与别人相互讨论等。当然,来访者也可以把自己对咨询师的希望讲出来。比如,可以直截了当地告诉咨询师,哪些做法对自己有帮助,哪些根本不适合自己。

最后,确立咨询目标。当然,在正式确立咨询目标以后,随着咨询的进展,目标还可以有相应的调整。咨询师应不断地对既定目标做评估,以便及时调整以适应来访者的发展。

二、帮助与改变阶段

对于心理咨询与治疗来说,在诊断清楚问题之后,就可以进入对来访者的帮助与改变阶段。这一阶段也是心理咨询与治疗的重要阶段,因为该阶段关乎心理咨询与治疗能否取得良好的效果。

对于儿童心理咨询与治疗过程来说,帮助与改变是指,咨询师运用心理咨询方法,通过领悟、支持、理解及行为指导等方式帮助儿童及家长解决其在情绪、认知或行为等方面的问题。儿童心理咨询与治疗的帮助和改变阶段的主要任务有如下四个方面。

1. 帮助与改变方案的制订和实施

依据儿童的心理问题特点,制订和实施一个可行、有效的帮助与改变方案,必须做好如下几个方面的工作。

(1)对儿童问题进行排序

一个有效的心理咨询与治疗方案,最重要的一点就是达成有序地解决问题的目的,这就需要心理咨询师对儿童心理问题或障碍等症状进行轻重缓急排序,先就急需解决的问题进行干预。

心理咨询与治疗中,一般问题的解决顺序是先情绪,再行为,然后是认知与性格层面,再就是改善成长环境等。

第一,情绪是心理问题或障碍最外显的直接表现,具有暂时性、不稳定性和激烈性等特点。人在不稳定的情绪状态下,是很难接受或思考任何建议的。因此,稳定情绪是心理咨询与治疗首先要解决的问题,这一点在儿童心理咨询与治疗中表现得尤为突出。

第二,行为问题是儿童心理问题与障碍普遍存在的问题,一般都会是情绪问题伴随着行为问题。例如,儿童在愤怒时会动手打人,或在恐惧下会产生退缩行为等。如此,就需要心理咨询师或治疗师在平复儿童情绪问题后,重点考虑儿童行为的应对。

第三,儿童问题,特别是大龄儿童心理问题,还是要从根本上解决问题,即从儿童情绪与行为问题背后的认知和性格层面解决。所以对于青少年群体的心理问题,情绪与行为问题平复后,认知和性格分析与应对是必须要面对的问题,只有这样才能达到心理咨询与治疗的终极目标。

第四,解决儿童问题,构建良好的成长环境是一个不容忽视的问题,特别是儿童的直接成长环境。例如,家庭环境和学校环境更重要,这是心理咨询与治疗过程中不可忽视的问题。

(2)针对症状选择适当的心理咨询与治疗方法

针对儿童心理问题与障碍,选择适当的咨询与治疗方法是心理咨询方案最重要的内容。关于儿童心理咨询与方法的选择与运用问题,我会在第六章和第七章做专题讲解。

(3)咨询与治疗方案应该获得儿童及其家庭的支持

我在本书前文中多次提到儿童心理咨询与治疗和家庭的关系,这里的制订咨询与治疗方案再次涉及儿童家庭,即儿童心理咨询与治疗方案必须得到来自家庭的理解和支持。

原因有二:一是儿童问题与家庭因素关联密切,要解决儿童问题离不开家长的配合;二是儿童心理咨询与治疗的费用由家长承担,咨询与治疗方案必须要得到家长的同意。

(4)咨询与治疗方案实施过程中需要懂得调整

任何一个方案在实施过程中,都会根据需要做适当的调整,儿童心理咨询与治疗方案更需要如此。

首先,儿童心理问题与障碍影响因素复杂,预案中难免会有考虑不周的地方,这一点在咨询与治疗过程中一旦发现,应作及时的调整。

其次,儿童心理问题一般都是一个系统问题,咨询过程中,环境的变化对儿童心理咨询的影响较大。因此,如果环境发生变化时,咨询与治疗方案也需要及时调整。

最后,因儿童本身处于发展中,心理问题与障碍存在很大的不确定性。因此,此时的重要问题在彼时可能就变为次要问题,这也决定了方案要根据儿童自身的变化而调整。

2.培养儿童与家人来访者的心理建设责任感

心理咨询与治疗的过程,是咨询师与来访者之间共同努力解决问题的过程,儿童心理咨询与治疗也是如此。尽管在心理咨询与治疗过程中,心理咨询师和来访者承担的角色不同,但咨询与治疗无疑是在双方努力下,方可取得良好效果的。

在咨询与治疗过程中,往往会出现来访者把咨询师当作帮助和改变的主导者,抱有"只要找了心理咨询师,问题交给咨询师处理就好了"的想法,一切被动地听咨询师的安排。一些有经验的咨询师,也常常在不知不觉之中扮演起这种角色来。这种情况下,咨询师往往不但在解决来访者的问题方面承担职责,而且也在为来访者本身承担责任,似乎咨询师是万能的,甚至能为来访者的一生指引道路。

事实上,来访者的问题,是心理咨询师在来访者的描述中找到的;来访者问题的解决方法,也是在咨询师和来访者双方对问题的探讨中获得的;来访者的成长更是在心理咨询与治疗过程中的自我领悟促成的。如果没有来访者的努力,再优秀的心理咨询师付出再多的单方面努力也无法取得良好的咨询与治疗效果。

在儿童心理咨询与治疗中,来访者的责任更加复杂,不仅要求儿童在能力允许的情况下承担一定的责任,家长也需要在儿童咨询与治疗中承担相应的责任。

3.引导来访者达到对问题的领悟

领悟是心理咨询与治疗中取得良好疗效的重要因素。领悟是指来访者能够重新审视自己内心中关于问题的思考,再通过思考使其更清晰地看到自己认知与情绪中存在的问题,从而更好地觉察与控制它们。

领悟最重要的作用有两个:一是可以达到使来访者问题严重程度降低,并使其在心理上真正强健起来的心理平衡;二是帮助来访者进行内心的探索,使之得到某种领悟,为其改变行为提供心理依据。

在帮助来访者领悟的过程中要注意以下几点。

第一,要着眼于让来访者看到自己的内部问题,而不只是去寻求改变外在环境。

第二,咨询师可以做来访者的一面镜子,通过向来访者反映他与别人相处的情况,他的行为会引起什么样的反应等,加深来访者对自己问题的理解。

第三,咨询师可以通过强化事物的积极方面,引导来访者感悟事物的有益性,或通过表扬、鼓励和支持来访者好的行为,达到减轻其焦虑、促进其积极行为增多的目的。

儿童心理咨询与治疗相对于一般成人心理咨询,在领悟方面存在着很大的特殊性。一是对于年幼儿童来说,因为其心智发育因素,基本无法达到领悟的程度,但对于青少年来访者来说则没有问题;二是儿童心理咨询与治疗中,重要的领悟者是家长,家长的领悟水平直接影响着咨询与治疗的效果;三是对于神经发育障碍儿童来说,其领悟需要有特殊的标准。

三、结束阶段

结束阶段的工作亦不容忽视,这一阶段的工作对治疗工作的质量有很大的影响。在这一阶段,咨询师要向来访者指出他在治疗中已取得的成绩和进步,并向其指出还有哪些应注意的问题。

儿童心理咨询与治疗阶段的主要任务有心理咨询与治疗小结、心理咨询与治疗效果评估、心理咨询与治疗结束仪式等。

1. 心理咨询与治疗小结

(1)回顾与检查任务

回顾咨询与治疗要点,检查治疗目标实现的情况,进一步巩固治疗所取得的成果。如果有可能,还可以将来访者在治疗中提高的对某一事物的认识扩展到其他事物,帮助来访者真正地掌握治疗中习得的新东西,以便在日后离开咨询师后仍可自己应付周围的环境,自己做自己的调节师。

(2)明确咨询结束的标准

心理学家尼考尔茨等人提出的"认知变化评定尺度"中,就有四项指标是关于咨询结束的指标:

第一,来访者的病因、症状消解的程度;

第二,来访者对自身行为的理解程度;

第三,来访者对人生的思考、情绪变化的程度;

第四,来访者对自身重要问题的认识变化程度。

(3)确定结束咨询的时间

咨询师可以依据来访者的具体情况,与来访者共同决定结束咨询的时间。一般来讲,应该循序渐进地终止咨询,如果突然停止,可能会导致来访者出现分离性焦虑症状,甚至使咨询效果产生倒退,导致此前的咨询成果付诸东流。

在临近终止阶段,重温一下目标的本质是有很大益处的。这可以帮助来访者更加接近他们的目标,使他们认清眼前自己与所要达到的目标之间的距离,并较顺利地走完剩下的路。

咨询师可以通过提前告知来访者,或逐渐减少咨询频率等方法结束咨询。总之,是要让来访者有一个心理准备,并且认识到"没有咨询师的帮助我也能很好地生活"。

当然,来访者即便有了一定的心理准备,在最后一次咨询时,难免也会产生失落。由于咨询过程中强调彼此的共情关系和感情上的融洽交流,因而彼此产生一种恋恋不舍的情感也是很自然的。所以在告别的时候,对来访者说上一句"如果今后还有什么问题的话,请您随时再来",或许能帮助他减少一些这样的失落感与无助感。

2. 心理咨询与治疗效果评估

心理咨询与治疗效果评估存在两种评估形式:一种是主观评估;另一种是客观评估。

主观评估是指,心理咨询师和来访者双方根据自己对心理咨询与治疗效果的主观感受得出的评估,例如感觉咨询效果不错或不好等。主观评估一直都是争议较大的问题,因为评价方的主观感受很难找到统一的标准。

在儿童心理咨询与治疗中经常会出现,儿童对咨询效果的主观感受良好。因为他(她)在咨询师这里找到认同感,压力得到缓解;而父母的主观感受则不如意,因为自己所期待的咨询结果,如孩子考出自己满意的成绩等没有达到;咨询师方面则根据自己咨询方案的完成程度得出良好效果的评价等。解决这个问题最关键的就是,在确立咨询与治疗目标时,重视儿童咨访关系三方(儿童、家长和咨询师)目标一致性。

客观评估是指,采用测量法、观察法等客观手段对心理咨询与治疗效果进行评估。例如,使用焦虑量表对其焦虑值进行前后测对比评估,即在咨询前和咨询后进行相同工具的测验,然后对比二者结果之间的差异,如果咨询后较咨询前焦虑值下降,则可视为咨询有效等。也可使用指标观察法,如通过观察儿童的精神面貌、不良行为、语言使用等,得出咨询后与咨询前相比是否有好的转变等。

3. 心理咨询与治疗结束仪式

（1）结束仪式的作用

心理咨询与治疗结束阶段的最后一个任务就是，心理咨询师与来访者进行分别仪式，即当心理咨询师认为心理咨询或治疗可以结束时，即可根据来访者的特征，通过一定的结束仪式完成与来访者的分别。

结束仪式的作用在于，首先，通过仪式强化来访者对咨询结束的认识，咨询结束意味着其已经具备独立面对生活的能力，增强其生活自信心；其次，通过仪式，让咨访双方清晰地感受各自咨询任务的完成；最后，结束仪式感是对咨访双方的成长在形式上的肯定，通过仪式，咨询师会得到职业成就感，来访者会得到自我成长感等。

（2）结束仪式的内容

儿童心理咨询与治疗结束仪式的形式，可以根据来访者儿童及其家长的具体情况而定，但内容上确有一定的要求，具体表现如下：

第一，应该有一个结束性的谈话，如由咨询师对心理咨询与治疗作小结，儿童和家长对在咨询中获得的成长做一个总结性发言。

第二，应该有关于心理咨询与治疗过程的书面性总结，可以由咨询师提前准备，来访者确认无误后签字，这对巩固咨询效果意义重大。

第三，咨访双方应该对今后可能遇到的心理困难进行预测，设定一些来访者自助的方法，明确再求助的渠道和方法，这样会大大减少来访者的分离焦虑。

第四，选择具体的送别方式，比如，比平日更加远距离地送别；采用语言鼓励或拥抱儿童等方式。

导入案例分析：小强的行为问题咨询设置

第一，小强的案例属于青少年心理咨询中较复杂的问题，其涉及较多社会层面的因素，来访者属于多人，应对起来并不容易。所以，在咨询设置时，选择一个适合的咨询师，即一个具备较好家庭心理咨询能力与经验的咨询师尤其重要。

第二，由于小强是被动咨询，在确定来访者时，应该将小强的叔叔、外公和外婆及小强本人纳入咨询对象当中。

第三，小强的心理咨询应该设立长期目标和近期目标。在设定咨询目标时，应该对如下内容按重要程度及优先处理次序进行排序：对小强真实心理的分析＞家人信任关系的建立＞小强的优点分析＞小强行为问题的成因分析＞小强社会支系统的构建>小强社会功能的构建。

第四,对小强的心理咨询预后状况的评估。小强的主要问题来自环境,对小强而言,成长环境的影响导致其在青春期出现过多的行为问题。从问题性质分析,小强的问题属于青春期行为问题。基于以上两方面的考虑,加之小强本身具有一定想改变的内在动机,如果家庭和社会支持到位,其行为改变的可能性极高。

第五,在小强的案例中,最关键的是帮助其构建社会心理支持系统,包括叔叔及其家人、外公家人、学校老师等多方面组合的社会支持系统。

❓ 思考题

1. 请思考儿童和成人在心理咨询与治疗上的区别与联系。

2. 浅谈儿童心理咨询与治疗的目标特点及其确立时的要点。

3. 儿童心理咨询与治疗在心理问题诊断、帮助与改变和结束三个阶段上的注意点。

第五章 儿童心理咨询与治疗的伦理

导入案例：咨询师周丽的职业困惑①

周丽(化名)，女，41岁。2015年获国家二级心理咨询师资格，目前在一家心理咨询工作室和一所大学的心理咨询中心做兼职咨询师。

周丽曾经就读于我国某著名大学的教育学专业，硕士毕业后在一家外企公司做文秘工作，因为对心理学和心理咨询有较强的兴趣和喜爱，2015年报考了心理咨询师培训班，经过三个月的培训，参加了当年秋季的心理咨询师资格考试，获得国家二级咨询师资格。

周丽拿到二级心理咨询师资格证后，尝试着做了几次心理咨询(基本上都是经过熟人介绍的来访者)，因为没有收费，她也没有太大的负担，来访者的疗效评价和自己的感觉还不错。因此，在辞职生完孩子再就业时，她毫不犹豫地选择了心理咨询师职业，找到了目前的全职及兼职工作。

在做了一年多兼职心理咨询师以后，周丽出现了一系列的职业困惑。首先，感觉自己的专业知识和咨询技术明显不足，无法胜任较复杂的心理咨询工作；其次，在儿童心理咨询中，经常遇到家长和孩子的咨询期待不一致，在多个来访者咨询案例中，不知道如何处理与来访者的关系；再次，在高校心理咨询中心做兼职时，遇到一位在中心咨询过的学生自杀，尽管不是自己咨询过的学生，但还是有一段时间不敢去咨询中心工作；最后，经常会有来访者要求加自己的微信，自己不知道该不该加。加了害怕来访者在咨询时间之外不断地找自己，不加又担心来访者有情绪，等等。

周丽作为一个刚刚步入心理咨询行业的咨询师，有太多的职业困惑需要解答，也因此加入了我的心理咨询师督导小组。

---

① 本案主为作者督导过的儿童心理咨询师，所有案主个人信息做了保密处理。

第一节 儿童心理咨询师

一、儿童心理咨询师的专业胜任力

在我国,目前从事儿童心理咨询工作并没有专属的职业资质,但其在专业胜任力方面却有着严格的要求。

胜任力指的是一个人的专业表现,而非能力。如,一个人可能具备胜任任务的能力,但胜任力是由任务本身的完成情况来评判的。能力与胜任力之间的关系是,能力是胜任力的基础,但有能力并不等于有胜任力。例如,一个有能力的人,因身体原因、环境因素或自身的动机因素等无法完成任务的情况就属于有能力而无法胜任工作。由此可见,能力具有相对稳定性,但胜任力则具有偶发性,会随着条件的变化体现出不同的胜任力。

考核儿童心理咨询师是否具备专业胜任力,可以依据如下几个标准:

第一,胜任力的专业知识与技能界限。儿童心理咨询师不仅需要有心理咨询与治疗的专业知识培训和临床实践,获得心理咨询师的相关资质,而且还要接受儿童心理咨询与治疗的必要技能培训,并完成相关咨询与治疗的临床实践活动,这些都是体现儿童心理咨询师胜任力的基本条件。

第二,继续教育的培训。儿童心理咨询师在进入咨询实践后,首先,需要不断学习,了解专业知识的更新,掌握新知识、新技能;其次,需要接受督导培训,及时解决咨询实践中的问题,获得专业的指导,保证工作的效果;最后,时刻监督自己的工作效率,对自己工作的有效性做随时评估。

第三,评估自身是否身心健康。儿童心理咨询师需要对自己身体、心理和情绪方面的问题进行敏感反应,只有这样才能保证以饱满的精神状态完成儿童心理咨询任务。

第四,具有终止咨询的胜任力。当儿童心理咨询师感到自己无力完成咨询任务时,需要具备将咨询转交他人或终止咨询的能力和勇气,这样既可以保证儿童来访者身心不受影响,也可以对咨询师自身起到一种保护作用。

一般来讲,胜任力由知识、技能和敬业等三部分组成。对于儿童心理咨询师来说,不仅需要掌握心理咨询与治疗的一般知识和技能,还需要熟练掌握儿童心理咨询与治疗的相关知识和技能。在敬业方面,相对于成人心理咨询与治疗,对儿童心理咨询师有着更高的要求,不仅要将来访者的需求放在首位,尽全力帮助来访者,还要具有充足的关爱能力和共情能力,十足的智慧和情感投入,达到助力儿童身心健康发展的效果。

1. 儿童心理咨询师的专业知识

儿童心理咨询师必须掌握的专业知识,图 5-1 是我为大家总结的知识结构图。

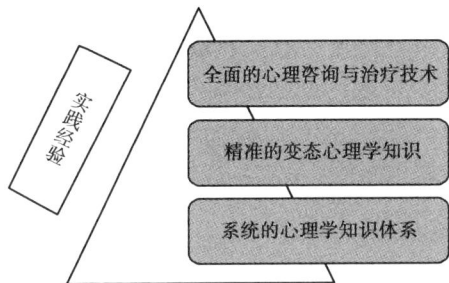

图 5-1　儿童心理咨询师的专业知识结构

儿童心理咨询师的专业知识结构由四部分组成:一是系统的心理学知识体系;二是精准的变态心理学知识;三是全面的心理咨询与治疗技术;四是实践经验。

(1)系统的心理学知识体系

系统的心理学知识是指心理学专业的基础理论知识,是心理学从业者必备的专业知识,包括普通心理学、心理学史、发展心理学、社会心理学、认知心理学、生理心理学、实验心理学、心理测量学、心理统计学及心理学研究方法等,只有掌握了这些知识才能达到心理咨询与治疗专业知识的基本要求。在此基础上,还需要掌握文化心理学、进化心理学、环境心理学、教育心理学、人际关系心理学等相关知识。

对于心理咨询师来说,上述心理学专业基础知识是了解人类生物性和社会性发展的共性特征,了解如何分析和研究人类心理,了解文化与环境对人类心理-行为模式作用的重要理论依据。心理咨询师只有系统地掌握了心理学的基础理论知识,才能在心理咨询临床实践中正确判断哪些现象是正常的、哪些是异常的,才能保证不把正常问题异常化。

在众多的心理学基础知识中,相对于成人心理咨询师来说,发展心理学对于从事儿童心理咨询与治疗工作的咨询师来说更重要。因为发展心理学是对儿童心理行为发展普遍规律的论述,有助于儿童心理咨询师准确地把握儿童心理发展的共性特质;发展心理学能引导心理咨询师用发展的视角看待儿童心理问题;发展心理学能够在心理咨询师诊断问题时,通过提示哪些问题是儿童发展中的问题,进而更加准确地判断儿童心理问题的性质。

儿童心理心理咨询师除了需要掌握上述心理学专业知识外,还需要掌握儿童心理学、特殊儿童心理学、家庭心理学等内容,这些知识会提升咨询师解决儿童问题的能力和质量。

(2)精准的变态心理学知识

变态心理学也被称为异常心理学、偏态心理学,作为心理学的一个分支,是以非常态心理-行为模式为研究对象的科学。变态心理学研究的问题包括正常心理和异常心理之间的差距、异常心理问题的症状表现与成因、精神疾病的症状表现与成因等。概括地讲,变态心理学侧重研究和说明异常心理的基本性质与特点,研究个体心理差异以及生存环境对异常心理发生、发展的影响。

对于心理咨询师来讲,熟练地掌握变态心理学的知识,才能在临床实践中正确分辨来访者问题的性质,明确其问题是一般性发展问题还是病理性问题。变态心理学着重异常心理的诊断、治疗、转变、预后,以及精神病的预防与康复等内容,这些内容不仅为心理咨询师提供诊断阶段的支持,而且提供心理咨询与治疗阶段的支持。

对于从事儿童心理咨询与治疗工作的咨询师来说,变态心理学中儿童心理障碍部分的内容更重要。心理咨询师不仅要熟悉各种精神疾病诊断标准中儿童心理障碍的症状,还要在临床实践中灵活运用这些诊断标准。

(3)全面的心理咨询与治疗技术

全面地掌握心理咨询与治疗技术是心理咨询师的必修课。在心理咨询与治疗技术学习模块中,心理咨询与治疗是整体技术的介绍,精神分析、认知行为疗法和来访者中心疗法是传统的治疗技术,表达性治疗技术、焦点治疗技术、家庭治疗技术、团体治疗技术等是现代治疗技术中影响力较大的技术。

从事儿童心理咨询与治疗工作的咨询师,不仅要全面掌握上述咨询与治疗技术,同时也要掌握适合儿童来访者的各种咨询与治疗技术。例如游戏治疗、结构化治疗、行为矫正技术、感觉统合训练技术等。关于这些技术与方法,我会在第六章和第七章为大家做详细的介绍。

(4)实践经验

对于从事心理咨询与治疗工作的咨询师来说,充足的临床实践是胜任工作的前提,丰富的临床经验是取得良好咨询与治疗效果的保证。从事儿童心理咨询与治疗的咨询师也一样,需要具备和积累一定的临床经验。儿童心理咨询与治疗的临床经验包括:通过和有心理问题或心理障碍儿童接触,了解各类儿童问题的症状表现;通过见习儿童心理咨询与治疗过程,直观地了解儿童心理咨询与治疗的流程;通过参与儿童心理咨询与治疗,对儿童心理问题的干预有切实的理解;通过儿童心理咨询与治疗实践,对儿童心理咨询与治疗的预后状况有初步的了解等等。

2. 儿童心理咨询师的人格特质

心理咨询专家卡瓦纳对心理咨询师应有的人格特质做了详细的描述,包括自我认识能力、令人信任、诚实、坚强、热情、反应敏捷、耐心、敏感、给人以自由等。他强调,有效的心理咨询最依赖咨询师的人格特质,而不是咨询师的知识和技巧。他认为知识和技能不是不重要,而是这些是可以通过训练获得的,而教育和训练则很难改变咨询师的那些基本人格特质。

心理咨询专家吉尔伯特等人在谈到什么样的人适宜做心理咨询师与治疗者时曾指出,正如音乐、艺术或写作在很大程度上靠天赋一样,专业训练对共情、亲和力等只能起到一定程度的帮助,通过训练虽然可以教会一个人如何运用共情,却很难训练一个人具有共情的态度。

心理咨询专家考米尔也认为,最有效的心理咨询师是那些可以把自己的人格和专业理论、方法完美结合的人,换句话说,就是可以在人际关系处理和咨询技术运用上寻求平衡的人。他提出一个优秀的心理咨询师应该具备六项心理品质,具体内容如表5-1所示。

表5-1　心理咨询师的心理品质

指标	具体内容
智力	对新知识具有强烈的学习愿望与能力
精力	咨询师在咨询过程中要充满活力与感染力
适应力	根据当事人的需要采取适当的理论和方法,而不是只限于某一特殊的理论和方法
支持与鼓励	支持当事人自己做出决策,帮助他们发挥自己的潜力,避免强制行为
友善	以良好的意愿去帮助当事人重新构筑新的生活方式或行为方式,促进当事人的独立
自我意识	对自己的知识结构、态度与情感有明确的认识,并能很好地调整和控制这些因素

我国学者钱铭怡认为,除了需要有助人之心、敏感性、洞察力和良好的心理健康与态度之外,心理咨询师还需要在三个方面提高认识。

第一,对自己的认识。这包含咨询师对自身个性特质的认识和对自己作为专业人员能力的认识两个方面。

心理咨询师个性特质是指其性格特质、认知特质、情绪特质和行为特质,也包含其价值观、人生态度及处事方式等。咨询师只有对自己的个性特质做出准确的判断,才能保证在心理咨询过程中减少因咨询师个人因素对咨询效果产生不良影响。

专业能力的认识,是指咨询师必须了解自己擅长的技术和不擅长的技术,自己缺少的职业知识等,只有这样才能保证其职业发展与咨询的有效性。

第二,对治疗过程中咨询师与来访者交互影响关系的认识,即对咨访关系的认识。咨访关系是确保心理咨询与治疗顺利完成的重点,咨询师对咨访关系的正确认识与把握是心理咨询与治疗顺利进行的关键。对咨访关系的正确认识,需要咨询师具有较高的观察力、判断力和决策力。

第三,对自己职业规范及道德的认识。任何一种职业都需要职业规范和职业道德的约束,心理咨询与治疗也不例外。对职业职责和道德的坚守是每个心理咨询师必备的条件,因为,职业规范与道德是确保心理咨询与治疗顺利进行的保证,也是对来访者和咨询师双方利益的保证。

二、儿童心理咨询师的成长途径

心理咨询师不是圣人、完人,因此他们需要不断地通过各种方法和途径进行自我探索、反思及成长。另外,咨询师的成长相对于其他职业者更重要,这主要是缘于心理咨询师工作性质的特殊性。在特殊人际关系中解决心理问题和应对心理障碍,难免会给咨询师带来负面影响。选择正确的方法,消除负面影响,是心理咨询师在成长过程中必须面对的问题。

现有研究表明,帮助心理咨询师成长的途径有四个,这些途径对儿童心理咨询师也同样有效。

1. 参加个体咨询

资深心理咨询师欧文·亚隆强烈建议初学者参加个人咨询,他认为这是心理咨询师成长中最重要的部分。亚隆相信,咨询师最有价值的工具是他自己,对学习心理咨询的新手来说,没有比作为来访者参加心理咨询更好的方法。

（1）咨询师以来访者身份进行个体心理咨询学习的作用

第一，在见习心理咨询过程中，学习资深心理咨询师的咨询经验。

第二，在心理咨询过程中完成自我分析和体验，促进自我成长。

第三，排解心理压力，释放不良情绪。

（2）咨询师以来访者身份进行个体心理咨询学习的注意点

第一，忘掉自己咨询师的身份，尽量减少职业工作者之间的专业交流。

第二，在咨询过程中，保持高度的警觉，对于自身内心的变化及时做出反应。

第三，在咨询过程中，尽量减少对咨询师技术层面的评价，多体验、多感受等。

2. 自省法

心理咨询过程中，咨询师会不自觉地将自己的心理-行为模式代入咨询过程，影响咨询效果。为此，我国心理学家许又新认为，心理咨询师需要不断自省才能保持良好的状态完成咨询工作。许又新以此为依据，创立了心理咨询师成长自省法。自省法是咨询师通过向自己提出各种问题，并对这些问题进行深入反思，达到改善自己心理状态、预防自己的心理-行为模式影响咨询效果的方法。

同时，许又新也给出了一系列心理咨询师进行自省的问题，具体内容如表5-2所示。

表5-2　心理咨询师自省问题列表

心理特质	相关提问	自省作用
心理冲突	过去，我有什么心理冲突 现在，我还压抑什么心理冲突	对自己心理冲突模式进行梳理，避免把负性情绪转移给来访者
防御机制	我有没有过分使用某种防御机制的倾向 我是否容易在来访者身上感受到自我	对自己的防御机制进行梳理，预防反移情①的出现
欲望状况	我的基本需要都被满足了吗 我是占有型的人吗	了解欲望的特点，防止在咨询过程中不自觉地在来访者身上找满足
人格特质	我的心理是开放的还是封闭的 我看待事物是否过于主观 我是否容易焦虑或愤怒 我的自我感受性特点是什么	了解自己的人格特点，预防在心理咨询过程中，出现过于以自我为中心、忽略来访者的感受和真实状况，导致关系混乱，影响咨询疗效

---

①　反移情：心理咨询与治疗过程中经常会出现移情与反移情问题，所谓移情是指来访者不自觉地会把自身的一些经历和情感转移到咨询师身上；反移情是指咨询师在咨询过程中也会出现，在不自觉状态下将自己的经历和情感转移到来访者身上。移情与反移情对于咨询效果都会产生正面与负面的影响，因此咨询师必须要识别这两种移情状况，避免产生负面影响。

3. 督导制度

除了心理咨询师的自我反思与调节外,定期接受"督导"也是帮助心理咨询师成长的一条必要途径。

"督导",是对长期从事心理咨询工作的心理咨询师和治疗师的职业化过程的专业指导。咨询师在理论认识、实践操作以及个人修养上总是存在着一定程度的主观性和局限性,而心理误区或盲点的存在往往会对心理咨询和心理治疗工作产生一定的消极影响。心理督导可以在以下四个主要方面帮助心理咨询师和治疗师。

第一,促进咨询师的个人成长。对于心理咨询师来说,自己的专业能力有多强,自身的心理能量有多高,都会影响其对来访者的引领水平,而督导制是确保这两者处于良好状态的重要途径。

第二,在咨询师本人出现心理问题时,帮助其恢复心理健康。心理咨询与心理治疗是一种高压力职业,甚至有人把心理咨询师比作接受消极情绪的垃圾桶。因此,咨询师本人同样需要心理保健甚至心理治疗。选择督导来解决自身的心理困惑,对于心理咨询师来说是一条非常有效的途径。

第三,有效帮助咨询师提高咨询与治疗技能。心理咨询与治疗在本质上是一种经验科学,也是一种基于经验的艺术。很多咨询、治疗艺术和技巧,从来都不是写在书本上的,其中的奥妙,很多都是在与督导师的互动中体现出来的。因此,在接受督导的过程中积累咨询经验,在接受督导的过程中消化这些经验,对于心理咨询师来说是不可或缺的成长途径。

第四,帮助咨询师,尤其是新入行的咨询师,及时调整咨询策略。咨询师在咨询过程中因为自身的经验等方面的原因,会遇到困难,以致咨询很难继续进行下去。这时,就需要督导师帮助其寻找原因并修正咨询策略,以便更好地帮助来访者获得成长和改变。

4. 克服枯竭

(1)出现枯竭的原因

心理咨询作为一种比较特殊的助人工作,非常容易出现"枯竭"现象。枯竭是指心理咨询师在咨询与治疗过程中,长期积累的疲惫感、遇到困难时的无力感及咨询效果不佳时的无助感等。

心理咨询师出现枯竭现象的原因有如下几点:

第一,心理咨询过程中的非对称情感投入。非对称情感投入,是指在心理咨询过程中,为了建立良好的咨访关系,咨询师会使用共情、积极关注、尊重、温暖、真诚、耐心、鼓励、对峙等多种方法,这期间,咨询师会投入大量的情感,这种投入往往是咨询师向来访者的单向投入,即非对称投入。这种非对称情感投入,加上咨询师还要设身处地体验来访者所经历的种种强烈的紧张情绪,会造成咨询师情绪及情感的极度疲劳。

第二,咨访双方的矛盾与冲突。在心理咨询过程中,咨询师和来访者之间发生矛盾和冲突是不可避免的,所以,不满、恐惧、失望、难堪等不良情绪体验时常相伴而生。

第三,心理咨询工作本身的复杂性。心理咨询师面对的是形形色色的心理问题,要求咨询师能运用自己的智慧去发现错综复杂的心理问题背后的根源,进入来访者内心去体验。因此,在咨询过程中,咨询师需要投入大量的心智,这也会导致其产生疲惫感和无力感。

第四,来自来访者负性情绪的影响。咨询的过程是咨询师与来访者之间的互动过程,这其中包括情绪上的交互影响。对于职业咨询师来说,来访者负性情绪影响的日积月累会在一定程度上损害他们的心理健康。所以,咨询师很容易产生心理疲劳、心身疾病和情绪障碍,导致工作效率降低、服务质量下降、职业成就感降低。

(2)克服枯竭的方法

"枯竭"现象对咨询师、咨询师所在的组织,以及咨询师为之服务的来访者来说,都是一件危害极大的事情。目前,克服心理咨询师枯竭的方法主要有如下几方面:

第一,工作以外,多与健康的人交往;

第二,理智地选择心理咨询理论和方法;

第三,对来访者既要保持一种公正、关心的态度,又要善于超然事外;

第四,善于改变或调节环境中的压力因素;

第五,经常进行自我检测;

第六,定期检查和澄清心理咨询过程中自己的角色定位、心理预期和信念;

第七,经常进行放松训练;

第八,寻求必要的个体心理治疗;

第九,拥有一定的私人时间和自由。

第二节　儿童心理咨询中的关系与文化

第一章讲了儿童心理问题的影响因素有很多,所以儿童心理咨询相对于一般成人心理咨询,关系更加复杂。又由于儿童正处于身心发展阶段,受文化影响较大,所以正确处理咨询中的各种关系和文化伦理是儿童心理咨询师的首要工作。

一、儿童心理咨询中的家庭与校园关系伦理

儿童心理咨询过程必定会涉及儿童家庭和校园问题,因此,以伦理视角论及儿童心理咨询也不可避免地要与大家谈谈,儿童心理咨询中的家庭与校园关系伦理问题。

1.儿童心理咨询中的家庭伦理问题

(1)儿童心理咨询中的家庭法律问题

与儿童心理咨询关联比较密切的家庭法律问题有两个,父母离异问题和儿童监护权问题,这些是儿童心理咨询中经常会涉及的问题,作为儿童心理咨询师必须懂得如何处理父母离异与儿童监护权的相关法律问题。如果在心理咨询与治疗过程中涉及家庭法律问题,咨询师应该正确和妥善处理,不要因此给自己和儿童及其家人带来不必要的困惑。

正确地处理儿童心理咨询过程中的家庭法律问题,应该从以下方面进行操作:

第一,心理咨询师在家庭心理咨询的最初阶段,应该以知情协议书等书面形式,将咨询过程中的所有保密问题向家庭来访者表达清楚。例如,在儿童心理咨询过程中,儿童父母一方在有情绪的状态下表达出一些过激语言,另一方就"过激语言"希望咨询师能在法庭上为此语言的真实性出庭作证等情况发生时,如果有书面协议书,咨询师完全可以咨询保密为由合理拒绝该要求。

第二,非不得已情况下(涉及人身安全情况),心理咨询师都不要参与任何家庭问题的法律程序,包括为离婚和儿童的监护权拿主意或直接参与庭审过程等。因为,夫妻离异问题、儿童监护权问题等如何处理,是需要非常复杂的特殊技能评估的。这本身就不是心理咨询师的工作,心理咨询师也无法达到评估离异和监护权的能力要求。

第三,心理咨询师可以在与当事人没有任何关系的情况下,接受法庭的任命对当事人提供离婚调解和儿童监护权的评估服务。其责任是为法庭提供诚实、客观

且适当的建议,而这一建议是在帮助法庭,而不是为当事人提供心理咨询。

（2）儿童心理咨询中的家庭来访者的关系

在儿童心理咨询过程中,家庭来访者的情况可分为如下三类:

第一,由核心家庭成员组成的来访者类型,即父母和儿童为来访者。这类情况最常见,也相对比较简单,心理咨询师比较容易把握来访者之间的关系,也容易处理来访者之间出现的矛盾冲突。

第二,由儿童和众多家庭成员组成的来访者类型,如除父母以外,还有爷爷和奶奶,或其他亲属等。相对于第一种情况,这种情况比较复杂,经常两代或三代来访者之间关于儿童问题的接纳度和态度相差很大,给咨询师在处理关系时带来很大难度。

第三,由儿童和非监护人家庭成员组成的来访者类型,如儿童的姑妈或姨妈带儿童前来咨询。这种家庭来访者类型更复杂,给心理咨询师带来的挑战也更大。非监护人亲属替代父母来咨询的情况往往都是因为一些特殊情况,如父母自身无能力带儿童来咨询,或是父母不在儿童身边,再或是儿童抗拒父母带自己来咨询等,这些情况本身就表明该类咨询和儿童成长环境的复杂性。因此,要求心理咨询师在梳理和分析来访者关系时要更加谨慎。

（3）儿童心理咨询中家庭来访者复杂关系的处理

如前文所述,儿童心理咨询中家庭来访者的类型多且关系复杂,作为心理咨询师能否处理好这些关系,不仅是心理咨询能否顺利进行的前提,也是直接影响咨询效果的重要因素。处理家庭来访者复杂关系的注意点如下:

第一,对于心理咨询师来说,在处理复杂的来访者关系时,需要判断并确定真正的来访者。将与咨询问题密切相关的来访者设定为重点咨询对象,同时也对关联性较低的来访者进行妥善安置。

案例分析:小闽（化名）行为问题心理咨询中,对家庭来访者关系进行处理[①]

咨询求助经纬:小闽,男孩,10岁,在学校经常出现打同学的行为,学校老师对其进行多次教育无效的情况下,建议家长求助心理咨询。

来访者:小闽、妈妈、爷爷和奶奶,共计4人。

---

① 本案例为作者的儿童心理咨询实践案例,所有来访者信息均做了保密处理。

家庭基本情况：小闽家庭为三代同住的大家庭，爸爸因工作常年在外；妈妈性格内向温和，是一家公司的普通员工；爷爷比较强势，是国有企业的退休干部；奶奶文化水平较低，为家庭妇女。家人都比较关心小闽。

诊断与鉴别诊断：排除小闽是 ADHD 等儿童病理性问题，诊断为一般儿童行为问题。

对于小闽打人问题的态度：

妈妈：期待咨询师能够帮儿子改变打人行为。

爷爷：孩子小，管不住自己打人，长大就好了。

奶奶：别的孩子不对，是他们惹了我的孙子。

小闽：他们惹我，或我看不惯他们，我就打他们。

咨询师对四个来访者关系的处理：

处理关系的前提：小闽的问题在很大程度上和家庭教养环境有关，主要表现在爷爷、奶奶过于宠爱小闽，妈妈无法改变爷爷、奶奶对孩子的态度。

在这个案例中，咨询师首先对奶奶在咨询中的位置做了安置，因奶奶文化程度不高，对问题的理解比较困难，咨询师建议奶奶暂时先不参与咨询，今后是否再介入可以根据咨询的进展状况决定。

由于妈妈的性格内向温和，一时间很难在咨询过程中对孩子的转变起决定作用。因此决定，妈妈参与咨询，但先处于陪伴孩子的位置。

基于小闽和妈妈的亲子关系良好，决定对母子俩同时进行咨询。

咨询初期，家长工作的重心放在爷爷身上。原因是爷爷的文化水平可以达到认知疗法的要求，也具备在小闽行为转变中起关键作用的条件。

咨询师认为，小闽爸爸的存在也很重要，建议爸爸在时间允许的情况下参与咨询。

第二，儿童心理咨询中最复杂的来访者关系为前文描写的第三类，即主要咨询依赖者并不是儿童的监护人，却是代理监护人。这种复杂的关系背后所存在的家庭问题决定了这类案例的难度，也给咨询师在关系处理上提出了更高的要求。

处理这类关系的要点，首先，协调求助儿童和咨询依赖人之间的求助期待，即搞清楚两者之间是否存在求助期待上的差异，根据预测的、可能出现的咨询效果对求助期待进行调整,力争在咨询期待上达成一致;其次,分析梳理儿童来访者和亲属来访者的矛盾点,增强彼此间的互动与理解;最后,以儿童来访者父母为讨论媒介进行家庭关系梳理。

案例分析:小燕(化名)辍学问题心理咨询中的来访者关系分析①

咨询求助经纬:

小燕,女,17 岁,临近高考,因校园人际关系不良,特别是师生矛盾激化,被校方停课辍学在家,导致心情低落,部分社会功能丧失。被二姨接到自己所在的一线城市居住,二姨和居住在另外一所城市的大姨商量后,决定由她们两人出钱,通过二姨为小燕求助心理咨询。

心理咨询师:

女性,38 岁,有一定的儿童心理咨询临床经验。

来访者:

小燕、二姨、大姨(因在外地居住,所以与咨询师进行线上咨询)。

家庭基本情况:

小燕家有父母和哥哥四口人,哥哥研究生已经毕业,目前有较好的工作,父母在家务农,完全没有能力处理小燕的事情。

诊断与鉴别诊断:

小燕智商较高,思维清晰,与人交流语言上无障碍。个性内向,做事较真儿,很难与人相处,社会交往能力较一般同龄人差。

关于小燕事件来访者各自的态度:

大姨和二姨:姨妈们希望孩子能够振作精神,重返校园。

小燕:咨询是姨妈们的意思,自己并不想来咨询。目前不打算上学,想出去打工。

咨询师对三位来访者关系的处理:

由于来访者之间的特殊关系,及儿童来访者自身家庭的特殊性,在处理来访者之间关系时,应该实施如下步骤:

首先,先明确大姨和二姨在咨询中的角色,即通过向两位来访者解释心理咨询的职业特性,引导她们理解自身在咨询过程中的作用和责任。

---

① 该案例为作者的督导案例,所有来访者信息均做了保密处理。

其次,对于三者之间的关系,与来访者进行分析,使她们对彼此的咨询态度有所了解。

最后,对三位来访者的咨询期待进行协调性分析,和来访者分别分析预测自身咨询期待实现的可能性以及自己应该付出的努力。

我依据自身多年来的临床经验,将有多个来访者的咨询过程概括为三个阶段:

第一阶段:根据来访者的主诉,梳理来访者中的主要矛盾。例如,父母携儿童前来咨询,反映儿童存在学业问题并伴有许多不良行为,如果情况正如父母所述,那么儿童就可以被确定为来访者中的主要矛盾;再比如,因父母离异导致儿童出现严重的情绪问题,并影响到学业,在这种状况下,父母则会成为来访者中的主要矛盾。

第二阶段:协调多个来访者在咨询期待上的不同。多个来访者中,每个人都抱有自己对咨询效果的期待,尽管这些期待有时候会呈现一致的情况,但更多的时候彼此的期待是矛盾的。这就要求咨询师,先要梳理分析这些不一致的期待,或者让来访者彼此理解对方的咨询期待,进而对期待进行合理调整。

在儿童心理咨询中,青春期问题最常见。在我的临床实践中,青少年家庭成员对咨询期待的差距最大。青少年来访者对咨询的期待就是希望获得理解,找个专业人士倾诉自己内心的痛苦或交流自己的看法,释放自己的压力;而父母更多的是直接指向学业,只要孩子按照自己要求的样子好好读书就行。在这类咨询中,解决来访者之间在咨询期待上的不一致,就成为咨询师处理多个来访者关系的重要工作。

第三阶段:确定问题解决的关键人。多个来访者的心理咨询中,咨询师在明确来访者中的主要矛盾,协调咨询期待后,接下来就要分析和判断多个来访者中谁可能是解决问题的关键。特别在儿童心理咨询中,问题大多表现在儿童身上,但解决问题的关键可能是父亲或母亲。

我曾经做过这样一个咨询:男孩,13岁,初一学生,来咨询时已经因厌学请病假在家有两个多星期了,实际上他没有任何生理疾病。在该案例的诊断阶段,通过资料收集和对孩子及其父母的观察,我发现其父母,特别是母亲对孩子的态度完全不是对待中学生的态度,从某种意义上讲更像是对待幼儿园小朋友的态度。经过综合评估,我最终得出孩子的问题是父母过度保护导致环境适应不良,进而引发厌学问题。所以,我在梳理这个案例中父母及儿童来访者时，设定了两个关键人物，一个是儿童，对其实施以增强环境适应能力为主要内容的咨询；另一个则是母亲，对其进行以反思和调整教养方式为主要内容的咨询，最后取得了良好的咨询效果。

2. 校园背景中心理咨询的关系伦理

（1）学校心理咨询的特征

中小学校的心理咨询师因其工作对象是未成年人，加之儿童家庭的文化背景差异较大，因此，咨询师必须保持高度的文化敏感性和工作效能。

学校心理咨询师的工作无论是在形式上还是在内容上，都较一般心理咨询呈现出更加复杂的特殊性，主要表现如下：

第一，以教师身份与学生之间的公开交流模式和以咨询职业的保密模式之间的冲突，学校心理咨询师在学校的称谓大多是老师。我国的学校心理咨询师还兼任任课教师、班主任，最常见的是心理健康课教师，这种与学生公开的教学互动或多或少会影响在咨询状态下的关系认知。学生来访者会担心自己内心的想法被公开，咨询师也会出现角色混淆的现象。这一特点，要求学校咨询师应具有较高的职业觉察，减少双重身份的影响，及时调整自己的工作状态。

第二，学生心理咨询工作中父母的影响。在学生咨询中，父母及家人的介入几乎是再平常不过的事情。因此，咨询师在处理学生个人与社会困难的同时，还要协调和解决来自学生家庭的影响。这一特点，对于咨询师的业务素养有着极高的要求，咨询师既要能够应对儿童的问题，也要能够应对成人的问题，还要高性能地协调咨询过程中亲子、家人等各种复杂的关系。

第三，儿童学业与同伴关系解决的复杂特性。儿童心理问题最大的特点，表现为学业问题和与同伴的关系问题。

儿童学业问题的影响因素有很多，如个人智力因素、动机因素及爱好趋向因素，家庭和学校等客观环境因素都可能对儿童的学业产生影响，这就要求学校心理咨询师必须具备学习心理问题应对的相关技能。

同伴关系是影响儿童身心健康的重要因素，而校园儿童同伴关系因其未成年的特点（无法精准表达情感、不稳定性、小集团等），也给咨询师处理这类问题带来难度。

第四，学校咨询师还要面对学生毕业职业规划的挑战。学校心理咨询师很重要的工作内容，就是对毕业生进行职业规划教育与咨询。这是一项对技术要求很高的工作,因其工作对象的个体差异较大,且呈现出不稳定的特点,对于咨询师来说极具挑战性。

第五,学校咨询师面对学生自杀的压力。心理危机干预、自杀的预防是学校心理咨询师的重要工作内容,尽管咨询师付出了大量努力,但学生自杀现象还是不可预测地会发生。该类事件一旦发生,就会对学校心理咨询师造成极大的心理压力。应对这类压力最好的办法还是寻求社会支持(所在学校和家人的支持)和专业支持(接受心理督导)。

(2)学校心理咨询师的责任

ASCA[①]伦理标准,对学校心理咨询师的责任从对学生、对家长和对其他专业人员三方面进行了规定,具体内容如下:

①对学生的责任

第一,对学生的心理健康负有首要责任,尊重每个学生并把他们看作独立个体。

第二,在学生接受咨询或者建立咨询关系之前,咨询师需要告知学生他们将要接受的咨询方法、技术及程序。还需要告知保密的局限性,例如遇到法律和安全等问题时,可能会向其他专业人员请教等,但保密局限性的界定应该符合儿童的认知发展水平。

第三,对信息的保密。

②对父母/监护人的责任

第一,向父母/监护人说明咨询师的角色定位,并强调咨询师和学生之间咨询关系的保密性。

第二,认识到在学校背景下对未成年人进行咨询需要其父母/监护人的配合。

第三,以客观和关怀的方式为父母/监护人提供准确、全面的相关信息,这也是对学生的伦理责任。

第四,努力尊重父母/监护人想要了解学生信息的愿望,在其父母/监护人离婚或者分居的个案中践行有益信念,保证父母双方都能知晓关键信息,除非法院命令才可以有例外。

③和其他专业人员分享信息的责任

第一,区别公共、私人信息和同事商讨之间的区别。

---

① ASCA 是美国学校咨询师协会的简称(American School Counselor Association)。

第二,给专业人事部门提供准确、客观、精细和有意义的必要数据,以充分评估、咨询和帮助学生。

第三,如果学生正在接受另一名专业人员的服务,咨询师要在学生以及父母/监护人知情的情况下,告知该专业人员,并形成明确的共识以避免给学生带来迷惑和冲突。

第四,必须掌握心理咨询中信息披露的相关规定。

(3)关于学生自杀的伦理

关于在校学生自杀后心理咨询师需不需要承担法律责任,在我们国家还没有出现相关规定和研究,但在美国关于这方面的讨论和事件很多。

最初,美国在对该类学院自杀案件进行追责时,认定学校人事无须承担照顾学生的责任,因此不对学生的自杀负责。后来,因发生一件特殊案例,法院颠覆了这一观点。

　　案例①:一名13岁的来访者告诉自己的咨询师,自己的朋友想自杀并已有计划。咨询师之后将这一消息告知有自杀想法女孩的责任咨询师,两位咨询师将女孩叫来询问,女孩回答说没有自杀想法,两位咨询师便没有做进一步工作,随后女孩开枪打死了自己。法院认为,咨询师有责任将儿童的自杀想法告知其家长,也有责任配合家长降低儿童可预见的危险等,如果咨询师将这一自杀风险告知父母,并积极实施危机干预,咨询师的责任到此才结束。

这个案件的核心问题是这名自杀女孩的危机是不是可预见性的。如果威胁生命的危机是可预见性的,但咨询师没有进行有效的危机干预,那么是要承担法律责任的;如果威胁生命的危机无法预测,那么咨询师就不用承担法律责任。

不管如何,面对有自杀风险的学生时,心理咨询师都要对其危险行为进行认真、合理的评估与处理。

大多数情况下,心理咨询师对自杀的来访者不承担责任,但咨询师自身的道德责任感还是会让其身心疲惫甚至出现职业危机。因此,对该类严重事件,心理咨询师接受必要的督导和心理支持是非常重要的。

---

　　①　伊丽莎白·雷诺兹·维尔福. 心理咨询与治疗伦理:第三版[M]. 侯志瑾,等译. 北京:世界图书出版公司,2010.

ASCA伦理标准中,关于学校心理咨询师在来访者出现对自己和他人的危险时,具体做法如下:

第一,如果学生的状况的确对自己或他人有威胁,咨询师需要告知父母/监护人或相关的权威人士。这样的判断要建立在深思熟虑的基础上,必要时要和其他专业人员协商而定。

第二,努力将危机最小化。可采取如下办法:一是告知学生应该采取的合理行为化解危机;二是在已经打破保密协议的情况下,可进行三方(咨询师、当事学生和家长)交流;三是允许当事学生选择对谁透露该危机信息等。

二、儿童心理咨询中的多元文化因素

文化因素分析,是儿童心理咨询过程中不可忽视的问题。儿童生活在不同社会文化背景下的不同家庭,特别是那些寻求心理帮助的孩子,可能问题本身就源于不同文化交融时所产生的冲突与矛盾。因此,对儿童心理咨询中文化因素的理解及胜任,是儿童心理咨询师必须具备的能力。

1. 心理咨询中的多元文化因素

(1)"文化中心"的定义

文化中心是美国心理学会(APA)采用的一个词语,用于鼓励心理学工作者在专业行为中使用文化的视角,认识到文化影响对于个体的重要性,即所有个体都被不同的文化背景影响着,是心理学工作者专业行为中不可忽视的因素。

文化中心作为心理学工作人员的专业行为视角,就要求从业人员不仅重视文化的影响,更要在人际关系中树立平等和公平意识,而且要尊重多元文化,即对任何文化背景下的人,例如对不同国籍、民族和宗教的人保持非歧视态度,坚持所有个体都应该受到尊重与平等对待。

为了坚持文化中心理念,儿童心理咨询师要对少数群体文化保持尊重、理解和接纳的态度。一般情况下,少数群体代表的是社会上受压抑和不断争取合理权利的一类人,其社会弱势状况使得他们的心理-行为模式很独特,需要心理学工作者更加慎重应对。

(2)心理咨询与多元文化

第一,心理咨询与多元文化之间的关联,表现在每种咨询理论都代表不同的世界观,都有它们自己的核心价值观和对人类行为规律的理解。现有的心理咨询理论与方法大多起源于欧洲,适用于欧洲的中产阶层或西方的来访者,当西方的咨询模式应用于我们中国人或其他人群时必然会产生一定的局限性。

第二,特定文化背景下咨询师倡导的价值取向导致了咨询中的文化偏差。不能否认,现代心理咨询的理论源于欧裔美国文化并以他们的价值体系为核心,这些理论方法并不是完全中立的,也不一定适用于所有人。例如,很多西方的咨询理论强调个人的独立存在,强调个人的权利和责任,但是在另一些文化中,起关键作用的价值观是集体主义,它们更重视个人与集体价值的协调。

第三,对个体和文化环境因素的考虑给咨询师提供了咨询方向,帮助他们与来访者进行交流。多元文化的实践者认为,只有了解造成来访者问题的社会因素,并努力改变这些社会因素而不是责备来访者,干预才可能有效。只有选择恰当的咨询理论才能更好地处理个体问题的社会文化因素。

2. 多元文化咨询的伦理守则

在考虑文化和环境变量的前提下,才能更好地理解个体。对咨询师来说,创造一个与多元价值体系和行为相一致的治疗策略是必要的。

美国心理学会(APA)关于多元文化的规定体现在尊重人的权利和尊严上,强调心理学工作者对文化、角色和个体差异要有充分的觉察和尊重。这些差异包括年龄、性别、性别认同、民族、种族、文化、国籍、宗教、残障、语言和社会经济地位等。在与不同的人工作时,需要充分考虑以上因素。心理学工作者要尽量避免因以上因素产生的偏见影响工作,并且在知情同意的情况下阻止其他人有这样的偏见和行为。

美国心理咨询学会(ACA)关于多元文化心理咨询的伦理守则,主要体现在咨访关系上,强调咨询师在心理咨询中需要做两方面的工作:

第一,心理咨询师在咨询过程中,需要主动了解来访者的多元文化背景。有研究者认为,心理咨询在某种意义上讲,就是在多元文化背景下进行的活动。这就要求心理咨询师无论在什么情况下,都要将来访者的文化背景作为重要资料进行收集,并对其文化给予高度的觉察与尊重。

第二,心理咨询师在应对来访者的多元文化时,对自己文化认同的自我省察也是一项非常重要的工作。心理咨询师自身的文化认同能力,直接影响着对来访者文化的态度。良好的文化认同能力,不仅可以避免自己的价值观和信念受来访者的影响,也能克服自身咨询价值观和文化信念对来访者的影响。

3.儿童心理咨询中的多元文化伦理

儿童的成长依附于不同文化下的家庭背景,这是不以儿童意志为转移的。这种无法选择的客观生存环境,在儿童的成长过程中具有根深蒂固的影响力。那些在特殊文化背景下长大的儿童,身心发展不仅受家庭环境的影响,也受家庭之外特殊文化背景的影响,就导致这些在特殊文化背景下成长起来的儿童,一旦与主流文化接触就很容易产生各种不适应问题。

在我国,从广义上讲,特殊文化主要表现在民族文化、宗教文化和地域文化。从狭义上讲,特殊文化主要表现在家庭文化、社区文化和校园文化。这些都会对儿童的身心健康发展产生一定的影响,也是儿童心理咨询师在工作时必须慎重考虑和处理的问题。

在儿童心理咨询中,贯彻文化中心理念需要重视以下几个方面:

第一,正视文化在儿童心理问题中所起的重要作用。

第二,尊重和理解文化赋予儿童成长的影响,不得以任何方式歧视与儿童相关的文化元素。

第三,处理文化因素对儿童心理-行为模式产生的负面影响时,一定要考虑儿童和家长的理解水平,不得因草率评价来访者的文化而导致咨访冲突。

第四,不得单独与年幼儿童议论其成长的背景文化,对背景文化的讨论应该在三方(咨询师、儿童及家长)都在的情况下进行,避免引发文化纠纷。

第三节 儿童心理咨询的伦理决策与原则

一、心理咨询与治疗的伦理决策

在前文中,我从心理咨询师的责任、心理咨询中的关系和文化因素等方面和大家讨论了儿童心理咨询师的咨询伦理问题。这些内容告诉我们,心理咨询中的伦理问题是每一位咨询师都无法回避的问题,较好地应对这些问题是咨询师工作的重要内容,也是体现心理咨询专业性的一个方面和取得良好咨询效果的保障。而下面要讲的内容,就是如何进行伦理决策。

1.心理咨询与治疗中伦理决策的界定

在心理咨询当中涉及伦理问题时,最重要的是做出正确的伦理决策。心理咨询与治疗伦理决策是指,当心理咨询与治疗中产生伦理困境时,咨询师或治疗师会根据伦理事件的隐私性、复杂性和结果的不确定性,依据道德合法性程度做出的判断与选择,目的是规避伦理风险行为。

2. 心理咨询伦理规范守则与伦理决策

心理咨询过程中的伦理规范守则与伦理决策之间关联密切,咨询师以伦理规范守则为准绳做出的伦理决策是最优、最安全的决策。

(1)心理咨询伦理规范守则的作用

第一,倡导心理咨询专业的伦理规范守则有很多目的,它们能使咨询师和普通大众了解咨询专业的责任,懂得心理咨询能够做什么或不能做什么,确保双方的利益,使心理咨询取得应有的疗效。

第二,通过加强心理咨询师的伦理规范,将避免来访者被不道德的咨询所伤害。伦理规范守则最大的优点就是使咨询与治疗更加有章可循,从而规避咨询师的不道德职业行为,确保来访者的利益,使其获得应有的社会服务。

第三,咨询师掌握和执行伦理规范守则,不仅可以规范自己的职业行为,也会在此过程中提升自身的专业技能水平。

(2)心理咨询伦理守则在伦理决策作用中的复杂性

心理咨询伦理决策的执行看起来非常简单,我们只要找到一个伦理规范守则,并按照守则上的要求做就应该可以了,但事实上并没有这么简单。

第一,不同文化背景下的来访者表达问题的方式和关注的内容不同,因此伦理守则必须符合文化特性。比如,西方人非常喜欢个性化和直白地表达自己的意愿,咨询师也容易觉察到他(她)的真实感受,会给予其充分的尊重;东亚国家的来访者大多比较含蓄,很少直接表达自己的情感与意愿,咨询师需要理解其文化特性引发的心理表达方式,才能给予来访者应有的尊重。所以,心理咨询伦理守则的制订和执行,需要充分考虑国家和文化的差异。

第二,伦理守则具有利与弊两个方面。对于职业者来说,守则可以在职业者面临伦理问题时提供支持;守则代表着大多数同行对于常见问题的见解和共同的职业价值观;守则可以提升心理咨询师行业的社会声誉,减少不良咨询师对行业的破坏性行为等。但守则也存在局限性:首先,守则无法囊括所有咨询伦理问题,对特殊性问题缺乏规范与指导;其次,守则虽然规定了哪些事情能做哪些事情不能做,但对如何做却并没有具体指导。

第三,伦理规范毕竟只是一种外部监督,并且很容易停留在形式上。在国外一些发达国家中,一种不好的趋势使伦理规范变得越来越本本主义。很多咨询师都非常害怕牵扯到法律诉讼,以至于他们按照法律的最低标准来指导自己的咨询,而不考虑怎样做对来访者才更好。很多有关精神健康方面的伦理规范成为冗长的文本,其中规定了什么才是应有的行为,而这些行为却不一定有益于来访者。无论规范写得多具体,都不能保证为咨询师会遇到的所有困难都提供具体的解决方案。

3. 伦理决策的步骤

研究者考瑞及其同事通过研究认为,咨询伦理决策通常需要经过以下一系列步骤:

第一,收集与来访者问题密切相关的伦理信息,如法律的、隐私的、纠纷的、经济的、诊断的等,这将有助于咨询决策的制订。

第二,评估情境中所有人的权利、责任和利益。

第三,考虑相关的伦理规范,考虑咨询师自己的价值和伦理是否与相关的指导方针相冲突。

第四,考虑能应用的法律与规则。

第五,从不同的人那里获得对来访者问题的不同看法。

第六,同其他咨询师讨论来访者可以做出的选择。

第七,列举不同选择的结果,并思考每种选择对来访者的影响。

第八,决定什么是最合适的选择,并且在执行决策的过程中,对相应的结果进行评估,并决定是否有必要采取进一步的行动。

当然,任何伦理决策都不是循规蹈矩的,不同的咨询师会做出不同的决定。良好的咨询伦理决策是在咨询师善于提出问题、多角度分析问题基础上形成的,所以,与同事讨论遇到的困难是心理咨询师做出伦理决策时一个非常好的方法。

4. 心理咨询伦理决策的类型

心理咨询伦理决策有两种截然不同的类型,直觉判断和评估判断。

(1)直觉判断

有研究表明,人类往往是在直觉的水平进行道德和伦理判断的,也就是说伦理判断经常是自发的,是由人们的日常道德感和情绪所激发的。

日常道德感,是指个体在过去日常生活中的习得经验以及个性特质所形成的处事风格,这些直觉感受一般很难被意识到或者被刻意选择。人们的行为在很大程度上受自身特有的直觉道德感左右,如,一个人做好事或者坏事,当你追问其做事动机时,大多数人也许根本没有思考,只是那么做了。

心理咨询师也一样,在工作中对于问题的道德和伦理判断,更多的时候也是基于自己的直觉判断。由于心理咨询师工作的特殊性,其直觉伦理判断对来访者存在产生潜在不利影响的可能性。这就要求咨询师对直觉伦理决策有较好的觉察能力,从而将这种自身经验性的判断在咨询中可能产生的负面影响降到最低限度。

正如大家所知,直觉受情绪影响极大,所以,情绪对直觉伦理决策的影响也存在。心理咨询师在进行道德与伦理判断时很容易受自身情绪的影响,如,一个人在情绪良好的状态下对他人的行为会有较高的宽容性,评价也会相对客观些,但如果其情绪处于不良状态,对人的行为评价则会较苛刻,这在某种意义上就会失去一定的客观性等。所以,心理咨询师调整到良好的情绪状态后再进入工作状态,相对于其他职业就显得更为重要。咨询师的工作需要对来访者及其问题进行大量的伦理分析,如果将个人情绪带入工作中,势必会产生判断与决策的失误。

（2）评估判断

与直觉判断相反,评估判断是为了做出有据可依的伦理决策,对道德伦理问题的判断建立在有意识的分析基础之上,包括参考专业标准、查阅伦理学知识、基于伦理规范守则等。评估判断的基础是专业人员对于伦理观的承诺和专业良知,否则评估过程就会流于形式而没有实效。

心理咨询过程中的评估判断很重要,该类型不仅可以避免直觉判断给咨询工作带来的弊端,还可以为系统地探究及解决来访者问题提供科学有效的依据。

伊丽莎白等人依据基奇纳的研究成果,构建了心理咨询伦理决策模型。这一模型可以对心理咨询师进行伦理决策起到切实可行的指导作用,具体内容如图 5-2 所示。

5.道德敏感性

由于伦理决策存在直觉判断类型,在这里,我将重点强调"道德敏感性"这个词。道德敏感性是指个体对于道德问题或事件的反应敏感程度。由于职业和个性

图 5-2　咨询伦理决策模型

料来源:伊丽莎白·雷诺兹·维尔福.心理咨询与治疗伦理:第三版[M].侯志瑾,等译.
北京:世界图书出版公司,2010.

的不同,个体的道德敏感性存在一定的差异。例如,公共场所发生重大伤人事件,有人看热闹,有人迅速离开,有人选择报警,有人参与救人等。人们的不同选择背后的心理因素很多,但无疑受其道德敏感性的影响最大。

心理咨询的职业特殊性要求从业者必须具备较高的道德敏感性,主要原因如下:

第一,咨询师需要即时对各类道德问题做出反应。来访者的心理问题与障碍多与现实的伦理道德相关,并且具有复杂性特点,这就要求咨询师随时保持高度的道德敏感性。

第二,心理咨询师不仅需要较高的道德敏感性,并且要警觉自身的道德观念不要影响到来访者和工作。

第三,心理咨询工作更多的是应对文化和人际关系问题,这些问题的道德评价更需要高度的道德敏感去应对。

二、儿童心理咨询的价值中立原则

价值观是每个人都具备的,在个体思维特质的作用下,对事物做出认知、理解、判断或抉择,这是一种明辨是非的定向思维或取向,并对个体的行为起着一定的导向作用。个体的价值观具有一定的稳定性,这源于每个人价值观的产生,在很大程度上受其成长文化背景的影响,而价值观一旦形成就很难改变。在心理咨询与治疗过程中,处理咨询师与来访者的价值观问题是关乎咨询能否取得良好效果的关键。目前,价值中立原则是处理这一问题时需要坚持的核心原则。

1.心理咨询中的价值观

心理咨询师作为一个独立个体有自己的价值观,这个价值观会影响其行为方式和生活状态。在心理咨询工作中,心理咨询师的价值观则成为咨询伦理问题中一个值得重视的问题。

(1)咨访关系中的价值观状态

在价值观上,咨询师和来访者之间存在三种关系类型:二者相同、二者部分相同和二者不一致甚至对立。

第一,当咨询师和来访者的价值观相同时,价值观因素会对心理咨询产生有利影响,如有利于咨访关系的建立,问题的伦理判断也相对容易等。但在这种关系类型中,最重要的是防止来访者为了讨好咨询师而顺从咨询师的价值观,如果这样,该心理咨询将存在潜在的危机,这必须引起咨询师的注意。

第二,当来访者和咨询师价值观部分相同时,即二者在有些问题上认识一致而在另外一些问题上观点不一致。这种关系模式是心理咨询过程中出现频率较高的类型,它提示心理咨询师既要很好地利用价值观相同的部分,又要警觉不一致的部分,防止价值观的不一致损伤咨访双方的利益。

第三,当来访者和咨询师价值观不一致甚至对立时,会给心理咨询带来诸多隐患。这就需要咨询师保持高度的价值观警觉,防止由于价值观冲突或价值介入而影响咨询效果。在不得已的情况下,可以考虑把来访者转介给其他更适合的咨询师。

(2)咨询师在价值观判断中的各种态度倾向

有研究认为,在心理咨询过程中,咨询师不应该显露自己的价值观,以免产生各种偏见。

也有研究认为,咨询师不应该隐瞒自己的价值观,只要咨询师在咨询过程中保持一个客观立场,不对来访者的价值观进行随意评价、指责和引导,完全可以避免自身价值观对咨询的影响。

还有研究指出,在应对价值观问题上,咨询师需要警惕两种极端的态度倾向:一种极端是咨询师试图说服来访者接受自己的价值观,他们倾向于引导来访者接受他们所谓"对"的价值观;另一种极端是咨询师应该把自己的价值观排除在工作之外,他们的理想是尽力做到无价值立场地咨询,尽量不去影响来访者。

2. 价值中立原则

(1)价值中立

价值中立在心理学领域应用很广泛,无论是在心理学研究还是在心理咨询实践中,都非常重视和强调价值中立。

在心理学研究领域,价值中立是指在确立了研究对象之后,研究者就应该放弃任何主观的价值观念,以研究者严格、客观及中立的立场与态度完成对研究对象的观察和分析,从而保证研究的客观性和科学性。

在心理咨询实践领域,价值中立是指咨询师在咨询工作中,不应该对来访者的价值观进行无端的主观评价,也不应该把自己的价值观强加于来访者,应该保持相对客观和中立的态度。但是,在心理咨询中完全保持中立或无价值观是不可能的,或者说不存在完全排除了价值干预的心理咨询。首先,制订咨询的终极目标或具体目标本身就带有价值导向的色彩;其次,在咨询过程中,即使咨询师受过很好的训练也无法将自己的价值观完全隐藏起来,必定会在与来访者思想和情感的碰撞过程中,以言语或非言语的形式微妙地表达出来。因此,价值中立归根结底是一个相对的概念。

(2)关于价值中立的原则

心理咨询中的价值中立,既涉及咨询在功能方面的科学问题,又涉及咨询专业在道德规范方面的伦理学问题,因此需要谨慎对待。国外心理咨询实践中已经形成了处理价值中立问题的若干公认和通行原则。

第一,咨询师应该对自己的价值观有高度的警觉,对咨询中的价值观问题有高度的敏感。由于价值观问题是一个容易引起道德评价的领域,故要求咨询师在处理价值观问题时首先要有一种谨慎的态度。这种态度自然就会要求咨询师,一方面对自己的价值观有自觉,知道自己对于一些基本的价值现象持有何种倾向;另一方面要对咨询中涉及的价值问题保持敏感,能够迅速地意识到在来访者的某个生活抉择或者某个态度后面所蕴含的价值冲突。只有知道自己的价值取向,咨询师才有可能在面临价值问题的时候保持警觉;只有敏感于来访者面临的价值选择,才会意识到自己的价值观可能对来访者产生什么样的影响。

第二,承认多元化价值取向存在的权利。这种承认多元化价值取向并不是漫无边际地包容,对于某些来访者持有的反社会或者边缘性的价值取向,咨询师应该保持警觉。

第三,当涉及价值观问题的时候,咨询师应该公开、清晰地和来访者讨论,并且不应该有意地以任何清晰或隐晦、直接或间接的方式把自己的价值观强加于来访者,而是要让来访者享有选择和决策的自由。咨询师要明确地向来访者表明哪些是咨询师个人的价值观和倾向,并表明来访者并没有义务遵从咨询师。但这并不意味着当咨询师发现来访者做出一个明显"不当的选择"时视而不见。这时,咨询师有责任与来访者讨论,向来访者提供其他可能的替代性选择,然后把最后做决定的权利留给来访者(当然来访者也得对自己的选择负责)。

第四,咨询师进行价值判断时,必须遵循有相对普遍意义的价值,如尊重人的生命,尊重真理,尊重自由和自主,信守承诺,关心弱者和无助者,关心人的成长和发展,不损害他人利益,关心人的尊严和平等待人,懂得感恩和回报,关心人的自由等。

第五,小心处理咨询师的价值观与来访者的价值观不一致的问题。当咨询师的价值观和来访者的价值观不一致,尤其是两者对立的时候,往往会对来访者产生负面影响。如果咨询师没有一颗敏感和自觉的心,就极易妨碍咨访关系。咨询师应该能够迅速察觉价值观差异,并且与来访者做公开的讨论。与此有关的一点是咨询师要经常对自己的价值观、信念体系保持自觉。咨询师不是圣人,不会没有自己的偏见,关键是要能够意识到并且承认自己可能有错,可能会错。

(3)价值干预的操作

从以上的观点我们可以得出,价值中立并不等于拒绝价值干预。但在实施价值干预时,咨询师必须采用正确的方法,防止价值干预影响咨询的进展和效果。

我国学者江光荣概括出心理咨询中价值干预的一条总原则:侧重价值的功能干预,避免价值内容上的干预。

价值的功能干预,是指咨询师引导来访者把自我探索集中于个人选择与个人需要之间的关系上,而不是由咨询师根据自己的价值判断来评判来访者做出的选择是否有价值,然后把自己的观点强加给来访者。

价值内容上的干预,是指咨询师做出价值说教(即来访者应该有什么样的价值追求等),或对来访者的价值观做好坏、正误判断。

目前,实施价值的功能干预,避免价值内容上的干预是心理咨询中价值干预最有效的方法。帮助来访者澄清其价值追求,让来访者意识到自己有什么样的价值观,帮助来访者明确自己的真实需要,帮助来访者认识其价值观之间是否存在矛盾,认识他做出的选择和他的需要之间是否存在矛盾或者不一致之处等。这些价值的功能干预不仅不会存在咨询伦理问题,而且对来访者的成长更重要。

3. 儿童心理咨询中的价值中立

儿童心理咨询过程中的价值中立问题相对于成人心理咨询显得更复杂,这对儿童心理咨询师来说是一个较大必须要重视的问题。这里,我从儿童心理咨询中的价值观特点和价值观问题应对两个方面和大家谈谈这个问题。

(1)儿童心理咨询中的价值观特点

第一,多方价值观的出现。儿童心理咨询一般是多位来访者居多,三方价值观的出现是最常见的模式,有时还会出现更多方价值观。如儿童、父亲、母亲、其他亲人和咨询师等几个方面的价值观。这种多方价值观给儿童心理咨询的价值观应对带来了巨大的挑战。

第二,儿童自身的价值观处于构建过程中。儿童特别是学龄期儿童的价值观处于不断发展阶段,具有极大的可变性和不稳定性,但这一价值观特点儿童自身却浑然不知。

第三,家庭价值观的内在和外在矛盾。儿童心理咨询的特点之一,就是家庭成员均有可能成为来访者。和儿童问题影响因素中的家庭环境一样,这些价值观也会在咨询过程中充分地表现出来。家庭成员的价值观会呈现多种表现形式,家庭成员间价值观的一致与不一致,家庭与社会大环境间价值观的一致与不一致等,这些复杂的价值观都需要儿童心理咨询师评估和应对。

(2)儿童心理咨询中的价值观问题应对

第一,以儿童身心发展为本。无论儿童心理咨询中的价值观问题多么复杂,咨询师都要站在儿童身心发展的立场去应对问题,即如果阻碍儿童发展的观点出现,一定要以保护儿童利益为前提实施干预。例如,某儿童家长认为儿童具备当演员的天分,认为孩子不需要接受普通义务教育,希望儿童离开现在就读的学校,这一打算引发儿童的极度焦虑情绪,前来学校心理咨询室求助时,咨询师一定要以保护儿童身心发展为首要目标,实施有效的心理干预。

第二,重视儿童价值观发展性特点。儿童经常会以不成熟的认知和态度作为处理问题的依据,特别是青少年更是如此。这就要求咨询师在处理儿童价值观问题时,既要慎重地应对其价值观问题,又要考虑到儿童自身的认知能力以及其价值观的发展性。

第三,家庭价值观的探究。儿童问题与家庭价值观关联密切,因此,在解决儿童心理问题时,咨询师应该组织咨询师、来访者、来访者的监护人三方进行关于价值观的讨论,以保证在咨询过程中价值观能够得到有效处理,促进心理咨询的有效开展。

三、儿童心理咨询的保密原则

保密原则是心理咨询与治疗中伦理问题最核心的内容,与其他行业相比,心理咨询行业的保密原则不仅表现在对个人信息的保密,还表现在对工作过程的保密。因此,心理咨询中的保密原则历来是心理学研究者广泛关注的问题,相关研究成果也较多。

以下我将前人的相关研究成果与自身的临床实践相结合,从三个方面为大家讲解心理咨询中的保密原则问题。

1.关于心理咨询的保密原则

心理咨询的保密原则既是发展信任和建立良好咨访关系的有力保障,也是法律和伦理的问题。所有精神健康的伦理规范都会涉及保密问题,因为除非来访者信任他的咨询师,否则咨询将不会有什么效果。

我国人力资源和社会保障部颁布的《心理咨询师国家职业标准》关于职业道德第六条,明确提出了"心理咨询师始终严格遵守保密原则",具体措施如下:

第一,心理咨询师有责任向求助者说明心理咨询工作者的保密原则,以及应用这一原则时的限度。

第二,在心理咨询工作中,一旦发现求助者有危害自身或他人的情况,必须采取必要的措施,防止意外事件发生(必要时应通知有关部门或家属);或与其他心理咨询师进行磋商,但应将有关保密信息的暴露限制在最低范围内。

第三,心理咨询工作中的有关信息,包括个案记录、测验资料、信件、录音、录像和其他资料,均属专业信息,应在严格保密的情况下进行保存,不得列入其他资料之中。

第四,心理咨询师只有在求助者同意的情况下才能对咨询过程进行录音、录像;在因专业需要进行案例讨论,或当成案例进行教学、科学研究、写作等工作时,应该隐去那些可能会被辨识出求助者的有关信息。

2.保密例外原则

保密例外原则是指,在心理咨询与治疗过程中出现特殊情况。如咨询师判断来访者的行为存在可预见性危机,即危及自身安全或危及社会公共安全时,咨询师应该打破保密协议,以保障来访者和他人的安全。

在决定何时实施保密例外原则时,咨询师必须考虑他们所在的咨询环境的规定和服务对象。由于现成的伦理规范不会对这样的环境给予清楚的定义,咨询师必须进行专业判断。一般说来,当来访者对自己或他人人身安全构成严重威胁的时候,必须要打破保密的原则。

在虐待儿童、虐待老人和对他人有危害的情况下,打破保密的原则是法律的要求,所有的精神健康咨询师和心理咨询师,都需要意识到自己有责任报告这些虐待事件。

中国心理学会制定的《临床与咨询心理学工作伦理守则》中要求,心理咨询师应该清楚地了解保密原则的应用有其限度,下列情况为保密例外。

第一,心理咨询师发现寻求专业服务者有伤害自身或伤害他人的严重危险时。

第二,寻求专业服务者有致命的传染性疾病等且可能危及他人时。

第三,未成年人在受到性侵犯或虐待时。

第四,法律规定需要披露时。

总之,作为心理咨询关系中关键的一部分,保护来访者的秘密是咨询师的基本责任。当咨询师告知来访者他们的谈话内容将会被保密时,也应告诉他们保密并不是绝对的。在大多数情况下,这并不会影响咨询的进行。

3. 儿童心理咨询与治疗中的保密原则

(1)儿童在心理咨询中同样具有保密权

在保密原则执行过程中,咨询师对待儿童应该像对待成年人一样尊重其保密权。不得在任何场合公开未成年来访者的个人信息,不可以在未经儿童允许的情况下,与父母/监护人以外的人谈论儿童来访者。确保儿童来访者的相关咨询资料的保密性,即一切适合成人的保密原则对儿童均适用。

(2)儿童心理咨询的保密特性

由于儿童的未成年特点,其心理咨询过程中的保密原则执行又有区别于成人的地方。

第一,按年龄划分,儿童来访者的保密权有其年龄上的特点。首先,15岁以上的未成年人应该享有和成年人一样的保密权,因为这个年龄段的儿童已经具备了较好的逻辑思维能力,对心理咨询的理解和咨询结果的接受水平也达到了成人的水平。其次,11~14 岁的儿童,由于在认知上的差异,他们在对心理咨询的理解上也存在差异,因此对这个年龄段儿童的保密权限,应该根据儿童的认知水平、智力程度而定。所以在儿童心理咨询中,对儿童进行认知能力评估也是判断其保密权水平的需要。最后,对于 11 岁以下的儿童,由于其认知能力无法充分理解心理咨询的全部内容,其保密权应该与家长/监护人联系起来。

第二,儿童心理咨询过程中的家长知情权。

首先,由于未成年人的隐私权与成人的隐私权在法律上有所不同,因此一般情况下,儿童来访者在接受心理咨询时,家长或监护人有知情权。但如果儿童的心理问题来自家长的暴力或虐待等情况例外。其次,如果儿童已经具备成人一样的对心理咨询的理解能力及其结果的接纳能力,或符合法律规定已经独立生活,可以在不必得到家长的许可情况下接受心理咨询。最后,在遇到关乎儿童身心健康的紧急情况下,咨询师可先处理问题然后再通知家长。

目前,关于儿童心理咨询与治疗保密权的问题在研究领域所引发的争议较大,问题主要集中在家长的知情范围和是否一定需要家长许可才能做咨询等问题上,不同的经验者提出了不同的看法。不论如何,依据儿童身心发展规律,重视儿童在心理咨询过程中的保密权是儿童心理咨询师必须具备的职业道德和伦理规范。

导入案例分析:周丽的职业困惑解析

作者通过观察和测量等手段,对周丽进行了心理咨询师人格特质和胜任力的评估,得出周丽是一个具备良好职业道德和心理品质的心理咨询师。目前,所存在的问题是周丽作为心理咨询师成长过程中出现的问题。

解决这些问题的途径有三个:

首先,建议周丽寻求督导的支持。定期的专业督导可以帮助周丽提升专业技术水平,解决咨询过程中的困难,排解咨询给自己带来的不良情绪。

其次,建议周丽系统地学习心理咨询伦理知识。在与周丽接触过程中,作者发现其这方面的知识严重不足,这也是其产生困惑的主要原因之一。

最后,建议就职业生涯问题和职业困惑问题做一次专业的个体咨询。

？ 思考题

1. 思考儿童心理咨询在伦理上的特殊性。

2.促进儿童心理咨询师职业成长都有哪些方法？

3.谈一谈你对儿童心理咨询中关系的理解。

4.谈一谈你对儿童心理咨询保密权的认识。

第六章 儿童心理咨询与治疗中的传统方法

∷∷∷∷
∷∷∷∷

导入案例：阳阳（化名）的适应问题①

阳阳是一个五岁半的男孩，黑黑瘦瘦的，活泼好动、精力旺盛。半年前他从一家蒙特梭利特色幼儿园转到一家普通幼儿园。在入园后的半年时间里，老师们发现阳阳的表现和其他小朋友有很多不一样的地方，故建议家长找心理咨询师求助。

阳阳家里常住人口有爸爸、妈妈和阳阳，家庭富裕殷实。父母均为高学历，且综合素质很高。目前，爸爸是一家设备公司高管，妈妈为全职家庭主妇。爸爸性格略为强势很健谈，妈妈性格很温柔不善言谈。

据阳阳爸爸说，阳阳从两岁半开始在原来的幼儿园读了两年多。因为最近幼儿园装修，材料很次，爸爸担心他的身体健康决定转园。为了给他寻找新幼儿园，阳阳爸爸十分谨慎，对现在的幼儿园考察过三次，从装修用的材料到幼儿园口碑全部细节都问了个遍，园费订金交了以后又犹豫了半年，最终还是决定让孩子转园过来。

阳阳入园后，老师发现他有很多的行为问题。例如，他和小朋友沟通交流的方式就是去触碰别人，搞恶作剧，经常会扯女孩子的头发，看人家哭了就显得很开心；也经常推别的男生，然后说自己不是故意的。再如，他的规则意识也比同龄的孩子差，经常会在教室里跑来跑去，对老师的提醒也充耳不闻，老师要求他坐在观察椅上观察别的孩子是如何行动的，他刚坐下就站起来跑掉了。他也不按规则把教具从教具柜上取下来操作，而是站在教具柜前，偷偷地张望看看有没有老师盯着他，如果没有，就把柜子上的几样教具混在一起，看到老师走过来就赶紧跑开。

针对阳阳的问题，父母和老师需要思考的问题如下：

问题一：阳阳的问题属于什么问题？

问题二：阳阳的问题采用什么方法比较有效？

问题三：家庭环境在阳阳的问题形成和解决中的作用？

① 本案例是作者的督导案例，案主个人信息做了保密处理。

第一节　心理咨询与治疗方法概述

方法是解决问题的工具的总称,好工具是高质量解决问题的保障。心理咨询与治疗是解决心理问题与障碍的过程,咨询方法的选择和使用是心理咨询师完成这一过程的重要任务。评价咨询师是否合格的标准之一,就是其能否选对方法。儿童心理问题的特殊性,无论是方法选择,还是方法使用都有其独特之处,这就要求儿童心理咨询师,不仅要掌握心理咨询方法,还要掌握该方法在儿童心理咨询中的特殊应用。本节,我从心理咨询与治疗方法的定义、特点、分类和操作步骤等内容,为大家进行讲解。

一、心理咨询与治疗方法的定义

心理咨询与治疗方法的相同点,是二者使用相同的理论和方法,但它们又有各自的特点。

心理咨询与治疗方法是指以促进来访者的身心健康与社会发展为目的,依据心理学理论,采用心理咨询与治疗的技术与手段,有针对性和有步骤地对来访者的心理问题与障碍进行心理干预过程中所使用的工具的总称。

目前,心理咨询与治疗的方法有很多,比较具有代表性的方法有:以精神分析理论为依据的精神分析疗法;以行为主义心理理论为依据的行为主义疗法;以认知与发展心理学理论为依据的认知疗法和以人本主义理论为依据的来访者中心疗法。除此之外,还有一些具有一定影响力的心理咨询与治疗方法,如森田疗法、格式塔疗法、现实疗法、焦点治疗、整合疗法、家庭疗法等。

谈到心理咨询与治疗方法必定离不开疗法与技术这两个关键词,那么方法、疗法和技术三者之间是什么关系呢? 我们先从疗法和技术的关系论起。

在心理咨询与治疗领域,疗法与技术之间的关系,至今都是一个颇具争议的话题。有些研究者认为疗法与技术本身就是一回事,可以称之为疗法也可以称之为技术,比如,沙盘疗法也被称为沙盘治疗技术,音乐疗法也被称为音乐治疗技术等。也有研究者认为,疗法与技术之间是两个既有关联又有区别的概念,二者之间不能完全等同。例如,精神分析疗法和它的自由联想技术,行为疗法和它的强化技术,认知疗法和它的去个人中心化技术等,来访者中心疗法和它的共情技术等。

关于方法、疗法与技术之间的关系,我个人的理解如下:

第一,心理咨询与治疗领域的方法主要包括评估方法和治疗方法。评估方法有测量法、观察法、实验法和谈话法等;治疗方法有精神分析、认知与行为疗法及来访者中心疗法等。在这个层面上讲,心理咨询与治疗过程中的疗法是方法的一部分。

第二,心理咨询与治疗的各类疗法中都有自己的相关技术,疗法需要这些技术完成治疗过程,即技术是疗法的手段。如精神分析需要其各种技术的使用才可以完成治疗过程,或采用自由联想技术,或采用释梦技术,再或者采用催眠技术等。

第三,疗法需要系统理论的支持,也就是每种疗法都有其关于问题成因的解释、症状描述、治疗理念等的独特认识。在相关理论的支持下,一种疗法才具其独立存在的价值。例如精神分析、行为主义疗法、认知疗法和来访者中心疗法,都有其关于心理问题分析及其问题解决的独立而系统的理论支持。

第四,心理咨询与治疗过程中也有独立技术,这些技术并没有独立依据哪个流派的理论,而是运用心理学中关于心理问题的综合解释创立的技术。例如参与性技术和影响性技术、访谈技术与观察技术等。

综上所述,在心理咨询与治疗领域,方法、疗法和技术的关系可以概括为,疗法是咨询与治疗中方法的重要组成部分,技术是方法或疗法具体实施过程的手段。

二、心理咨询与治疗方法的特点

无论各种心理咨询与治疗方法在内容、步骤及手段上有何不同,都必须满足如下特点才可以称为心理咨询与治疗方法。

第一,方法必须有相关的心理学理论作为依据。心理咨询与治疗方法的产生,在理论层面上必须具有相关心理学研究的支持,只有这样才能保证方法在心理学范畴中使用的科学性和有效性。

在精神分析的基本理论中,与心理咨询和心理治疗有关的部分主要有:潜意识理论、性心理的发展学说、人格结构理论、防御机制理论以及神经症的心理病理学说等。

精神分析的潜意识理论,为心理咨询与治疗揭开了一个影响人们意识与行为的无意识世界。该理论认为由本能、童年经历及文化潜意识组成的无意识,虽然影响着人们的生活,但我们还是可以通过专业方法将其意识化,如自由联想技术、释梦技术及催眠技术等都是将潜意识意识化的重要手段。

精神分析的防御机制理论,为我们呈现了个体在无意识状态习惯使用的应对方式,如否认、攻击、合理化、移情、投射等。这在心理咨询与治疗过程中,能够为咨师提供快速了解来访者的途径,进而有利于来访者问题的解决。

行为主义是现代心理学的主要流派之一,对西方心理学有着巨大的影响。从理论基础来看,行为治疗的基本理论源于行为主义的学习原理,主要以经典条件反射理论、操作条件反射理论和模仿学习理论为基点。

行为主义在心理问题与障碍的成因中,更多地强调环境的作用,对习惯、习得看得很重。该理论认为,人的行为从环境而来,那么对于这些行为的消退也可以依赖环境,即从习得中来,在习得中去,如行为主义的强化方法、系统脱敏方法、厌恶疗法等都是基于这一理论而产生的。

认知主义认为人类发展的本质是对环境的适应,这种适应是一个主动的过程。

人本主义理论的创始人是著名的人本主义心理学家和心理治疗家罗杰斯。以人为中心的心理疗法是人本主义治疗的核心内容。此外,人本主义心理学倡导的健康人格理论在儿童心理咨询中也有特别重要的意义。

第二,方法必须是针对人的心理现象进行解释和干预。心理咨询与治疗方法,应该以个体的知、情、意、行为目标,进行探究和干预,而非个体心理以外的因素。

第三,方法必须要有一定的步骤和手段。任何方法都离不开步骤与手段,心理咨询与治疗方法也一样,其在操作上,有步骤可遵循,有手段可实施。

第四,方法必须以消除人的心理问题与障碍为目的,以人的社会性发展为终极目标。心理咨询与治疗方法使用的目的,就是帮助人们缓解和消除心理问题与障碍,恢复心理健康,因此方法要充分体现其职业目的性。

三、心理疗法的分类

目前,心理疗法和相关技术非常多,我个人认为大体可分为两大类,即传统心理疗法和现代心理疗法。

传统心理疗法是指,那些在心理咨询与治疗领域具有一定历史性和传承性的治疗方法。心理疗法的历史性是指,该疗法已创立了一段时间,经过时间的考验,证明其治疗的有效性。传承性是指该疗法自创立以来,不断有后来者对疗法进行传承与发展,使得疗法适应历史发展,更具有效性。

在儿童心理咨询与治疗过程中,行为主义疗法、认知疗法、游戏疗法、家庭疗法和团体心理疗法等是使用最广泛、历史最悠久的传统疗法。

现代心理疗法是指,那些依据现代心理学的研究成果,充分重视文化因素的各种疗法,如表达治疗方法、现实疗法、认识领悟疗法、意象对话疗法、焦点治疗等。在儿童心理咨询与治疗过程中表达治疗方法应用得非常广泛。

四、心理咨询与治疗方法的操作步骤

心理咨询与治疗方法在运用过程中,需要遵循如下六个步骤。

第一步:根据来访者的问题和咨询师的特长选择合适的方法。任何一种心理咨询与治疗方法都有其适应症状,没有包治百病的方法。因此,咨询师在方法选择上一定要以来访者的问题为依据,当然也要考虑咨询师本人是否擅长这种方法。

第二步:就方法要对来访者进行说明。方法确定后,咨询师一定要对来访者就方法的功能与特点进行说明,以获得来访者的理解和有效配合。

第三步:根据来访者的具体情况,设定有效的实施方案。在和来访者确定方法后,咨询师要根据来访者的情况,设计方法的个别化实施方案,以保证方法实施过程中的针对性和有效性。

第四步:做好方案实施前的准备工作。方案确定后,咨询师需要做好一切方案实施前的准备工作,如时间、地点、所需材料的准备。

第五步:具体实施方法,并根据实施过程中的情况灵活使用方法。心理咨询与治疗过程经常会发生突发状况,再好的方案也会有难以实施的情况发生,因此,咨询师需要及时调整方案,以保证方法的有效实施。

第六步:对疗效进行评估。方法实施结束后,需要咨询师对方法的有效性进行评估,可以在方法实施过程中进行阶段性评估,也可以在完成后进行整体评估。

心理咨询中来访者的问题性质呈现出多种多样的特点,如个体成长与发展性心理问题、人际关系问题、身心因素引起的心理问题、应激性心理障碍、压力性心理问题等。解决不同的心理问题,采用的咨询与治疗方法必然不同,这一点在咨询与治疗过程中非常重要。这看似简单的问题,事实上在心理咨询过程中经常被忽略。

首先,咨询师咨询理念存在问题所致。有些心理咨询师忽视咨询过程中诊断的重要性,为了满足来访者对心理咨询的好奇心,过度地使用心理分析技术,从而导致方法不对症,无法完成咨询任务,甚至还会对来访者产生消极影响。

其次,过度使用共情与接纳技术,导致来访者自我成长受阻。在心理咨询与治疗过程中,有些咨询师对来访者无原则地接纳,在问题层面过度给予其共情,使来访者无法正视自己的问题,不断在自我探究和问题之间徘徊,原本具有的问题解决能力被抑制,使得咨询无法实现助人自助的目标。

最后,咨询师过于依赖某一种咨询技术。有些咨询师对一种咨询技术情有独钟,无论什么问题,也不管该方法是否适合来访者的问题,都不加选择地刻板使用,导致因方法使用不对症而影响咨询与治疗疗效。

第二节　行为疗法

行为疗法是儿童心理咨询与治疗中产生最早、使用最广泛的方法。在这里,我从方法的简介、方法运用及评价三个方面,向大家介绍行为疗法在儿童心理咨询与治疗中的应用。

一、行为疗法简介

1. 行为疗法的理论依据

行为疗法是依据行为主义流派的理论构建而成的,具体表现如下:

第一,行为主义认为个体行为可分为适应性行为与非适应性行为。行为疗法的治疗目标就是针对个体的非适应性行为进行矫正。非适应性行为主要表现为两种形式:一是行为表现过度,如攻击行为、戏剧化行为和躁狂行为等;二是行为表现不足,如退缩行为、缄默行为和强迫行为等。

第二,行为主义强调环境因素等外在变量的作用。在行为治疗师看来,人的一切行为都是通过学习获得的,导致这种学习的重要力量存在于环境或情境变量中,如果一个异常行为得以持续,环境中必有维持它的条件。

第三,行为疗法中的技术通常是从实验中发展而来的,即以实验为基础。心理学实践是在探究自变量与因变量之间的因果关系中完成,因此,行为疗法强调对治疗方法及治疗效果进行明确的、定量的描述。

2.行为疗法的治疗理念

行为主义认为,行为当事人同样可以通过学习消除那些后天所习得的非适应性行为,或通过学习获得所缺少的适应性行为。

行为主义认为,无论是适应性行为,还是非适应性行为,作为一种习惯性行为的存在和延续,在很大程度上都是被它们所带来的结果所维持的,即此种行为会给行为者自身带来某种"获益",图 6-1 是行为主义这一理念的图示说明。

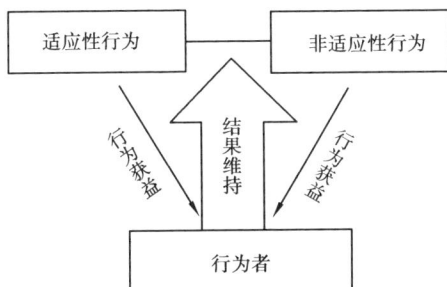

图 6-1　行为结果维持理念

这里所讲的"获益"是指产生问题行为本身会给来访者带来什么好处,不产生问题行为会使来访者失去什么好处;或者说,产生了问题行为会使来访者能避免什么坏处,而不产生问题行为则会给来访者带来什么不利之处。因此,为了达到治疗的效果,就要分析问题行为所带来的实际后果,洞察其背后的实际意义及功能,从而采取相应的治疗措施。

3.行为疗法的常用技术

技术之一:强化技术。这种技术是行为疗法中使用最广泛的技术,是依据斯金纳的正强化和负强化理论设计出来的技术。正强化技术是个体在行为后果对自己有利时,会出现重复这种行为的共性特征,如对个体实施激励或表扬,使得其所期待的行为持续出现;负强化技术,就是用批评或惩罚的方式阻止或减少问题和障碍行为。

技术之二:暴露疗法。这种技术让来访者直接进入或长时间地接触极端情景,以减少人对该情景的恐惧与不安,从而达到消退恐惧与焦虑的目的。

技术之三:放松技术。放松技术就是通过自我调整训练,由身体放松进而带来整个人的身心放松,以对抗由于心理应激而引起交感神经兴奋的紧张反应,从而达到消除紧张、不安、担心与恐惧等焦虑情绪的目的。

技术之四:系统脱敏技术。系统脱敏由精神病学家沃尔普在 20 世纪 50 年代创立,其创立该疗法的灵感来源于他的动物实验。这个实验是将猫关在笼子里,在其进食时,运用电击等手段阻止其进食,多次重复后,猫即产生强烈的恐惧反应,以至于拒绝进食。然后,沃尔普又用各种方法对猫进行干预,发现经过系统脱敏可以逐渐消除猫的恐惧反应。只要不再有电击,猫就可以回到笼中进食也不再产生恐惧。由此实验,沃尔普提出了交互抑制理论,即人不可能在同一种刺激下产生两种对立的情绪反应,如被表扬后不可能同时产生高兴和生气的反应。但如果在可能引起不良情绪反应的刺激加入一种积极的引导,就可以达到用积极情绪代替消极情绪的目标。

以交互抑制理论为依据,沃尔普创立了系统脱敏技术。具体实施分为四步:第一步,确定来访者的问题或障碍行为;第二步,把问题行为引发的焦虑反应由弱到强按次序排列成"焦虑等级";第三步,引导来访者完成松弛反应,即学会轻松解除焦虑的方法;第四步,有系统地、逐步地使松弛反应去抑制那些较弱的焦虑反应,然后抑制那些较强的焦虑反应,并消除最强烈的焦虑反应。

二、儿童心理咨询中行为疗法的运用

由于儿童问题更多的是以行为问题表现,所以行为疗法是儿童心理咨询与治疗中使用时间最长,也是最常用的治疗方法。

1. 行为疗法的适应证

第一,行为疗法适用于儿童恐惧症、焦虑症和强迫症等。

第二,行为疗法适用于儿童抽动症、肌痉挛、口吃、咬手指甲和遗尿症等习得性行为问题与障碍。

第三,行为疗法适用于儿童精神发育迟缓所导致的社会性发展滞后等系列行为问题。

第四,行为疗法适用于青少年摄食障碍、不良嗜好(如吸烟、喝酒、迷恋游戏等)及药物成瘾等自控不良行为。

2. 行为疗法在儿童心理咨询与治疗中的操作

行为疗法在儿童心理咨询与治疗中使用时,需要按如下步骤操作。

第一步:行为评估。行为评估又叫行为功能分析或行为分析,收集、测量和记录有关非适应性行为的信息,了解该行为的发生条件或维持条件。

在对具体个案进行行为评估时,有两个必须要做的工作:一是鉴别出问题行

为;二是对问题行为进行分析。完成这两项工作的具体内容与产生的作用,如表6-1所示。

表6-1　行为评估的内容与作用

工作内容	作　用
鉴别出问题行为	描述问题行为:在制订一项行为治疗方案前,咨询师或治疗师得先知道要改变、塑造什么行为,要知道这个行为何时产生和维持 选择治疗策略:咨询师和治疗师可以从行为疗法的各种技术中选择最适合、最有效的方法来有的放矢地改变制约问题行为的条件
对问题行为进行分析	评价治疗效果:只有记录了治疗开始前来访者的行为情况,咨询师或治疗师才能在治疗中和治疗后进行疗效评估,看治疗是否取得了进展

第二步:治疗环节。行为治疗就是要消除和改变一个非适应性行为,或者塑造一个新的适应性行为,或者两者同时进行。

治疗的过程主要工作有三个。

- 工作一:确定目标行为。对目标行为要做精确定义,要使之操作化,便于观察和测量。
- 工作二:选择方法技术。根据目标行为的性质和特点、备选技术的特点以及实施条件进行综合考虑。要仔细分析来访者环境中哪些条件有助于这一治疗方案的实施,哪些条件会妨碍这一方案的实施。尤其是来访者周围的重要人物,如家人、教师、亲友,其中有谁可以帮助管理刺激的控制或强化物,有谁可能妨碍这一计划的贯彻。
- 工作三:实施治疗计划。咨询师或治疗师和其他有关的人应按治疗方案的要求给予指示、示范、控制刺激和强化。

第三步:随访。随访也称为回访,是咨询师或治疗师在治疗结束之后的一段时间内对来访者进行的预后状态评估,了解来访者目前的状况,看治疗效果是否有效地维持下来。随访不仅有助于来访者更好地维持治疗效果,同时也有利于评估治疗的有效性,有利于科学地研究和提高治疗师的专业能力。

案例分析：一例儿童人际交往恐惧的行为治疗案例①

来访者：

佳佳(化名)，女孩，9 岁，独生子女；母亲，38 岁，事业单位职员；爸爸，39 岁，国家公务员。

求助背景：

佳佳是一所普通小学四年级的学生，性格内向，在家比较愿意讲话，但一到外面话就比较少，从小到大一直都这样，父母觉得是孩子的性格问题，也没有太在意。但前不久，佳佳的一句"活着真没意思"，吓坏了父母，决定寻求心理咨询帮助孩子。电话求助北京市教育工会心理咨询中心②，我接受了这个求助。

资料收集与行为评估：

资料收集采用观察法、测量法及谈话法。对相关信息进行分析后获得以下主要信息。首先，测量得知，佳佳智力发育正常，瑞文标准推理测验呈现百分等级 91；亲子关系良好，对父母较为依赖，家庭支持良好；EPQ(7—15 岁版)测得佳佳性格呈现典型内向(E 值 T48)和情绪高不稳定性(N 值 T67)等。其次，访谈得知，佳佳最近感觉到周围的同学都有非常好的朋友，自己也想有好朋友。来咨询的前几天，在家长的鼓励下，佳佳开始用父母教的方法和同学小 E 打招呼，打算相约着一起报学校的手工小组，可是还没等佳佳把话说完，小 E 就忙着找其他同学玩了。佳佳很伤心，好几天都不愿意和不敢与同学打招呼。

分析佳佳的交往行为问题得出：交往恐惧诱因是佳佳交朋友出师不利。主因是佳佳过于内向和情绪偏不稳定性的性格及社会能力较同龄人弱的个性因素。另外，父母对佳佳的教养方式更多采用无条件接纳和鼓励的方式，佳佳对父母很信任，但对他人反而缺乏信任。

咨询方案设计：

根据佳佳的情况，咨询方案采取对父母单独和对佳佳全家咨询的两

---

① 作者心理咨询与治疗实践案例，相关信息已做了保密处理。

② 北京市教育工会心理咨询中心，是北京市教育工会依托北京林业大学心理系于 2014 年创建，致力于为北京市教师和北京市市民提供高品质的心理咨询与治疗服务，服务项目有"心理热线电话"(寒暑假和国家节假日除外，每天晚上 7:00—9:00 开通，电话 010-6233-7911)"好父母课堂""健康大讲堂""个案咨询"等。

套基本咨询方案。对父母采用现实疗法,反思目前的家庭教育存在的问题,探求适合佳佳的家庭教养方式,并针对佳佳目前的人际交往问题,及家庭如何给予支持进行协商。对佳佳全家的咨询实施行为疗法,具体使用情景模拟中的榜样模仿技术。

咨询具体实施:

这里,重点介绍对佳佳全家的行为疗法实施的过程。

实施准备

咨询场所:一般团体辅导室。

心理咨询师:我和我的咨询助理(女性)1人。

来访者:父母和佳佳。

咨询时间:咨询每周一次,共4次,每次1个小时。具体技术:情景模拟中的榜样模仿技术,即设计与现实较相似的交往情境,通过佳佳的参与和模仿他人的方法,掌握基本的人际交往规则和方法,提升其交往自信心。

实施治疗阶段

第一次行为疗法的实施场景:咨询场景设计一:爸爸妈妈在看书,这时佳佳想和父母聊天,观察佳佳如何表达自己的意愿。场景设计二:咨询助理在看书,佳佳想和姐姐玩,观察佳佳如何表达自己的意愿等。

咨询现场呈现:佳佳在和父母互动中,还没等佳佳开口,妈妈就主动问,佳佳想跟我们聊天吗? 我们最喜欢和佳佳聊天了(估计这是家庭常态)。佳佳在和姐姐打招呼时,迟迟不开口(估计在等姐姐主动和她先说话),一直站在姐姐身边很长时间,看姐姐没反应就一脸失望地走开了。

过程分析:在这个情景模拟过程中,我发现佳佳有交往动机,但对交往规则缺乏认识并缺乏行为的主动性,导致交往失败。探究其原因,除了佳佳性格方面的原因以外,父母平日的教养方式导致佳佳习惯性地处于被动交往状态也是重要原因。

第二次行为疗法的实施场景:与第一次场景一样,但事前和佳佳及父母都做了工作。佳佳在父母低头看书,没有主动打招呼的情况下,主动搂住妈妈,然后就一直幸福地笑。此时,咨询师提醒佳佳,要用语言表达自己的意愿时,佳佳变得很不好意思,一直在笑。那么,这一次也没实现在咨询助理姐姐那里完成意愿表达的目标。

过程分析:在这一过程中,我发现佳佳在人际交往中,不太习惯用语言来表达意愿和情感,这应该是后面要做的重要工作。

第三次行为疗法的实施场景:设计多种情景,让佳佳观察父母的语言应对模式,如,父母向咨询师表达自己想法时的语言,父母之间向对方提要求时的语言等,让佳佳观察模仿,然后彼此谈感受,最后选择佳佳表达意愿时最适合使用和有效的语言。并给他们留个家庭作业:在家里,利用一切机会锻炼佳佳的社交语言表达能力。

过程分析:发现佳佳经过模仿和观察榜样行为训练,开始有一定的社交语言能力了。

第四次行为疗法的实施场景:咨询过程由佳佳和咨询助理两人完成,两人商量佳佳在学校可能会遇到什么社交场合,佳佳如何应对比较好。协商后,两人进行情景模拟练习。

随访

从一个月后的随访得知,佳佳父母接受了我的建议,取得了班主任的配合,给佳佳提供了在学校进行各种语言表达的机会,佳佳的社交语言表达有进步,同伴关系有所好转。

三、关于行为疗法的评价

1. 行为疗法的优点

行为疗法风格简洁明快,有实证基础,治疗目标具体,治疗方法和步骤明确,简单易行,疗效可观察和可验证,易于被来访者接受,适用人群广泛,这些都使人们感到它是咨询和治疗领域的一次革命。具体来讲,行为疗法具有以下四大优点。

第一,治疗时间和费用更少,更容易被普通患者所接受,较易推广。传统的精神分析在那些社会经济地位较低或文化水平不高的来访者中,是不易施行的,对那些不能或不愿表达其情绪和情感的来访者也不适用。而行为治疗强调控制刺激和操纵环境,因而不管来访者有何想法,都能成功地实施。

第二,行为疗法操作简单易行,同时也易于学习和掌握,因此在培养咨询师和治疗师方面更加简单易行。

第三,从治疗效果上来讲,行为治疗直接接触症状,不需要花费很长的治疗时间。其目标就是改善具体的外显行为,因而效果和效率也较直接和明显。已经有不少疗效比较研究指出,行为疗法的疗效是肯定的,绝不逊色于其他疗法。

第四,对于某些心理障碍,如恐惧症等,行为疗法可能是最有效的疗法。

总体说来,行为疗法是对传统的精神分析理论和方法的突破。它打破了当时精神分析在西方心理治疗领域一统天下的格局,证实了不了解心理问题的症结也可以就行为来施行治疗,克服了精神分析摸索不定、疗程冗长的不足。虽然行为疗法的正式开展还不到半个世纪,还有许多问题尚待研究,但大量的临床实践已证明,行为疗法不失为当今一种行之有效的心理治疗方法。

2. 对行为疗法的批评

行为疗法自问世以来就一直饱受诟病,其治疗原理和方法、手段都受到批评。这些批评主要集中在以下几个方面。

第一,伦理道德上的批评。早期极端行为主义者只重视刺激与反应间的关系,而忽视了人的理性、认知等因素的作用。有人批评行为疗法把人降低为动物,完全否认了人的自由、自主和独立性,贬低了人的尊严和价值。还有人批评行为疗法只重视学习过程,只重视行为技巧和方法,关注的是人的行为而非人本身。

第二,治疗原理上的批评。从理论上说,行为疗法所带来的改变很可能是表面的,只治标不治本,因为内在原因没有根除,症状有可能会发生转移。因此,有人认为直接矫正外显行为的行为疗法只不过是以一种行为障碍替代另一种而已。这一被称为"症状替代"的假设对行为疗法构成了更具实质意义的挑战。同时,人的心理是一个整体,它是知(认知)、情(情绪)、意(意志)、行(行为)四种成分合一的。行为治疗只管这部分,而不考虑其他部分,因此,其原理的可靠性受到很大的质疑。对于认知功能没有受损的个体来说,外界因素作用于他时,先引起的是认知方面的反应,其他成分(包括行为)无一不受认知因素的调节。忽视认知因素,只作外在行为矫正则有舍本逐末之嫌。行为治疗的理论毕竟是一种科学假说,其中有关疾病的遗传因素、生理因素和社会-文化因素等都是值得注意的问题。

第三,适用对象上的批评。行为疗法不够重视咨访关系,在咨询中,来访者基本上处于被操纵的角色。因此,有人认为行为疗法主要适用于矫正不良行为,而不适宜作为咨询人生中较高层次问题的主要手段,比如人生的意义、生命质量、人生价值、自我潜能开发、人生发展等发展性问题,但可以作为辅助手段使用。

第三节　认知疗法——合理情绪疗法

认知疗法是儿童心理咨询与治疗中又一被广泛使用的疗法,也是儿童心理咨询师和治疗师必须掌握的治疗方法。

一、认知疗法简介

1. 认知疗法的产生

认知疗法是基于人们对认知与情绪和行为的关系分析,于 20 世纪 60 年代产生的一种新的心理咨询与治疗方法。这种新方法与精神分析和行为主义相比,在心理问题与障碍的成因、症状及治疗理念上均表现出不同的特点,更多地强调认知在心理咨询与治疗过程中的作用。

认知疗法中比较有影响力的是艾利斯的合理情绪疗法、贝克的认知行为疗法和梅肯鲍姆的认知行为矫正技术。其中,合理情绪疗法在儿童心理咨询与治疗中适用范围更广泛,应用价值更高。因此,我在这里重点讲解合理情绪疗法。

2. 合理情绪疗法的核心理论——ABC 理论

艾利斯合理情绪疗法的核心理论是其创立的 ABC 理论,图 6-2 是 ABC 理论的结构图。

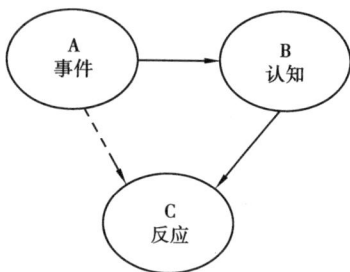

图 6-2　ABC 理论结构图

ABC 理论中的 A(Activating event)是指现实事件,B(Belief)是指对现实事件 A 的认知和评价而产生的信念,C(Consequence)是指现实事件后的情绪和行为反应后果。我们一般认为,A 是直接导致 C 的原因,如图 6-2 中虚线箭头指向的轨迹。ABC 理论认为,C 只是一个间接反应,并不是由 A 直接导致 C。在 A 和 C 之间还有一个因素 B 存在,就是图 6-2 中实线箭头指向的轨迹,是由于 A 引发了 B,又由 B 引起 C。也就是说,A 会引起怎样的 C,关键因素是 B。概括地讲,对于事件的认识和态度不同,会产生不同的事件反应,认知在对事件的反应中起关键作用。

例如,两位在学校学习成绩差不多的学生,在一次考试中同样出现考试失利,没有达到预期的成绩。其中,学生甲认为,这次考试自己复习准备不够充分,下次要吸取经验教训,所以也没有太大的情绪反应;而学生乙则认为,自己怎么这么倒霉,复习过的很多知识点都没有考,这有可能表明自己就没有考试的运气,然后就开始焦虑不安起来。由此可见,相同事物由于看法不同则会引发不同的情绪或行为结果。

3. 合理情绪疗法中的人性解读

当你打算学习和运用艾利斯的合理情绪疗法时,了解合理情绪疗法对人性的看法是必须要做的一件事。

艾利斯认为,人是一种生物属性和社会属性的结合体,感性思维和理性思维同时存在。因此,人既有理性的合理思维,也有非理性的不合理思维,任何人都不可避免地具有或多或少的不合理思维与信念,即人的思维既可以是理性、合理的,也可以是非理性、不合理的。

当人们按照理性去思维、去行动时,就会很愉快,富有竞争精神且行动有成效;而按照非理性去思维和行动的时候则会产生情绪的困扰,这种情绪上的困扰就是伴随着人们的不合理和不合逻辑的思维所产生的。

这种情绪上持续的困扰在很大程度上是内化语言持续的结果。因为人是有语言的动物,思维借助于语言而进行,不断地用内化语言重复某种不合理信念,将导致无法排解的情绪困扰。正如艾利斯所说:"那些我们持续不断地对自己所说的话经常就是,或者就变成了我们的思想和情绪。"为此,艾利斯宣称,人的情绪不是由某一诱发性事件本身所引起的,而是由经历了这一事件的人对这一事件的解释和评价所引起的。

4. 不合理信念及其特征

在 ABC 理论当中,咨询师重点是要帮助来访者改变其中的不合理信念 B,而要改变不合理信念,就先要了解不合理信念及其特点。艾利斯根据自己的临床观察,于 1962 年总结了 11 种不合理信念,并在 20 世纪 70 年代以后将这些主要的不合理信念归纳为三大类,即人们对自己、对他人、对自己周围环境及事物的绝对化要求和信念,具体内容如表 6-2 所示。

表 6-2　不合理信念的类别呈现表

类　别	具体表现	不合理特征
对自己的要求	人必须能力十足,至少在某方面要有才能和有成就,这样才有价值	绝对化要求 过分概括 糟糕至极
	人应该有危机意识,对可怕的事情应该牢牢记在心头,随时顾虑到它会发生	
	一个人应该依赖他人,而且要依赖一个比自己更强的人	
	对于困难与责任,逃避比面对要容易得多	
	人的不快乐是外在因素引起的,人不能控制自己的痛苦与困惑	
对他人的要求	好人必须有好报,坏人必须受到严厉的谴责与惩罚	
	每个人都绝对需要得到其他重要人物的喜爱与赞扬	
	一个人应该关心别人的困难与情绪困扰,并为此感到不安与难过	
对环境的要求	事情不尽如人意是糟糕可怕的灾难	
	问题都应该有一个正确而完美的解决办法,否则就有莫大的不幸	
	一个人的经历是影响他的决定因素,而且这种影响是永远不可改变的	

总的来讲,这些不合理的信念通常都具有以下三个特征:

第一,绝对化要求。这是指人们以自己的意愿为出发点,对某一事物怀有认为其必定会发生或不会发生的信念,它通常与"必须""应该"等字眼联系在一起。

第二,过分概括化。这是一种以偏概全的非理性思维方式的表现,就像以一本书的封面来判定其内容的好坏一样。

第三,糟糕至极。这是一种认为如果一件不好的事情发生了,将是非常可怕的、非常糟糕的,甚至是一场灾难。

在人们不合理的信念中,往往都可以找到上述三种特征。每个人都会或多或少地具有不合理的思维与信念,而对于那些有严重情绪障碍的人,这种不合理思维的倾向尤为明显。情绪障碍一旦形成,往往是难以自拔的,此时就急需进行治疗。

二、合理情绪疗法在儿童心理咨询中的应用

1. 合理情绪疗法在儿童心理咨询中运用时的注意点

合理情绪疗法是以改变来访者的认知为主要治疗目标的,即改变其不合理信

念,以合理的信念取而代之,或改变不合理的思维方式,以合理的思维方式取而代之。按这一疗法理念建立起的合理情绪疗法,在儿童心理咨询与治疗实践中应该注意如下四点:

第一,充分考虑儿童的认知发展水平。对个体认知合理性的自我认识和自我反思,必须有一定的文化水平和智力水平做支持,这是实施合理情绪疗法的必要前提。这就要求咨询师在确定实施合理情绪疗法之前,对来访者的认知能力进行评估,以确保疗法的有效实施。在对儿童实施合理情绪疗法时,要充分考虑儿童的认知发展水平能否达到疗法对来访者在认知水平上的要求。一般来说,12 岁以下的儿童基本无法满足这一要求,部分青少年也无法满足这一要求。

第二,充分考虑儿童情绪管理问题。合理情绪疗法在实施过程中,需要对不合理的认知和信念进行分析和辩论,需要来访者具有较好的情绪管理能力。即便是在认知发展水平上达到合理情绪疗法要求的青少年,在情绪管理上也较成年人弱,所以,当自己的想法被质疑时,青少年来访者很有可能会出现情绪问题,这是咨询师必须要注意的问题。

第三,充分考虑青春期儿童叛逆心理的问题。适合采用合理情绪疗法的青少年恰恰处于心理叛逆期,非常容易出现极端想法与行为,因此,心理咨询师一定要妥善处理青春期心理叛逆问题,分辨冲突信念是阶段性青春期叛逆反应,还是真实的不合理信念。

第四,充分考虑儿童不合理信念与家庭教育的关系。在儿童合理情绪疗法实施过程中,家长的不合理信念与儿童的不合理信念之间的关联性,儿童不合理信念与家庭教养方式之间的关联性等,都是咨询师需要考虑与注意的地方。

2. 合理情绪疗法在儿童心理咨询中的实施阶段

合理情绪疗法在儿童心理咨询与治疗中使用时,与成年人一样需要经历确定不合理信念、领悟、修通和再教育四个阶段。

(1)第一阶段:明确不合理信念阶段。

明确不合理信念是合理情绪疗法实施的最初阶段。首先,治疗师要与来访者建立良好的关系,以帮助其建立自信心;其次,要搞清楚来访者所关心的问题,将这些问题的性质及其产生的情绪反应进行分类;最后,当咨询师确信自己已经找到了来访者核心的 ABC 之后,就可对这一阶段的工作作总结,再在此基础上与来访者一起制订咨询目标与合理情绪疗法的具体实施方案。

（2）第二阶段：领悟阶段。

在明确来访者的 ABC 后，咨询师就要带领来访者进入领悟阶段。该阶段，咨询师的主要任务是深入寻找和确认来访者的不合理信念。咨询师要使求助者在更深层次上领悟到他的情绪问题不是早年生活经历造成的，而是由他现在所持有的不合理信念造成的，因此他应该对自己的问题负责。

在这一阶段，咨询师要让来访者明白以下五条区分合理与不合理信念的标准。

第一，是否基于客观事实。合理信念大都基于一些已知的客观事实；不合理信念则更多的是主观臆测。

第二，是否带来情绪问题。合理信念能使人更好地保护自己，努力使自己愉快地生活；不合理信念则会产生情绪困扰。

第三，是否有利于目标实现。合理信念使人能更快地达到自己的目标；不合理信念则使人为难以达到现实目标而苦恼。

第四，是否不受他人麻烦干扰。合理信念可使人不介入他人制造的麻烦；不合理信念则难于做到这一点。

第五，是否能够排解不良情绪。合理信念使人避免产生或很快消除情绪冲突；不合理信念则会使情绪困扰持续相当长的时间从而造成不适当的反应。

（3）第三阶段：修通阶段。

修通是对来访者存在的不合理信念进行讨论或辩论的阶段，也是治疗的关键阶段。咨询师的任务：一是采用辩论的方法影响来访者的不合理信念，使他们认识到那些不合理信念是不现实、不合逻辑的，也是没有根据的；二是要让来访者分清什么是合理信念，什么是不合理信念，从而用合理的信念取代不合理的信念。另外，治疗过程中还可以采用其他认知行为疗法。

（4）第四阶段：再教育阶段。

再教育是巩固治疗效果并结束治疗的阶段。该阶段，咨询师的主要任务是要帮助来访者巩固在咨询与治疗过程中所学到的东西，以便能更熟练地用合理信念思考问题，使其在脱离咨询与治疗情境之后能更理性地生活，更少遭受不合理信念的困扰。

案例分析：一例因父母离异引发的青少年心理问题案例①

来访者：小刚(化名)，17岁，男孩，重点学校高二学生；父亲，民营企业的高级管理人员，47岁；母亲，44岁，医生。

求助背景：小刚与妈妈的关系一直不太好，最近才得知父母离异，之后就一直不和妈妈讲话(尽管和妈妈一起生活)，且情绪非常不好，经常无端地发脾气。妈妈无奈拨了北京市教育工会心理中心的热线，寻求心理咨询的帮助，我接了这个心理咨询个案。

基本资料：小刚是三口之家，妈妈毕业于美国著名大学，是医学博士，回国后就职于北京一家著名医院，与爸爸是大学同学。在有小刚之后，爸爸辞去医院的工作去了一家外企。在小刚15岁时，妈妈发现爸爸有外遇后马上提出离婚，一年后，父母在小刚不知情的情况下离婚，随后爸爸与别人结婚，但这些都在妈妈的要求下瞒着小刚。爸爸会不定期回到原来的家看一下小刚。事情一直都还算平静，但前不久，就在小刚过17岁生日，妈妈在一次愤怒情绪下，当着小刚的面，说出了父母离异的事实，使得原本就不太和睦的母子关系更加恶化。

小刚的相关资料：小刚性格内向，很有想法，喜欢与人谈论哲学方面的话题；不善于表达情感，情绪也容易激动；在学校朋友不多，但也没有与别人发生过冲突；对于父母离异很愤怒，不接受他们对自己隐瞒离婚是怕影响自己学习的解释；很不满妈妈对父亲的态度。本人不想做咨询，是妈妈要求的，认为最该接受咨询的是妈妈。

妈妈的主要心理：妈妈性格直爽，一切都写在脸上；主要情绪是对前夫的愤怒，对儿子的无奈；咨询期待是缓和母子关系。

爸爸的主要心理：爸爸的性格没有太突出的特点，在咨询中高度防御，拒绝谈论一切与自己有关的事情，只表示对儿子的问题担心，承诺会积极做一切有利于儿子成长的事。

咨询师对来访者关系的整理

这是一个多人来访者的咨询，根据资料分析，主要矛盾是青春期母子关系问题。主要问题是妈妈关于家庭的认知，和小刚的个性与其家庭变

---

① 本案例为作者的咨询案例，案例中的信息已做了保密处理。

化的不适应引发的青春期激烈情绪问题。

咨询方案

问题诊断:家庭变故引发的一系列心理问题。

咨询目标

近期目标:缓解小刚的激烈情绪,建立起父母对其的理解与支持;

中期目标:转变小刚对父母离婚问题的看法,调整妈妈对家庭关系的认识;

长期目标:逐步完善母子关系,家庭合力使小刚能健康成长。

咨询设置

咨询理念:遵循整合治疗理念。

咨询方法:采用多种心理咨询与治疗方法,计划使用精神分析中的防御机制解释技术,认知疗法中的合理情绪疗法、家庭疗法及人本主义中的共情等技术。

咨询类别:对来访者家庭进行中程(8~10次)心理咨询。

咨询安排:每周一次,每次1个小时左右。

在对小刚及其父母进行评估后得出,小刚个性固执,合理情绪疗法对其不太适合;爸爸非常理性,没有表现出明显的认知问题,只是存在家庭责任心问题;妈妈是最适合进行合理情绪疗法的对象。这里,我为大家呈现对妈妈来访者的家庭关系认识进行的认知干预过程。

对妈妈的合理情绪疗法的实施过程

对妈妈进行合理情绪疗法有效性评估:妈妈是一个具备一定反思能力的人,且没有典型的偏执人格特质,适合做合理情绪疗法。

明确妈妈在家庭问题中的 ABC

妈妈关于前夫的认知:A 前夫外遇与离婚;C 对丈夫产生怨恨,不断在儿子面前谴责前夫;B"他出轨在先,就应该承担一切责任""他对不起家庭在先,就应该随叫随到""我对儿子的爱,他应该理解""这个孩子就是没良心""我就只剩下儿子了"等等。

关于 B 的领悟与修通

针对妈妈来访者的"不合理信念"与其进行分析。

"他出轨在先,就应该承担一切责任"——如何看待婚姻的忠诚、忠

诚破坏和一切责任的关系等;达到将不合理的"应该承担一切责任"的绝
对化要求转变为承担他应该承担的责任的合理要求。

"他对不起家庭在先,就应该随叫随到"——对前夫的绝对化要求的
分析,以及这个要求背后的真实原因:例如,是否还存在原来夫妻关系的
交往模式? 是否对其还抱着一定的期待? 夫妻情感因素是不是决定
因素?

"我对儿子的爱,他应该理解""这个孩子就是没良心"——对儿子的
绝对化要求和过度概括等不合理信念分析;儿子个性特点分析;复杂家庭
环境和儿子的应对能力分析;对儿子看法所产生的影响分析等。

"我就只剩下儿子了"——这种对自己糟糕至极的预测。自身优势
分析,自身发展分析,家庭中自己的角色分析等。

咨询疗效巩固

在其他咨询环节,例如,与儿子和前夫一起的家庭问题讨论环节,不
断鼓励妈妈使用理性思维去考虑问题,建议其在生活中,能够有意识地主
动引导自己合理地、客观地和冷静地处理事情。

三、关于认知疗法的评价

1. 合理情绪疗法的贡献

第一,合理情绪疗法透过对人非理性信念的驳斥,能有效地帮助当事人较弹性
地面对人生中的种种挫折与困扰,而不致做出毁灭性的及消极行为。

第二,合理情绪疗法的本质是教育性、预防性的,它试图用一套它认为合理、健
全的思维方式去教育来访者,来访者的改变过程并不依赖于治疗师。另外,合理情
绪疗法还专门发展了一套适用于儿童和学校心理咨询的体系,称作"理性-情绪教
育",旨在帮助孩子提高心理机能水平,解决学习中的各种问题。

第三,合理情绪疗法的常用技术多种多样,包括角色扮演、行为训练、建议、家
庭作业等,容易使来访者接受治疗,并容易矫正其心理问题。

第四,合理情绪疗法不太关注和强调过去遭遇的不幸,而是为遭遇不幸的人提
供了新的出路。合理情绪疗法信赖、重视个人自己的意志及理性选择的作用,强调
人能够"自己救自己",而不必仰赖魔法、上帝或超人的力量。

2. 合理情绪疗法的局限

第一,合理情绪疗法不太注重辅导关系,并具有以下两种倾向:一是过早诊断

问题,以致真正的问题不能得到处理;二是过早驳斥来访者的不合理信念,导致来访者不能接受或产生反感。

第二,不关注来访者的过往经历可能会抹杀或忽略困扰来访者的核心问题及生存环境。

第三,在合理情绪疗法中,咨询师具有较高的权力及指导性,如果咨询师本身技能不足,容易对来访者的心理造成更大的伤害。

第四,强调改变不合理信念也有其局限性,因为它要求认知与思想的改变,所以对年纪太小或过老、过分偏执而反逻辑、智力水平太低或有自闭症倾向等来访者都不适合。

第五,有时比较难区分合理与不合理信念,因为信念的合理与不合理受到个人的价值观、社会文化背景、时代烙印等方面的影响。如果咨询师缺乏相关方面的训练是很难掌握的。

第四节　游戏疗法

儿童的世界,游戏占据了很大的空间,而对于学龄前儿童来说,其整个世界都在游戏中。因此,游戏疗法自然也成为儿童心理咨询与治疗的重要方法之一。

一、游戏疗法简介

1. 儿童与游戏

学龄前儿童的世界就是游戏的世界,即便是学龄儿童和青少年,我们也不应该把他们看作成人的缩小版。儿童的世界与成人世界不同,有自己独特的感受事物、认识事物和应对事物的方式,而在这一过程中儿童往往是通过游戏来完成自我表达的。在成人的世界中,最普遍的沟通媒介是语言,但是在儿童世界中,他们的媒介却是游戏活动。游戏作为儿童普遍享有、不可剥夺的权利,对儿童的成长以及各方面的发展都具有普遍而重要的意义。儿童做游戏是本能的、自发的、感兴趣的、没有目的性的,他们不需要他人的教导,也不需要他人强迫,自己就能做游戏。

2. 游戏疗法的定义

游戏疗法是运用儿童游戏的自发性、本能性及直接表达性特点,使儿童在自然状态下,用游戏"演示"经历和感受,也在游戏中"体验"不同和改变,是儿童动态需求满足和自我治疗过程的最基本形式。

自儿童心理咨询与治疗产生以来,游戏疗法就以其无法替代的位置,在对儿童心理问题与障碍的治疗中起着重要作用。其作用主要表现在如下几个方面:

第一,在治疗工作中,与儿童建立良好关系的最佳途径就是游戏,而建立良好的咨询关系则是治疗中的一个关键步骤。

第二,游戏能够提供进行情感交流的方案。儿童对感受的表达在语言层面上通常是不通畅的。从发展角度来看,他们还缺乏相应的认知能力以及语言使用熟练度;从情感层面上看,他们还不能一边专注于自己的感受一边考虑如何用语言充分表达出自己的感受,游戏是儿童具体的表达方式,是他们认识自我和认识世界的方式。

第三,游戏能够提供解决冲突的方案。即便是最正常且能力突出的儿童,在生活中也会遇到一些看似难以克服的障碍。但是,当他以自己的方式把这些问题通过游戏表达出来以后,他就可能一步一步地摸索,最终把问题解决好。

第四,在儿童期,孩子总会感到许多事不受自己控制。游戏恰恰就是为他们的生活提供平衡感与控制感的最佳手段。在游戏中,孩子通常能控制各种游戏事件,虽然这并不意味着孩子同样也能控制这些事件所代表的现实生活事件,但只是这种控制的感觉就能满足孩子在情感发展与精神健康方面的需求了,所以并不需要实实在在的控制。

3. 游戏疗法的特点

治疗中的游戏和一般儿童游戏在形式上很相似,也正是因为利用了儿童喜欢做游戏的特点,所以游戏疗法与其他治疗方法相比,具有其独特的优点。

第一,治疗中的游戏是一种自发的、由内在动机引起的活动,它在决定物品如何使用的问题上具有灵活性。

第二,游戏疗法不存在外在目标,孩子在做游戏的过程中是很开心的,而游戏结果也无关紧要。

第三,做一场游戏,孩子需要调动起身体、精神和情绪三个方面,并把它们投入创造性表达和社会交流上面。大多数成人都可以将自己的情感、挫折、焦虑以及个人问题转化为某种形式的语言表达。游戏对儿童的重要性就与语言对成人的重要性一样,它是表达感情、开发人际关系和自我实现的媒介。

第四,游戏代表了儿童想要整合自我经验以及自我世界的愿望。虽然在现实生活中环境可能是难以控制的,但通过游戏,儿童体验到了控制感。儿童在游戏中不断使自己适应新的环境并以此把当下的自己与逐渐累积的过去的自我认知联系起来。儿童反复重演自己过去的经历,并把它们吸收进入已有的相关图式或者是作为新的理解框架进行储存。通过这种方式,儿童不断地重新发现自我,伴随着他与世界之间关系的每一次改变,他尽其所能同时也不得不重新更新自己对自己的印象,把新学到的知识和技能增加在自己身上。

二、儿童心理咨询中游戏疗法的运用

1. 游戏疗法的适应对象

游戏对于儿童心理问题与障碍具有非常广泛的治愈功能,主要表现在如下三方面问题的治疗上。

第一,情绪问题与障碍。如广泛性焦虑与恐惧、考前焦虑、儿童焦虑症与恐惧症。

第二,行为问题与障碍。如注意力缺陷多动障碍、攻击性行为、控制能力缺失行为、缄默退缩行为等。

第三,社会技能发展不良。如同理心缺损、人际交往能力缺失、耐挫能力弱等。

2. 游戏治疗的阶段与性别特质

游戏疗法中,治疗关系的发展可以被分成多个具有显著特点的阶段。一般情况下,游戏治疗过程中儿童的参与会出现三个阶段的变化,具体如下:

第一阶段:儿童在游戏一开始都会进行探索性的、无目的性和创造性的游戏,伴随着游戏治疗进程的深入,儿童会变得更加直接地表达自己的情感,所表达的内容也更加集中而具体。

第二阶段:儿童在逐步熟悉环境后,会表现出更多的攻击性,并开始对家人和自我进行语言描述。

第三阶段:在治疗后期,儿童开始主动表达自己的焦虑、沮丧和愤怒。因此,该阶段情节扮演类游戏以及儿童与咨询师的关系会变得尤为重要。

在游戏中,男孩与女孩的差异是显而易见的:男孩会表达更多的愤怒,表现更多的攻击性语言,并开展更具攻击性的游戏,制造出更大的"动静"。而女孩的游戏活动更多地体现出创造性、关系性、愉悦感、焦虑感,她们会更多地用语言向治疗师进行求证,用语言表达出各种积极和消极的想法。

三、儿童在游戏疗法实施过程中的表现

1.穆斯塔卡斯的儿童游戏过程中五个表现阶段

1955年,穆斯塔卡斯对儿童心理咨询与治疗中的游戏治疗进行了系列案例研究,得出了游戏治疗过程中的儿童在经过了五个阶段后会取得的进步。穆斯塔卡斯认为,无论是焦虑、愤怒还是其他负性情绪,随着游戏治疗的开展,受到问题困扰的儿童态度都会依照以下五个阶段发生变化。

第一阶段:随处可见的宣泄负面情绪阶段。这一阶段是儿童在游戏中充分宣泄负面情绪的阶段,咨询师可以通过观察发现儿童在游戏中负面情绪的表达方式和程度,进而掌握儿童的情绪特质,这对心理咨询师来说很重要。

第二阶段:偏焦虑和敌对的矛盾情感阶段。在负面情绪发泄中,咨询师或治疗师可以进一步发现,儿童焦虑及敌对的矛盾情感问题的具体表现,进而获得应对儿童情绪和情感问题的关键。

第三阶段:指向父母、兄弟姐妹以及其他人的直接负面情绪或是某种具体形式的退行阶段。儿童在游戏中,会不自觉将其对生活中的重要他人如父母、兄弟姐妹等特有的情感及其行为表现出来。

第四阶段:指向父母、兄弟姐妹以及其他人的既积极又消极的矛盾情感阶段。问题儿童,特别是存在亲子关系或家庭人际关系问题的儿童,对父母等至亲的情感往往是既依赖又排斥。

第五阶段:包含清晰、独立、实际的,积极与消极并存的态度,但是以积极态度为主导的阶段。在游戏中,儿童经过情绪宣泄与表达,以及对生活中人际关系的矛盾心理与情感的表露,会逐步体验从消极态度到积极态度的转变过程,最终达到积极情绪与态度主导个人做事风格。

2.亨德里克斯的系统游戏疗法中儿童的表现

1971年,亨德里克斯也发布了有关游戏疗法过程的相关研究成果。她认为游戏疗法的实施应该是一个系统的、阶段性的过程,一般需要20多次以上的治疗,而在这一治疗过程中儿童在游戏治疗中总会遵照以下模式:

第1—4次治疗:在此阶段,儿童充满好奇,在游戏中主要是探索性、无目的性而又具有创造性地玩耍;能做简单描述,包含少量有参考价值的评论;愉快与焦虑的情绪会同时表现出来。

第5—8次治疗:此阶段儿童继续进行他们那具有探索性、无目的性以及创造性的游戏;无显著特点的攻击性游戏开始增加;继续表现出既愉快又焦虑的情绪,自发的行为开始更加明显。

第9—12次治疗:探索性、无目的性和攻击性的游戏减少;涉及关系的游戏开始增加;创造性游戏与愉快情绪占主导地位;与治疗师之间非语言的交流开始增多;提供更多关于自己和家庭的信息。

第13—16次治疗:创造性的和涉及关系的游戏占主导;具体的攻击性游戏增多;对内心愉悦感、困惑感、厌恶感、疑虑感的表达也开始增加。

第17—20次治疗:情节类以及角色扮演类的游戏成为主导;具体的攻击性表述仍在继续;与治疗师的关系进一步亲近;愉快成为主要的情绪表现;继续向治疗师提供有关自己和家庭的信息。

第21—24次治疗:涉及关系的游戏以及情节与角色扮演游戏占据主要地位,其他次要游戏开始增加。

3.尤西的儿童在游戏治疗中的发展特点

1975年,尤西的研究发现,儿童在游戏治疗中会表现如下发展变化:

第1—3次治疗中:儿童会以纯口头的方式试探咨询师对其行为的反应;表现出极高的焦虑情绪;进行各种语言的、非语言的、游戏探索性的活动。

第4—6次治疗中:儿童的好奇心和探索行为减少,攻击性的游戏、语言和叫喊发生的次数达到最多。

第7—9次治疗中:攻击性的表现降到最低水平,而创造性游戏的次数、愉悦感出现的次数以及语言中提到家、学校和其他与生活有关的各方面信息的次数达到最多。

第10—12次治疗中:涉及关系的游戏次数达到最多,而无目的游戏的次数降到最少。

第13—15次治疗中:无目的游戏的次数与对愤怒情绪的表达次数达到顶峰,焦虑情绪超过之前的水平,借助语言的人际关系互动次数和儿童命令咨询师的次数都达到最高值。

四、游戏疗法实施过程的注意点

1.适应良好儿童与适应不良儿童在游戏中的表现

在游戏治疗过程中,总会出现适应良好和适应不良的儿童。适应良好儿童会倾向于主动谈论自己的世界,好像游戏世界就真的是为他们而存在一样,会尝试所有的游戏种类,使用各种各样的游戏材料,也会采用各种方法发现在治疗关系中自己所应承担的责任和所受到的限制。

适应不良的儿童则会在治疗初期阶段保持完全的沉默或像连珠炮一样不停地说话和提问题,会待在很小的区域内使用少量的玩具,也不希望别人告诉他该做什么和不该做什么。

分清这两类儿童的区别,并实施有效的应对方法是确保游戏疗法顺利实施的前提。

2. 在游戏治疗中与孩子相处的原则

第一,爱的原则。游戏治疗过程中,咨询师或治疗师需要对儿童敞开心扉,对儿童一定要有发自肺腑的爱,努力体会和赞赏孩子的本性。

第二,重视儿童好奇心的原则。儿童在游戏中会不断表现出各种好奇心,这些好奇心可能以积极行为表现也可能以消极行为表现,治疗师一定要重视儿童的好奇心,不可以因为对其消极行为的处理而损伤儿童的好奇心。

第三,容忍儿童犯错误的原则。对于游戏治疗中的儿童来说,犯错误是在所难免的事,治疗师必须要有容忍孩子犯错误的能力,不可以遇到儿童犯错误就终止治疗,要不断提升游戏治疗中应对儿童犯错误的能力。

第四,避免儿童受伤害的原则。儿童在游戏治疗中经常会不自觉地出现将现实情景和游戏情景相混淆的状况,因此治疗师一定要警惕,尽量避免游戏过程的参与引发儿童二度焦虑等伤害情况的发生。

3. 游戏疗法的保密原则

在游戏治疗中,尽管孩子不是很关心保密问题,但治疗师还是需要告知他们这是一个安全、保密的时间段。

相对大一点儿的孩子会更关注保密性,尤其当他们听到父母谈起一些孩子的异常行为时,他们会关注治疗师可能会将治疗过程或者其他内容告诉别人。为了避免孩子的不良感受,如何向孩子解释治疗的保密原则是需要经过专业培训的。

一个普遍的指导原则是永不泄露任何孩子在治疗室内的任何言行,除非这些言行超出了专业伦理范围。治疗师所观察到的特殊行为及孩子的确切解释,只能用来和专业的督导师研究讨论。

那么,什么可以告诉家长呢?治疗师同样也应将家长的反应加以分析,并初步设想应该运用哪些知识来回应家长。一般来说,当出现私密性问题卷入的时候,都是最重要的解释环节出现了问题。治疗师对孩子的整体感知及其行为必须在不违背保密原则的情况下传达给家长。家长要求了解一些保密信息时,治疗师所给出的解释必须避免使家长感到被丢弃或者产生怨恨、气愤情绪。在治疗过程中,将普通信息传递给家长,满足他们的好奇心,是治疗师一个很好的技巧。一般规则是和家长讨论普遍性的观察结论而避免泄露孩子的特殊行为。

当处理孩子问题的时候,保密原则的处理是一个棘手问题。毕竟,父母和孩子是有法律上的关系的,父母很诚恳地希望知道怎样可以帮助孩子。他们支付费用给治疗机构,必然会认为他们有权利知道是为什么支付这么昂贵的费用,以及这一阶段都进行了什么。治疗师怎样做才能既给家长一个交代同时又履行对孩子保密的义务? 这是一个难以回答的问题,结果经常与以下几点有关:家长适当运用信息的能力、信息的充足量、孩子的情感弱点和各种活动中的人身安全。

孩子必须从各种可能的伤害中保护自己,比如关于恐吓的自伤行为或受到恐吓而逃跑。治疗师必须告诉家长,在孩子有可能出现自伤行为时,家长要采取措施确保孩子的安全。

第五节　家庭治疗

家庭治疗是以系统理论为基础,主要是从"家庭系统"的角度解释个人症状与家庭成员间的关系,基于整个家庭的改变来促使个人的改变。它与以"个人"为对象而施行的个人心理治疗有所不同,不太注重成员个人的内在心理构造与状态,而把焦点放在家庭各成员之间的关系上。儿童问题的解决离不开家庭,家庭治疗作为重要的治疗方法,在儿童心理咨询与治疗中,起着不可替代的作用。

一、家庭治疗简介

1. 家庭治疗的定义

家庭治疗的治疗理念,认为家庭成员的心理行为问题或症状是由家庭成员之间不良的交往模式,或者不良的家庭结构引起、维持和发展的。要解决这些问题,需要构建起通过改变家庭交往模式或者家庭结构,来改变家庭成员的心理行为问题或症状的治疗框架,达到完善家庭系统和恢复家庭功能的目的。

目前,家庭治疗逐步成为一种公认的循证心理治疗①方法。家庭治疗适合所有人群,尤其是对由家庭冲突、创伤所引起的困扰和心理健康问题的人。

2. 家庭治疗产生与发展的历史

家庭疗法的兴起与社会历史环境的变迁和心理治疗学科领域内部的进展联系密切。第二次世界大战时,美国精神医疗界因战争而人手不足,于是开始利用病人家属和社会工作者共同护理病人,这些家人的参与使得病人的身心康复取得了意想不到的效果。

20 世纪 40 年代后期,一些临床学者对传统的个别治疗的进度缓慢感到不满。他们发现病人的发病、康复和复发与家庭其他成员有着千丝万缕的联系,于是开始将治疗的焦点放在整个家庭上。

20 世纪 60 年代以后,治疗师的阵容迅速扩大,对家庭治疗的研究也蓬勃发展起来。家庭治疗师逐渐扩展了家庭治疗的适用范围,将其推广到包括神经官能症、行为问题以及一般家庭问题。

到了 20 世纪七八十年代,随着女权主义的兴起,报纸杂志上关于家庭矛盾的报道日益增多,这引起了多方面的重视与研究,在欧美各地分别成立了许多以"家庭治疗"为主的心理咨询中心和诊所。

目前,家庭治疗在西方国家颇受重视,发展也相当完善,但在我国还处于引进阶段。

二、家庭治疗技术

家庭治疗的技术有很多,马克和埃迪从治疗师技术、发展干预技术及各流派家庭治疗技术三个方面进行归纳,总结出 27 个技术。这里,我无法一一将这些技术列出,选择几个最具有代表性的技术介绍给大家。

1. 各流派家庭治疗技术

家庭治疗技术中最有代表性的技术是策略派家庭治疗、结构式家庭治疗、焦点解决式家庭治疗、叙事式家庭治疗、基于依恋家庭治疗和心理教育家庭治疗六大流

---

① 循证心理治疗方法:循证二字的本意是遵循证据,循证心理治疗就是指遵循证据的心理治疗。心理治疗中的证据是指,来访者的问题表现或症状、来访者所处特定的环境与文化等情况。循证心理治疗顾名思义就是遵循有用的、最好的、可供使用的研究证据,将其与心理治疗技术整合,达到促进来访者身心康复的治疗过程。

派技术。表6-3是我根据资料整理的这类技术的相关知识。

表6-3　家庭治疗各流派技术

流　派	创始人	理　念	技　术
策略派家庭治疗	杰伊·海利（1973年）	中断习惯性行为循环，实施策略性干预	重塑技术、悖论技术、家庭角色转换技术、家庭权力轮班技术等
结构式家庭治疗	米纽庆（1974年）	构建家庭适应性和凝聚力	对质技术、解释技术、访谈技术、角色扮演技术、强化技术等
焦点解决式家庭治疗	史蒂夫·德·沙泽尔（1982年）	聚焦关系而不是聚焦问题，关注当下解决方案	例外技术、问题具体化技术、问题比喻性等级技术、家庭成员互相评定技术等
叙事式家庭治疗	迈克尔·怀特（1990年）	家庭问题不是系统而是隐喻叙事	叙事练习、主流叙事、重构技术、支持外化技术
基于依恋家庭治疗	比恩格（1995年）	修复依恋创伤，建立安全依恋	通过依恋纽带学习社会技能、匹配家庭成员的情感依恋风格技术等
心理教育家庭治疗	库伊佩雷斯（1999年）	提倡"家庭管理"干预，减少敌意与批评	家庭管理技术、疾病故事、情感表达技术、理解与接纳技术等

2. 讨论困难话题技术

家庭治疗中，困难话题的出现与讨论是治疗师不得不面对的问题。何谓困难话题？如何应对困难话题是这里要学习的主要内容。

困难话题也被称为"未表达的"部分，即家庭成员在对话中没有或不愿表达出来的部分。一般家庭治疗中的困难话题主要存在三种情况：一是家庭秘密相关话题，如夫妻离异、外遇或孩子身世等；二是家庭成员间没有明确表达的不满，如妻子碍于面子没有说出的对丈夫工作的不满、孩子对父母没有表达的不满等；三是家庭成员自我反省但未公开表达的部分，如父亲认为女儿的抑郁问题与自己基因有关等。

应对上述困难话题时，最重要的是话题引出后，家庭成员出现的激烈情绪问题。应对激烈情绪的常用技术有两个：一是重构技巧；二是"滴定"技巧。

重构技巧中的重构或重塑是指咨询师引导家庭成员使用克制性语言表达情

绪,使家庭成员在不受伤害的情境下进行沟通。如一个处于青春期抑郁的女孩,针对父亲过去对自己的打骂充满愤怒,觉得自己今天的抑郁情绪都是父亲导致的。此时,咨询师必须清楚女孩的感受,也要理解父亲的控制程度,并将两者加以平衡,从而帮助父女认识到两者间的互动可以打开孩子的心结、化解矛盾,从而治愈孩子的问题。互动不是使家庭矛盾升级,而是使双方都更加理解对方的感受。

图 6-3 是重构技巧的示意图。

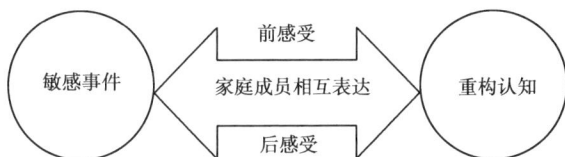

图 6-3 重构技巧示意图

滴定技术,是指如果出现家庭成员之间很难共同讨论某个话题时,治疗师必须为他们建立沟通平台,组织家庭成员进行讨论,达到减轻话题强度的目的。因为家庭成员都在场,在使用滴定技术时,治疗师一定不能让家庭成员承受太多的情感压力。例如,一个初三男生,因仇恨父亲因外遇与母亲离婚,而要求做变性手术。在父亲、母亲和孩子三人的家庭对话中,孩子极其愤怒地指责父亲的外遇行为,并激烈地为母亲叫屈,此时,咨询师可以适当地引导母亲进入对话,从而合理地制止孩子的激烈情绪表达。

图 6-4 是滴定技术的示意图。

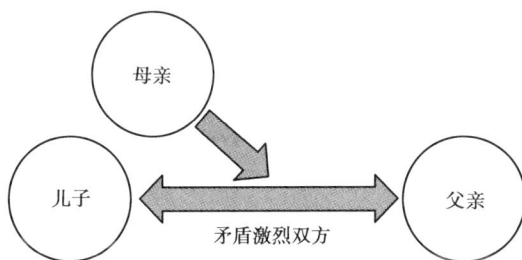

图 6-4 滴定技术

3. 构建家谱图技术

家庭治疗师常用的技术之一,就是在第一次会谈中构建家谱树或家谱图。家谱图是家族世代历史事件的图形表示,其中包括重要事件的日期。

家谱图的功能主要表现在如下几个方面,首先,咨询师会通过家谱图注意到来访者家族的发展模式,并且可能会指出一代人的事件如何在短时间内影响到另一些人;其次,来访者也可以直观地感受到家族对自身的影响,可以意识到他们的历史被其他家族成员曲解,或自己曲解其他家庭成员,由此可见家谱图可以帮助家族成员重建重要的联结;最后,家谱图可以展现家庭成员的情感亲密度。

家谱图构建的程序,具体步骤可分为三步,具体内容如图 6-5 所示。

第一步:搜集资料 从当前家庭开始,回顾家族历史, 包括所有人之间的血缘联系、家 庭重要事件等	第二步:绘制家谱树 根据家族关系和发生的事件 绘制家谱树	第三步:家谱图中的情感关系 根据家庭成员的情感亲密度呈现 家族情感关系

图 6-5   家谱图构建步骤

4. 家庭剧本技术

比恩格指出,家庭剧本是指家庭的信念系统,即以原生家庭中所形成的脚本为基础,进而创造了当前家庭中的一般原则、家庭角色和规则。家庭治疗中,家庭剧本是一个不可忽视的因素,许多家庭中的重复模式和解决特定发展性事件的方式,背后都存在着其家庭剧本或家庭神话。

家庭神话是家庭剧本的核心内容,是一个家庭中最有吸引力的故事,家庭成员在重复这些神话故事的过程中,逐步形成了家庭信念系统。

家庭剧本技术主要应对两种家庭状况:一是家族成员不断重复家庭剧本;二是家庭成员极力做与家庭剧本不同的事情,这被称为纠正剧本。

家庭治疗师处理剧本最常用的技术就是即兴剧本。所谓即兴剧本技术是指,治疗师会帮助家族成员分析,哪些剧本对他们的行为有激励作用,并给他们改变剧本的机会,从而达到预期的治疗效果。

三、家庭治疗在儿童心理咨询中的工作概念

家庭治疗的工作概念是指在进行家庭治疗临床实践、培训和督导时,不管何种学派的家庭治疗方式,都有可能反复思考和运用的基本理论构架。

家庭治疗是儿童心理咨询与治疗中最传统、最常见的治疗方法。与成人家庭治疗相比,儿童家庭治疗在工作概念上有其特殊性。下面我从家庭结构、家庭关系模式、家庭权利分配等三个方面对儿童家庭治疗的基本运用进行描述。

1. 儿童家庭治疗中的家庭结构

家庭结构是结构式家庭治疗一个重要的理论贡献,同时也对家庭治疗的临床

实践具有重要的指导价值。一个简单的核心家庭存在许多关系网,如夫妻、父子、母子关系等。如果是三代或三代以上同堂的家庭,关系则更复杂。

在儿童家庭治疗过程中,对儿童家庭结构的了解是首要任务。因为,家庭中人际关系网络的互动模式及其特征便是家庭结构的基础。家庭结构是在互动中形成的,最初互动塑造了结构,这一结构一旦形成,就可以互相影响。

图 6-6 是最常见的儿童心理咨询与治疗的家庭结构图。

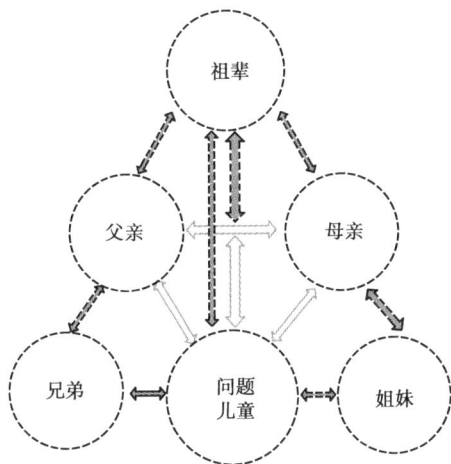

图 6-6　问题儿童家庭结构图

图 6-6 表明,如果是三口之家,即父母和儿童,至少也会形成四种互相影响的关系,夫妻关系、亲子关系、父子关系与母子关系。如果是多子女三代家庭就会形成十种以上互相影响的关系。而这些关系在儿童家庭治疗中都需要梳理,因为关系模式可能直接左右着儿童的心理特质和行为方式。

我们假设一名 15 岁的青春期女孩因学校人际关系问题,产生厌学情绪,对这个问题进行家庭治疗时,不同的家庭结构会对问题的解决产生不同的影响。

如果其家庭结构属于三口之家,父母之间关系平等,对其的家庭教育也多采用民主式教养方式,在孩子遇到人际关系困惑时,家庭支持应该足以支撑她面对困难。

如果其家庭结构属于三口之家,但父亲或母亲一方处于绝对权威,另一方处于服从地位,对其家庭教育比较专制,在孩子遇到人际关系问题时,来自家庭的支持可能就会与自己的想法产生分歧甚至矛盾的状况,就不利于她摆脱困境。

如果其家庭结构较为复杂,属于多种不平衡结构,就有可能产生多种不同程度的问题解决结果。

2.儿童家庭关系模式

儿童家庭治疗中的第二个任务,就是了解儿童家庭关系模式。家庭成员之间结成的同盟关系被称为结盟,它包括稳定同盟、三角关系和迂回关系。

稳定同盟指的是无论何时何地何事,两个或者两个以上的家庭成员总是结成统一战线来反对另外一个或者一些家庭成员;三角关系是指家庭成员形成对立的三角关系,即家庭主要成员之间保持独立;迂回关系是指家庭成员之间关系曲折、变化、不稳定。

了解儿童家庭关系模式对解决儿童问题意义重大。我们假设一个6岁儿童在超市购物时因父母没有满足其要求,就躺地打滚且大哭大闹不止。对该类儿童问题的解决,在很大程度上受家庭关系模式的影响。

如果儿童家庭关系模式是稳定联盟,又是父母结成统一战线,反对儿童的行为,这个问题就会快速高质量地解决。如果母亲与儿童结成联盟,父亲的观点不一致,这个问题也会很难解决。

如果儿童家庭关系模式是三角关系,儿童进行自我反思的可能性很大,问题可能会快速解决。

如果儿童家庭关系模式是迂回关系、不断变化的关系,会给儿童造成模糊的影响,或许很难解决问题。

3.儿童心理咨询过程中家庭权力分配

家庭权力指的是夫妻之间以及父母与孩子之间的权力分配,即家庭中谁是最有影响力、最有决策力的人。有的家庭是以父亲为权力中心,有的是以母亲为权力中心,有的则是以孩子为权力中心,还有少数属于平权家庭或缺乏权力中心,后者的家庭成员各行其是,谁也管不了谁。了解家庭内的权力分配模式,对分析家庭关系、处理和预防家庭问题有非常大的帮助。

假设一名11岁的男孩,存在一定的行为问题,如经常不完成作业、随便打骂同学等。应对这类儿童问题时,家庭权力分配不同,其干预效果也可能不同。

如果这个男孩生活在一个权力集中在父亲或母亲身上的家庭,那么在应对孩子问题时,权力者的合理参与就会起到良好的效果,反之亦然。

如果这个男孩生活在一个平权的家庭,孩子出现问题时,每个家庭成员的积极参与,将有利于儿童问题的改善。

导入案例分析:阳阳问题解决的有效方法探究

阳阳问题的心理评估:根据阳阳的问题描述,阳阳的主要问题是因环境变化引发的新环境不适应问题。诊断依据:根据咨询师资料的收集,排除阳阳存在 ADHD 等儿童病理性发育障碍。由于原来幼儿园的许多要求和现在幼儿园的要求不一致,这种环境变化导致阳阳表现出在原来幼儿园从来没有的行为。

阳阳问题解决的有效方法:根据对阳阳问题的有效评估,最有效的方法是采取行为干预、游戏治疗及家庭治疗。

对阳阳的行为治疗以消退不良行为为目标,对阳阳的良好行为给予积极且明确的肯定和表扬,对其不良行为进行适当制止。

对阳阳的游戏治疗可以环境适应为目标,通过游戏让阳阳了解环境的变化,在游戏中学习现在幼儿园的规则,逐步达到适应幼儿园新环境的目的。

对阳阳的家庭疗法是非常必要的。从阳阳的适应性问题可以得出,阳阳在环境适应能力上较一般儿童存在一定的问题,这就需要家长高度重视该问题。也希望家长在日常生活中,尽量引导和提升阳阳的环境适应能力,在规则教育上给予高度重视,包括家长规则意识和行为的榜样示范作用等。

❓ 思考题

1.谈谈你对心理咨询与治疗方法发展现状的认识。

2.传统的儿童心理咨询与治疗方法的特点。

3.家庭治疗的功能及其在儿童心理咨询与治疗中的应用。

第七章　表达性治疗方法

⦂⦂⦂⦂

导入案例:小静(化名)妈妈的期待①

小静是一名 6 岁的女孩,3 岁的时候,被居住地医院诊断为自闭症,目前就读于一家私立自闭症特殊幼儿园。

小静基本没有语言,表达需求主要靠行为,如拉别人的手去冰箱拿饮料,或指东西给人看,表示自己需要这个东西;小静对别人,包括家人的呼唤几乎没有反应,只是在自己有要求时才会和他人进行互动。也不会参与同龄人的游戏,严重缺乏同龄人应有的社交技能;小静对绳子有着奇特的兴趣和喜好,只要拿到绳子她就会安静下来。

小静和妈妈住在外公、外婆家,爸爸在小静被诊断为自闭症那年,因严重抑郁而自杀。

小静妈妈很爱小静,一直在努力寻找帮助女儿康复的手段,为此,妈妈辞去了工作,专心照顾小静。妈妈相信自己的努力一定会有好的结果,也一定会为女儿找到属于她自己的生活方式。

小静妈妈带着小静求助过各种心理支持,如,带孩子做沙盘、学习绘画和音乐等,可是结果并没有如小静妈妈期待的那样如期而至,这不免会让小静妈妈失望,但小静妈妈还是在充满希望和期待中不断努力着。

如何回应小静妈妈的期待? 如何给予小静和妈妈身心健康上的支持? 如何看待小静妈妈尝试的沙盘、绘画和音乐治疗? 这些都是心理咨询师在帮助小静及其家庭过程中需要考虑的问题。

第一节　表达性心理治疗概述

表达性治疗是心理咨询与治疗中运用较广泛的治疗方法之一,其具有形象性、操作性、宽松性、娱乐性及创造性特点,所以备受儿童心理咨询师的青睐。单独将

---

① 本案例是作者心理咨询与治疗实践案例,案例中的来访者信息已经做了保密处理。

表达性治疗方法列为一章,也表明我个人对这一疗法的肯定及重视。本章我就表达性心理治疗方法的总体描述,以及沙盘疗法、绘画治疗和音乐治疗三种最具有代表性的方法在儿童心理咨询与治疗中的运用等内容为大家进行讲解。

一、表达性心理治疗概述

首先,我从表达性治疗的定义、产生及核心词汇讲起,为大家建立对表达性治疗的初步认知。

1. 关于表达性治疗

（1）何谓表达性治疗

表达性治疗,是指与传统心理咨询方法中所采用的谈话式为主的语言沟通治疗不同,主要采用操作式的非语言表达治疗方法,即通过来访者某种符号性隐喻表达,如绘画、音乐、叙事等作品符号的隐喻表达,逐步将来访者的潜意识状况呈现出来的治疗方法。

常见的表达性治疗以艺术类治疗方法为主,如绘画治疗、音乐治疗、戏剧治疗、舞动治疗等,也有一些非艺术类的表达性治疗,如沙盘治疗、叙事治疗、园艺疗法等。

（2）表达性治疗的产生与发展

表达性治疗最早产生于19世纪末的绘画治疗。1876年,西蒙在"想象与精神病"一文中发表了其针对精神病人进行绘画治疗的系列研究成果,提出可以通过绘画对精神分裂症做诊断。1895年,隆布罗索也提出,可以通过精神病人的素描和油画作品观察到患者的心理状态。20世纪初,弗洛伊德在他的临床实践中发现,许多病人无法用语言描述其梦中的情景,但可以通过绘画表现出来,同时他注意到绘画可以呈现出一个人被遗忘或者被压抑的记忆表象和象征。与此同时,荣格通过研究人的原始心理模型和视觉艺术中一般性表现方式之间的关联,提出一系列解释绘画中形象元素的象征性意义理论。

音乐治疗的历史悠久,自1890年奥地利医生利希滕达尔发表了"音乐医生"的观点之后,1944年,美国密歇根州建立了第一个音乐治疗学会。在这之后,世界各国纷纷效仿,先后建立了多个音乐治疗组织。

20世纪初至20世纪中叶,伴随着心理咨询与治疗行业的不断壮大,各种表达性治疗技术应运而生。1962年,卡尔夫以洛温菲尔德的"游戏王国技术"为基础创立了"沙盘疗法";20 世纪 80 年代,澳大利亚临床心理学家怀特创立叙事疗法;之后,心理剧疗法、舞动疗法等艺术疗法也相继产生。表达性治疗以其操作性、象征性、游戏性、创造性、即兴性及投射性特点,在心理咨询与治疗领域得到广泛使用。

2. 表达性治疗的几个关键词

(1)隐喻

隐喻也被称为暗喻,即用一种事物暗喻另一种事物。隐喻是表达性治疗中一个非常重要的词,每一个来访者的作品都有其暗喻的一个内容,治疗师的主要工作就是对这些作品中的隐喻部分进行分析,寻找来访者问题的根本原因,进而找到解决问题的方法。

无论是成人还是儿童作品,都会在自觉和不自觉之中,隐喻某些自知或不知的部分。特别是在儿童心理咨询与治疗中,由于儿童在语言上的发展特性,其作品中不自觉的隐喻成分会更大,这也是表达性治疗非常适合应用于儿童的极重要的原因之一。

(2)表征与心象

表征与心象在某种意义上具有相同的含义,即它们都具有象征性特征。表征和心象,是指人们对事物的感受在表面以外还存在一些隐性的象征含义,例如,一个人对于音乐的理解既有他(她)能够清晰表达出来的感受,也存在着一些模糊的、语言无法表达清楚的感受;再如,一个人的绘画既有他(她)想告诉我们的部分,"我画的是……",也存在绘画者自己无法说清或不知的部分。

表征与心象具体地讲,就是我们在认识事物时,所产生的反应里,既有该事物本身,也有非事物的部分,而这部分就是我们个体特有的反应,这也就是"一千个人眼里有一千个哈姆雷特"的原因所在。也正是因为存在这种表征或心象,才使得通过人的作品分析人的心理特质具有可行性。

在表达性治疗中,每个作品都具有一定的象征意义,或者说人们通过绘画、沙盘、音乐等媒介,表达着自己内心深处最真实的感受,或许我们自己根本就没有觉察到这些感受,但我们的作品却会将它们表达出来。

(3)心灵与精神

心灵与精神是两个既有区别又关联密切的概念,在心理咨询与治疗中,咨询师的工作会更多地与来访者的心灵与精神交流和沟通。

一般会话类的治疗,来访者在语言状态下会呈现较高的防御,也很难摆脱现实与具体事物的影响,会下意识地将心灵与精神压抑,而这种压抑会使来访者产生各种心理不适、冲突与矛盾等,问题的解决更多地发生在意识层面。表达性治疗是在无意识状态下完成的,这种方法相对于其他方法,不是在意识状态下通过语言表达的,而是通过某种媒介,如绘画、音乐或故事等表达出来的,这在一定程度上会更丰富地呈现来访者心灵与精神层面的东西,使咨访双方能够快速达成深度沟通。

(4)个体潜意识与集体潜意识

任何一个表达性治疗作品都存在两个层面的"意识":一是作品内容本身所反映的"意识层面",即来访者自己想表达的层面,如我画的是妈妈和我一起在动物园玩等;另一个是作品中所隐喻的"潜意识层面",如来访者作品中的人物状态,隐喻其对生命的某种态度等。表达性治疗是把潜意识内容意识化的重要手段,所以,潜意识无疑就成为表达性治疗中的关键词。

表达性治疗中的潜意识不仅包括弗洛伊德的个体潜意识,也包括荣格提出的集体潜意识。一般来讲,个体潜意识是指那些幼年发生的、被遗忘的储存在潜意识里的、经常不期而至影响个体现实的往事。而集体潜意识是指那些并不一定发生,但也会在方方面面影响个体现实生活的潜意识内容。

表达性治疗就是通过绘画、音乐、沙盘等方法,将那些来访者自身不知却时常影响其现实生活的潜意识意识化。

二、表达性治疗的特点与代表性疗法

了解表达性治疗的特点,认识表达性治疗中具有代表性的疗法是我们学习这种技术的必要内容。

1. 表达性治疗的特点

(1)操作性特点

操作性是表达性治疗中最突出的特点。表达性治疗的操作性是其区别于传统心理咨询与治疗方法最主要的地方。

操作性是指来访者通过各种实际操作,如绘画、听或创作音乐、摆沙盘等,完成治疗过程的主体活动。操作性最大的特点就是其非语言性,这种非语言的操作,使来访者在非常真实的无意识状态下表达自己的内心世界。

具有操作性特点的表达性治疗,对所有人群都比较适合。相对于成人而言,儿童心理问题更适合用表达性治疗,而且也更有效。特别是当治疗儿童创伤问题时,操作性活动会使儿童对治疗更易理解和接受,从而在自觉自愿的无意识状态下不断呈现真实的自我,起到舒缓情绪和调整行为的作用。

(2)游戏性特点

游戏性是表达性治疗中最接近自然的特点。在对成人的表达性治疗中,成人的游戏世界不仅会呈现出当下的生活状况,也会在无意识状态下为治疗师提供过去的成长经历线索,为心理治疗找到解决问题的突破口。

对于儿童来说,游戏构成其主要世界。表达性治疗不仅能为儿童营建一个真实的游戏环境,使得儿童很快进入治疗状况,而且表达性治疗的游戏特性也会使儿童的心理治疗在宽松和愉悦的氛围中完成。宽松性与愉悦性对于儿童心理咨询与治疗来说非常重要,咨询师只有为儿童营造一个游戏的环境,才能吸引儿童自觉地进入治疗状况并积极配合完成治疗程序。

对于存在心理问题与障碍的儿童来说,他(她)们的问题或障碍,使得其在现实生活中经常处于被批评或排斥的状态,其参与游戏活动的需求无法充分满足,而表达性治疗的游戏过程不仅填补了儿童游戏的缺失,也起到了治疗的作用,可谓一举两得。

(3)创造性特点

创造性是表达性治疗中最有价值的特点。表达性治疗中的创造性是指在自然状态下,来访者通过自己的作品,如绘画、沙盘、心理剧及舞动等所表现出来的独特的、新颖的并有一定内涵的作品。

每个人身上都有属于自己独特而浪漫的想法,这些在现实生活中很容易被环境和个体抑制而无法呈现。心理咨询与治疗过程中,在治疗师营造的自由的、开放的、独立的及动态的空间里,来访者的创造潜质会得以充分释放。与此同时,也会表露来访者丰富的内心世界,这一点对于儿童来访者尤其重要。

(4)即兴性特点

即兴性是表达性治疗中最能体现自由性的特点。表达性治疗中的"即兴"是指在心理咨询与治疗过程中来访者的作品是"无法预料"的,如来访者在接受音乐治疗中,咨询师会让来访者自由选择音乐,而来访者会选择哪个音乐,咨询师事先并不知道也无法预测,这种"无法预测"非常符合精神分析中的自由联想状态。

表达性治疗中各种方法的即兴特征尽管外显形式不同,但都能达到自由联想的效果。弗洛伊德认为,鼓励来访者进行自由联想,可以方便咨询师从这种随机的情绪中得到更多的信息。弗洛伊德假设,如果一个人能自由地表达自己,无论表达的内容多么模糊或随机,最终总会有一些重要信息出现。

对于儿童来访者来说,这种随机而即兴的活动更加符合其爱玩儿的天性。儿童会在这些即兴游戏里向治疗师充分呈现真实的、被有意识或无意识隐藏的想法或幻想,而这些都可能是咨询与治疗重要的线索和干预契机。

(5)投射性特点

投射性是表达性治疗中最具有功能性的特点。每一种表达性治疗方法都具有一定的投射功能,来访者会下意识地、不自觉地把自己的个性特点、对事物的态度、价值观等投射在自己的作品里,这些投射资源是心理咨询与治疗过程中不可或缺的有效资料。

在心理咨询与治疗过程中,来访者通过表达性治疗作品,将那些有意识或无意识的掩饰或压抑的想法,或沉寂于潜意识世界的记忆释放出来。这一点不仅适合于成年来访者,对那些无法用语言表达自我的儿童来说更重要。

2. 几种具有代表性的表达性疗法

表达性治疗中最具有代表性的是沙盘疗法、绘画治疗、音乐疗法,这三种疗法,我在本章后面会为大家做详细的讲解。现将表达性治疗中其他几个较有影响力的疗法,如心理剧疗法、舞动疗法及叙事疗法等做简单的介绍。

(1)心理剧疗法

心理剧疗法的创始人是雅各布·莫雷诺(1889—1974),其以生活、经历和与众不同的方法创立了心理剧疗法。他和他的伴侣哲卡创立了一系列经典的心理剧文本,并在此基础上构建了心理剧的理论与实践技术。之后,布莱特尼等众多心理学工作者投入心理剧疗法的研究和推广中,使心理剧疗法得以不断发展。

心理剧是一种运用表演技巧进行团体治疗的形式,通过运用移动视角和特定的语言,完成表达个体内心状态的心理疗法。因此,心理剧疗法在实施过程中有三个关键词:一是团体;二是移动视角;三是语言。

心理剧的过程是团体进行表演的治疗过程。因此,奠定心理剧实践基础的"热身"活动,演出开始的场景设置,演出过程中的一幕幕表演,演出结束后的分享,都是心理剧团体治疗过程中不可或缺的环节。

心理剧是以移动的视角观察一个人的生活方式。这种观察可以是在特定情景下发生的事或者未来发生的事。尽管有人想表演过去或未来的事,但所有的场景都发生在现在,心理剧团体成员上演的其实是他们各自现实生活的一部分。

心理剧的语言中包含许多不常见的术语,这些戏剧术语使人的内心表述更加准确。无论是戏剧表演语言的借用,还是原创语言,这些术语都是为了弥补现有心理学词汇无法准确表述个体深层心理的部分。

心理剧疗法最大的特点是强调"不要说,给我们看",通过以其开拓性、预防性、诊断性、教育性和治疗性等功能,发掘人们心灵的真实。

(2)舞动疗法

英国早在 19 世纪就将舞蹈引入心理治疗领域,20 世纪 40 年代,正式的舞动疗法几乎同时在美国和英国展开。但直到 20 世纪 70 年代,舞动疗法才开始被心理学领域以心理疗法的形式认可和推广。进入 21 世纪,舞动疗法成为焦点心理疗法的一种主要形式。

舞动疗法被定义为,一种引入舞蹈和运动的心理疗法,该疗法能够使人创造性地投入治疗,促进情感、认知、生理、社会因素的融合。

舞动疗法作为一种表达性治疗,最突出的特点就是以"动作隐喻"为主要工具,在动作隐喻与身体记忆、动作隐喻与身体语言、动作隐喻与无意识及动作隐喻与治疗关系等多种联结中,获取来访者真实的内心世界,寻找来访者自我成长的力量,达到治愈心理的目的。

(3)叙事疗法

叙事疗法兴起于 20 世纪 80 年代,其创始人和代表人物为澳大利亚临床心理学家怀特及新西兰的爱普斯顿。经过 20 余年的发展,叙事疗法在全球心理咨询领域的影响力日益强大,已成为后现代心理治疗的主要疗法之一。

叙事,简单地说就是说故事,即按照一定的时间顺序讲述已经发生事件的过程。叙事疗法是指咨询师通过倾听来访者的故事,运用适当的问话,帮助来访者找出遗漏片段,使问题外化,从而引导来访者重构积极的故事,以唤起来访者发生改变的内在力量。

叙事心理治疗对"人类行为的故事特性",即人类如何通过建构故事和倾听他人的故事来处理经验。叙事心理疗法认为,人类行为和体验充满意义,这种意义的交流工具是故事而非逻辑论点和法律条文。来访者在选择和述说其生命故事的时候,为了维持故事主要信息的准确性,使所叙述的故事符合某个主题,往往会遗漏一些片段。为了找出这些遗漏的片段,咨询师会帮助来访者发展出双重故事。在咨询过程中,咨询师会聚焦于唤起来访者生命中曾经做过的、积极的东西,以增加其改变的内在能量,从而引导他走出自己的困境。

叙述疗法的主要技术:问题外化、寻找特定事件、善用文本和仪式、重构故事、形成积极有力的自我观念等。

第二节　沙盘疗法

沙盘疗法是表达性治疗中最具代表性的疗法,也是儿童心理咨询与治疗过程中使用得最广泛的疗法。

一、沙盘疗法及其产生

下面,我简单地为大家介绍一下沙盘疗法的定义和历史。

1.沙盘疗法的定义

沙盘疗法,也被称为沙盘游戏疗法,是一种以荣格心理学原理为基础,将分析心理学理论和游戏疗法相结合的心理疗法。沙盘疗法在治疗过程中,让来访者选择一些沙具摆放在特定的沙箱里,构成一些场景(作品)。来访者就自己的作品进行描述和讲故事,以表现自己个性和社会性的多个层面,把沙子、水和沙具运用于意象进行创造。

2.沙盘游戏疗法的产生

1962 年,分析心理学家多拉·卡尔夫在国际分析心理学会议上正式提出"沙盘疗法"的构想。沙盘疗法源于威尔斯的"地板游戏"、洛温菲尔德的"游戏王国技术"和荣格的分析心理学。

(1)威尔斯的"地板游戏",是沙盘疗法的创意

1911 年,威尔斯将其与两个儿子的游戏过程通过《地板游戏》这本书呈现给世人。地板游戏强调三个关于儿童游戏的指导思想:一是儿童自由自在地、不受任何约束地、开心玩耍;二是在玩耍中产生的令人兴奋的想象力和创造力;三是这种游戏为儿童以后的生活构建的一种广阔的、激励人心的思维模式。

(2)洛温菲尔德的"游戏王国技术"是沙盘疗法的基本框架

洛温菲尔德认为,游戏对探索儿童心智与情感的意义重大。1929 年,她在"地板游戏"的基础上,又加入了装有沙和水的托盘,以此为媒介,与儿童建立起有效的沟通,从而观察、诊断、治疗儿童。儿童就在这样有沙有水的盘子里,摆放着他们喜

欢的各种玩具与模型,表现着他们的情绪与心理状态,表达着他们所遇到的问题以及处理问题的方式。洛温菲尔德顺着儿童的称呼,把这种治疗技术称为"游戏王国技术"。

(3)荣格的分析心理学是沙盘疗法的内涵

1940～1956年,卡尔夫在跟随荣格和洛温菲尔德学习过程中,在游戏王国的基础上注入了荣格的分析心理学理论和东方传统哲学之后,沙盘疗法就诞生了。

二、沙盘疗法的材料与应用

沙盘疗法有其特殊的材料,了解这些材料及其使用方法是沙盘疗法的重要学习内容。

1.沙盘疗法材料

沙盘室:除了满足一般心理咨询与治疗工作要求以外,沙盘室里必须有摆放两个沙盘的空间,摆放沙具的柜子,沙具和沙盘之间的位置要合理,方便来访者使用。

沙盘疗法的基本材料:沙盘、沙具和沙具架。

沙盘:需要两个,一个是干沙盘,一个是湿沙盘。

沙具:也被称为沙盘游戏模型,一般情况下,沙具都在1 500个左右。收集沙具时应该遵循广泛性、现实性和文化性等原则。广泛性原则要求,沙具的种类越多越好,如神话故事、文化、宗教、自然物质、风俗行为、颜色形状、数字方位、各种人物、各种动物、各种植物、各种建筑物、体育活动设施、交通运输工具和奇异物品等;现实性原则要求,在收集沙具时需要获得那些具有时代感的代表物件;文化性原则要求,收集沙具时要考虑本土的文化特点。

沙架:摆放沙具的架子或柜子,基于1 500多个沙具的摆放,一个沙盘室通常需要三个沙架。

沙盘治疗师的素质:卡尔夫认为沙盘治疗师最基本的素质是,除了掌握心理学基础知识和接受心理培训之外,还必须具备两个条件。一是对象征的理解。沙盘治疗过程充满了象征性,如来访者作品的象征性、语言的象征性、表情的象征性等,如果治疗师没有理解象征的能力,是无法胜任这个工作的。二是能够建立一个自由和受保护的空间。沙盘游戏是在一个自由、宽松及开放的氛围下完成的,这就需要治疗师自身具备较好的自由感受,并给予来访者安全、舒适的自由活动空间。

2. 沙盘疗法的应用

当前,沙盘疗法已经有了很广泛的应用,主要应用于一般心理咨询与治疗、特殊儿童心理咨询与治疗及普通的儿童教育领域。

(1)沙盘疗法可以与一般的心理咨询相结合

在一般心理咨询与治疗中,沙盘治疗既可以在深入了解来访者,并对其进行必要的干预,而且也有助于来访者进行自我探索、自我成长。

(2)沙盘疗法可以在特殊儿童心理治疗中应用

樱井素子和张日昇运用沙盘疗法,对一个有重度语言障碍的儿童萨姆进行治疗,经过 24 个沙盘作品的创造过程,其情绪变得丰富起来,唱歌也更富有感情,原来杂乱无章的语句消失了,日常生活中的行为趋于正常化。沙盘游戏作为一个媒介,让特殊儿童有机会表达自我,同时也给治疗者和儿童一个交流的机会。

(3)沙盘疗法可以在普通儿童教育领域应用

沙盘疗法既能起到"学生心理教育与辅导"的作用,也可以作为一种广泛的儿童游戏,对儿童进行艺术性、想象力与创造力培养,以及进行"感觉统合训练"。总之,沙盘游戏对于释放儿童、青少年压抑的能量和恢复其自我意识都是有益的。

三、儿童心理咨询与治疗中的沙盘疗法

在我们了解沙盘疗法的历史和相关操作后,就需要学习在儿童心理咨询与治疗中如何应用沙盘疗法。

1. 沙盘疗法在儿童心理咨询与治疗中的应用原则

(1)无意识水平的工作原则

无意识是精神分析的核心,也是沙盘疗法的主要工作目标。能在无意识层面上工作,是精神分析区别于其他治疗方法的显著特点。

在儿童心理咨询与治疗过程中,若要在无意识层面上工作,首先,咨询师或治疗师应该理解和接纳儿童。无论是弗洛伊德的潜意识,还是荣格的集体潜意识都强调其非理性的特点,因此在对儿童沙盘治疗中,对儿童无意识中的不合理性要给予一定的理解与接纳。其次,沙盘本身就是无意识意识化的通道,我们通过分析儿童的沙盘作品可以了解其无意识,进而探究无意识对儿童问题的引导作用,并获得解决问题的方法。

(2)象征性分析原则

荣格认为,象征是指"事物"确定的含义以外的象征意义,即任何一个具体事

物都存在明确的内容和无意识状态中的象征性内容。儿童沙盘治疗中,每个沙盘作品、任何一个沙具都有其明确的意识内容和象征性意义,治疗师必须能够对这些沙盘作品的象征性意义进行分析。

（3）游戏功能的原则

沙盘最早起源于游戏王国技术,所以游戏在沙盘疗法中一开始就具有举足轻重的意义。在儿童沙盘治疗中,游戏特性就应该更加备受重视。游戏的特性在于其操作性、自由性、宽松性和创造性,这些特性决定了沙盘治疗过程中,要充分保证儿童自由玩耍沙盘的权利。对于儿童来说,游戏就是工作和生活,游戏中所呈现的是儿童最真实的内心世界,治疗师可以通过游戏了解儿童的真实内心世界。

（4）共情原则

大家都知道,共情是心理咨询与治疗中一个重要的词汇,其实它也是心理学中一个备受关注的因素。"情"是指情绪、情感、感情等,"共"专属意思为"理解""认同",共情要表达的是一种在理解的基础上对他人的情感与动机等心境进行认同。沙盘治疗是一种非言语治疗,这就要求治疗师必须具备较高的共情能力才能胜任这项工作。

（5）感应的力量转化原则

感应力量转化是我国学者申荷永提出的,是在沙盘治疗中必须重视的原则之一。"感应"不仅是一个渠道,就像"自由联想"是通往无意识的一个渠道一样,感应也是一种"洗心",是一种感悟,这种感应的力量应该在沙盘治疗中被充分转化,成为来访者解决问题时的重要资源。

2. 儿童沙盘治疗过程

（1）儿童沙盘治疗过程及主题

沙盘治疗过程共分为三个阶段:沙盘游戏的开始阶段、初始沙盘及其意义阶段、沙盘主题与分析阶段。

沙盘游戏的开始阶段:在这个阶段,治疗师的主要任务就是把儿童引入沙盘世界,为儿童营造一个安全的、自由的、属于他（她）自己的沙中世界。具体任务:一是了解来访者和沙盘之间关系的特性,如儿童是安静的还是好动的,语言沟通能力如何,对沙盘游戏的感兴趣程度等;二是向来访者解释沙盘游戏指导语;三是强调沙盘游戏的安全问题。

初始沙盘及其意义阶段:对儿童的初始沙盘进行理解与分析。具体任务:一是观察与理解初始沙盘,这一任务要求治疗师通过详细地观察儿童的初始沙盘作品及其完成沙盘作品过程中的各种反应,如时间反应、表情反应及态度反应等,对儿童沙盘有一个初步的理解;二是探究初始沙盘所反映的问题,这一任务要求治疗师通过对儿童初始沙盘的分析,判断其主要问题所在;三是寻找初始沙盘所包含的治愈线索,这一任务要求治疗师在分析初始沙盘作品的基础上,尝试寻找沙盘中所蕴藏的治愈线索。

在沙盘主题与分析阶段,常见沙盘主题主要有三类:问题主题、治愈主题及转化主题。各个主题的隐喻分析及表现形式如表7-1所示。

表7-1　沙盘治愈主题及其表现

主题类别	隐喻分析	沙具表现
问题主题	创伤主题	沙具呈现受伤、威胁、空洞、矛盾、奇特或残缺等特性
	限制主题	沙具呈现受阻、攻击或控制特性
	忽视主题	沙具呈现隐藏、陷入、倾斜或倒置等特性
治愈主题	力量主题	沙具呈现旅程、灵性、趋中或能量等意义
	发展主题	沙具呈现联结、深入、培育、变化或整合等意义
转化主题	治愈主题	沙具呈现治愈、动态或仪式等意义
	转化主题	沙具呈现转化或结束沙盘中的转化意义

(2)沙盘治疗过程的案例分析

这里,我将结合案例,对儿童沙盘治疗过程中三个阶段的具体操作做出演示性说明。

案例:一例自闭症患儿小嘉(化名)的沙盘治疗案例[①]

患者:小嘉,女,14岁,普通中学就读,3岁时被诊断为自闭症。小嘉的家庭是三口之家,父母均为高级知识分子,对小嘉的病情接纳度较高。小嘉属于高功能自闭症儿童,智商没有呈现受损(IQ为96~106),基本能够完成学业;语音没有呈现明显障碍,能清晰发音并完成对话,但存在一定的语义理解障碍,有明显的刻板语言;社会交往能力差,无法准确地理解别人的想法,也无法与人正常交流;对身高和距离兴趣十足,存在不停

---

① 本案例是作者实施治疗的案例,来访者个人信息已经做了保密处理。

地问别人身高的刻板行为等。

咨询期待：小嘉妈妈希望通过沙盘治疗，解决小嘉目前存在的性别观念缺乏，在异性面前无法做到保护隐私的问题。

治疗目标设定：针对小嘉的社会交往障碍，运用沙盘疗法进行干预，提升小嘉对他人的感知能力和与他人交往的能力。

小嘉沙盘疗法实施的三个阶段（图7-1至图7-5是小嘉沙盘治疗过程的作品）

第一阶段：小嘉沙盘游戏的开始阶段

对小嘉是否适合实施沙盘疗法的评估：对于儿童来讲，沙盘治疗的前提，首先，不排斥沙盘游戏；其次，能够听懂最基本的指导语，也就是说要有一定的语理解能力；最后，对沙具有一定的分辨能力，即能分辨出沙具与沙具之间的形状差异等。小嘉虽然是自闭症儿童，但可以满足以上三个前提条件。

引导小嘉熟悉沙盘治疗室：小嘉非常喜欢玩沙盘游戏，也能够遵守沙盘游戏的基本规则，如沙子不能随意乱扬，沙具不能任意损坏，玩沙盘游戏要遵守时间约定等。

对小嘉的沙盘指导语：小嘉属于主动型，一进沙盘室就问：我可以玩这个吗？"治疗师说"：可以，你可以在这个沙盘中摆放架子上的任何东西。然后小嘉的沙盘治疗就开始了。

第二阶段：小嘉的初始沙盘及其意义阶段

图7-1（见彩插）是小嘉在自由状态下完成的初始沙盘作品，小嘉给她的作品命名为家。

小嘉的沙盘作品《家》很明显地分为四个区域：卧室（图右部分）、客厅（中间下半部分）、餐厅（左面下半部分）、厨房（左面上半部分），反映了一个家庭最普遍的布局。小嘉对于画面的一致性，对称性要求很高，会在游戏过程中，特意寻找相同的玩具来配对，而并非随意拿。比如同色的两把椅子，整齐地摆放；沙盘右上角两个相同的书桌、椅子和灯；左边的同色花朵等。沙盘中的人物分别是爸爸、妈妈、姐姐和弟弟，但小嘉是没有弟弟的，并且她也没有说那个姐姐就是自己，可以看到每一个人都是单独地躺着，被隔离，没有任何活动，彼此之间不存在任何联系。虽然沙盘的主

图 7-1　小嘉的初始沙盘作品《家》

题是家,但是并未让人感觉到家庭中的任何温馨感,而是一种物化的呈现,人物之间没有任何交集,只是躺在床上。

小嘉的初始沙盘的意义:初始沙盘呈现出的空间布局,表明小嘉具有一定的空间认知能力;对于沙具对称性的执着,表明其有一定的刻板思维;人物的摆放特点,呈现出小嘉对于人际的感知和认知能力存在问题,如,人物都是静态地躺在床上,且人物间没有交流和互动。

第三阶段:小嘉的沙盘主题与分析阶段

小嘉的沙盘主题一:力量主题(趋中特性),如图 7-2 所示,见彩插。

图 7-2　小嘉的力量主题沙盘作品

图 7-2 是小嘉比较典型的沙盘作品。在小嘉的初始沙盘中,治疗师发现小嘉对于他人的感知和理解能力存在一定的问题。因此,在后面的沙盘游戏中,更多地为小嘉提供了人形沙具,这是小嘉利用这些人形沙具完成的作品。小嘉将围成一圈的"机器猫"称为"旋转木马",将排成一排的人形沙具命名为公共汽车。由此,我们得出,小嘉的沙盘作品中反映出的自闭症患者的人际感知特性,即对他人的存在反应不敏感或不反应。

但是,作品以趋中的特点呈现,这还表现出小嘉无意识状态所具有的和谐、平衡等积极力量因素。

小嘉的沙盘主题二:发展主题(联结和整合特性),如图7-3所示,见彩插。

图7-3　小嘉的发展主题沙盘作品

图7-3是小嘉在沙盘游戏过程中的又一幅典型作品。随着小嘉沙盘游戏的持续发展,小嘉沙盘作品中的元素越来越丰富,也开始出现了与沙具之间明确的联结和关系,如水、桥、船的关系、岸边风景之间的关系,这表明小嘉的沙盘呈现出具有整合意味的元素。

但是治疗师发现,河中的两只鸳鸯却在桥的两边,这表明小嘉在无意识中,对于情感的感受可能存在一些问题。治疗师以此为治疗线索,找到提升小嘉对他人感知和认知能力的途径。

小嘉的沙盘主题三:结束沙盘主题(治愈和转化特性),如图7-4所示,见彩插。

图7-4　小嘉的结束沙盘主题

图7-4是小嘉的沙盘游戏结束时的作品。这是小嘉经过一年多沙盘游戏治疗后呈现出治愈与转化主题的作品。

这一次,小嘉继续着自己喜欢的主题,但是看得出,这一次沙盘游戏的意义非凡,小嘉有了一个质的飞跃。首先,其沙盘内容丰富了许多,虽然看似与之前的主题类似,但是,仔细看就会发现,小嘉将之前几次的内容似乎都整合了进去,河流、石子路、动物园、水果屋、湖、儿童游乐场。这些小嘉之前沙盘中的主要元素,都集中在了这个沙盘中。说明小嘉已经开始整合自己的内心世界,将它们用合理的方式呈现在一个沙盘作品中。

其次,生命物开始有了较多方式的呈现,并不再将动物人性化,并且在动物之间建立起了联结。动物们有了自己的活动场所,而且大部分都是在一起的,并没有将其隔离开来。左上角的动物都是温顺的,小嘉将它们圈在了一个围栏中。右边沙盘中的四个动物,有三个猛兽,一个食草类动物,小嘉拿围栏将它们隔开。这说明小嘉开始保护弱小的动物,有了一定的危险意识以及假装游戏的概念。

再次,最值得注意的是,沙盘中的人物开始聚集在一起,有了集体活动,男生围成一圈,女生围成一圈,小嘉已经有了一定的男女意识,将男性与女性区别开来,而不是像第一次,男女睡觉的地方都离得很近。并且小嘉开始愿意让沙盘中的人物有一定的交往,并表现出一定的亲密感,比如互相一起打网球的两个人,水果屋里的两个小孩,以及沙盘左边两个小孩抱着一棵树,湖中的两条鱼,这些玩具是小嘉之前的沙盘中不曾出现的。

最后,小嘉开始替他人着想,以假装游戏的方式来对沙盘中的内容进行陈述。小嘉在讲解沙盘内容时告诉治疗师,河流中有两艘渔船,它们是用来打捞河水里的脏东西的,放了两条船,这样渔夫就不会那么辛苦,河流中的小亭子是用来让他们休息的。

在沙盘游戏结束以后,小嘉妈妈告诉治疗师,最近有一天吃饭时,小嘉会先问爸爸、妈妈"你们吃什么",然后夹给他们,以前从来都是自顾自地挑选自己喜欢的东西吃。

3. 沙盘疗法在儿童心理咨询与治疗中的注意事项

在儿童心理咨询与治疗中运用沙盘疗法应该注意以下问题:

第一,在玩沙盘游戏的过程中,给儿童充分的自由和空间;

第二,分析儿童沙盘作品时,一定要遵循儿童作品的事实;

第三,积极发现和利用沙盘作品中的治愈和转化因素;

第四,沙盘的摆放和收拾要遵循儿童的意愿;

第五,对儿童沙盘作品的使用要遵循保密原则。

第三节　绘画治疗

同沙盘疗法一样,绘画治疗也是表达性治疗中最具有代表性的疗法之一,无论是在儿童教育还是在儿童心理咨询与治疗中,绘画治疗都发挥了非常重要的作用。

一、绘画治疗的产生与发展

我们首先从绘画治疗的定义及历史讲起。

1. 绘画治疗的定义

绘画治疗是一种运用绘画语言,达到心理治疗效果的治疗手段。绘画治疗的作用机制,是通过绘画呈现来访者深层的心理意象,将个体潜意识中影响其知情意和谐的内在因素外显并视觉化。由于个体在绘画过程心理防御机制较弱,因此,绘画中所反映的心理状态更真实。

利用绘画所呈现的个性特质,解释其显现的心理问题,可以让来访者更容易地理解自己的病因,也可以让来访者通过绘画这一媒介矫正自己期望改变的问题。

2. 绘画治疗的产生与发展

19 世纪后半叶,在心理学领域通过精神病患者的绘画,发现绘画与心理之间存在着密切的关联。1876 年,西蒙在"想象与精神病"一文中发表了其关于精神病人绘画的系列研究成果,提出可以通过绘画对精神分裂症作诊断。1895 年,隆布罗索也提出,可以通过精神病人的素描和油画作品观察患者的心理状态。

20 世纪初,弗洛伊德在他的临床实践中发现,许多病人无法用语言描述其梦中的情景,但可以通过绘画表现出来,同时他注意到绘画可以呈现出一个人被遗忘或者被压抑的记忆表象和象征。通过人的艺术作品,分析人的内心世界这条途径,是弗洛伊德关于艺术作品研究的主要成果。

荣格通过研究人的原始心理模型和视觉艺术中一般性表现方式之间的关联,提出一系列解释绘画中元素的象征意义理论。他提出,绘画中那些呈现在我们眼前的东西和我们看到的东西,是两种不同的艺术。

20 世纪 20 年代,汉斯·布林兹霍恩搜集来了 500 多位精神病患者共计5 000多幅绘画作品,并发表著作《精神病人的艺术之性质》,提出精神病患者的美术作品不但具有诊断作用,同时在其心理康复中也具有重要作用。

20 世纪 40 年代,通过绘画来确定一个人的情绪和人格特征,越来越被人们认可。巴克在对前人的研究成果进行借鉴整合的基础上,编制出投射测验中较有影响力的房树人测验。房树人投射测验最早是作为智力测验的辅助工具被开发出来的,受测者只需要在一张白纸上画出日常生活中较熟悉的元素房、树及人,这三样东西可以激发人的联想。后来发展到透过房树人测验,可以测得受测者的心理状态,系统地把受测者的潜意识释放出来。

玛考文的画人测验也是非常有影响力的投射测验。玛考文画人测验的核心思想是,一个人画出的人与绘画者的内心冲动、情绪状态、防御机制、冲突及补偿等心理特质密切联系。玛考文认为,从某种意义上说画出的人就代表绘画者本人,绘画的纸张则代表绘画者对于环境的认知。玛考文为绘画者画出的人的各个部位以及绘画的其他细节赋予了特定的象征意义,她还强调,相对于分析人物画的身体组成部分,对人物画结构性质(大小、线条、阴影和构图)的分析更重要。

这一时期,不得不提到的人物还有考皮茨。1968 年,考皮茨以萨利文的人际关系理论为基础,通过对 5～14 岁儿童的绘画作品进行分析,建立起一套记录不同年龄、不同水平儿童绘画特点的表格,提出了儿童绘画发展评分体系,她发现 11 岁之后的人物画细节特征不会系统性地增加。

目前,绘画治疗作为表达性艺术治疗的主要方法之一,在心理咨询与治疗领域被广泛运用。

二、绘画与儿童心理发展

在绘画治疗的相关研究中,儿童绘画的研究成果最丰硕,这主要源于绘画与儿童的心理发展之间存在着密切的关系。

1. 形象性是绘画与儿童思维共同具有的特质

当一段文字和一幅图画摆在人们面前的时候,绘画在视觉上会更加鲜活地激活人们关于某种事物的感性经验和理性经验,也就是说,绘画的形象性会更突出。任何一幅绘画作品的形象都是具体的、感性的,也都体现着一定的内在感情,都是绘画者关于该事物客观因素与主观因素的有机统一。对于儿童来说,特别是学龄前儿童,其思维主要以形象思维为主,绘画的象征性与儿童思维发展特性之间高度统一,因此,绘画在儿童心理发展中有着不可替代的功能。

2. 绘画的操作性与儿童宽松性与乐趣性活动特质间形成一种自然匹配

绘画是一种操作性活动,即通过绘画者的手眼活动完成在线条和图形间的构图和创造。儿童阶段所有活动都是在操作性过程中完成的,换句话说操作性活动是儿童阶段活动的特质。

绘画过程是一个愉快的过程,对于儿童来说更是如此。喜欢画画是儿童的一种天性,大多数孩子会在不自觉的状况下,选择绘画这种活动。绘画对于孩子来说,就是一种游戏,游戏的愉悦性是诱发孩子自觉参与绘画的原因。

绘画的宽松性满足儿童对活动宽松氛围的需求。绘画必须在一个宽松的状态下完成,成人绘画如此,儿童绘画过程更是如此。一般来说,成人绘画分为职业性绘画和消遣性绘画,但无论是哪一种绘画,宽松性都是完成绘画的必要条件,宽松是创作的前提,宽松更是提升自我的前提。

3. 绘画的创造性与儿童丰富的想象力之间完美统一

绘画的重要特点之一,就是其对绘画者创造力的开发。绘画是儿童最喜欢的一种艺术活动,也是一种创造性活动,对儿童创造性思维的发展有很好的促进作用。儿童绘画过程是一种游戏的过程,他们在自由自在地表达自己的情感、情绪、意愿的过程中,包含着敢说(创新意识)、敢想(创新思维)、敢做(创新行为)的内在心理品质,因此,不管是儿童想好了再画,还是画好了再想,也不管画的是什么内容,都体现了一种创造性的思维过程。

4. 绘画的语言功能可在儿童特殊时期起到重要的调节作用

绘画是一种语言,这种语言功能在儿童成长过程中起着重要的作用。特别在儿童发展的特殊时期,作为语言替补,对儿童自身的情绪调节和对外沟通,意义重大。如在3~5岁儿童自我意识的形成期,口头语言无法满足儿童表达自我的需求,象征性的绘画作品就成为其表达内心情感的工具;进入青春期的青少年,由于内心的矛盾和冲突增大,表现出相对少语的现象,此时,绘画就是其表达自我思想和情感的有效手段。

三、绘画治疗在儿童心理咨询与治疗中的运用

绘画与儿童之间的关系,显现出其对于儿童心理问题应对的独特效应。下面,

我就材料的选择、儿童绘画主题分析及相关分析技术,为大家讲解绘画治疗在儿童心理咨询与治疗中的应用。

1.儿童绘画治疗的材料选择

儿童绘画治疗工具的选择很重要,其中对画纸、画笔和其他工具都有一定的要求。下面根据儿童心理咨询与治疗的临床实践经验,为大家说明有关儿童绘画材料的基本要求。

(1)用纸

画纸是儿童绘画治疗不可或缺的材料。

首先,画纸的大小。一般用于儿童个体绘画治疗时,纸张不宜太大,一般 A4 纸大小就可以。但如果用于家庭治疗,如画一幅家庭合作画(家庭来访者成员完成一张主题画)就需要大一点的纸张,A3 大小就可以。

其次,画纸的厚度。一般用于儿童绘画治疗的纸,在厚度上有一定的要求,尽可能比一般打印纸厚一些。原因是我们在进行绘画分析时,需要关注儿童绘画时的笔压状况,如果纸张太薄就无法显示笔压程度。

最后,画纸的颜色。对儿童实施绘画治疗,一般需要准备多种颜色的纸,儿童在选择纸的颜色时,不仅会提升绘画兴趣,也会为我们提供一些心理状况的信息,例如,选择黑色或灰色纸的孩子一般存在一定的消极情绪等。

(2)用笔

绘画治疗分为黑白画和彩色画,对于儿童绘画治疗来说,一般使用彩色画。彩笔需要准备各类 24 色绘画工具,如 24 色蜡笔、24 色油画棒或 24 色彩铅。之所以需要 24 色多种材料的画笔,是因为存在心理问题与障碍的儿童,多存在不同程度的触觉统合失调,这些儿童对绘画材料的要求较高。

(3)其他材料

除了画纸和画笔以外,绘画治疗还需要橡皮、涂改液、安全剪刀、记号笔、胶水、画板等材料。

2.儿童绘画治疗中绘画主题分析

在儿童绘画治疗过程中,从初期的绘画测验,到中期的绘画治疗,再到结束阶段的绘画疗效评估,每个阶段都会出现各种有效的绘画主题。

我将这些绘画主题大体分成了两类:问题主题绘画和治愈主题绘画。

(1)问题主题绘画

问题主题绘画是指儿童绘画中反映出的,具有一定象征意义的绘画作品。儿童绘画中反映心理问题的画可分为五大类:社会性问题主题、创伤主题、社会认知偏差主题、敏感性人格主题及攻击性主题等,具体内容如表7-2所示。

表7-2是对上述五种问题主题绘画中呈现的具体绘画元素表现的概括。

表7-2 问题绘画及其绘画主题

绘画主题	绘画元素表现
社会性问题主题	人物缺失或无人画、人物间被隔离画、绘画元素间无关联画、画面无语言性表达或语言性表达不足、无意义画等
创伤主题	被欺负画、哀伤画、恐怖画、画面过于简单或复杂、全部或部分被涂抹画、极度不配合绘画或者拒绝绘画等
社会认知偏差主题	存在特殊元素画、残缺画、异类画等
敏感性人格主题	背景元素大于生活元素画、画面元素过满画、过度强调对称画、画面过小画、线条密集画、色彩单一画、过度渲染文化或宗教元素画等
攻击性主题	黑色画、过度涂抹画、线条凌乱画、画面溢出画、对峙画、调侃生命画等

(2)治愈主题绘画

儿童治疗过程中常见的治愈主题绘画可分为三类:能动主题、互动主题及休闲主题,详情如表7-3所示。

表7-3 治愈绘画及其绘画主题

绘画主题	绘画元素表现
能动主题	积极主题画、个体特征鲜明画、思想性画、色彩丰富画等
互动主题	活动场面画、合作意识画、绘画元素和谐画等
休闲主题	风景画、旅游画、诗景画等

(3)问题主题绘画和治愈主题绘画的关联

在绘画治疗过程中,问题主题绘画、治愈主题绘画之间的关联性一般以两种状态出现:一种是问题主题绘画在先,治愈主题绘画在后;一种是二者同时出现在一个画面里。

第一,问题主题绘画在先,治愈主题绘画在后,这是绘画治疗中最为常见的关联性呈现方式。一般情况下,来访者的作品在绘画治疗的初期都会以问题主题绘画的方式呈现,然后,治疗师通过对其绘画进行分析,将绘画中所隐喻的问题进行梳理,再利用其绘画采用各种技术与来访者互动,使来访者逐步理解自己的问题,进而达到一定程度的改变,此时,治愈主题绘画就会随之出现。

第二,二者同时出现在绘画治疗中的一个画面里,即来访者的同一幅绘画作品中,既有问题元素,又有治愈元素,这在绘画治疗中也是经常出现的现象。在来访者的绘画里,既存在消极因素,又存在积极因素,治疗师要充分懂得和把握这一点。如何处理问题绘画元素,利用治愈绘画元素,是绘画治疗师最重要的技能。

3. 儿童绘画治疗的基本技术

在绘画治疗过程中,绘画心理分析技术运用得是否得当和熟练,是治疗取得良好效果的基本保障。下面几个技术,是我在借鉴前人相关研究成果,并结合自己20多年的绘画分析临床经验,概括出的绘画心理分析技术,在这里第一次通过书面形式分享给大家。

（1）绘画投射技术

绘画投射技术是精神分析疗法中比较成熟的技术,即通过对来访者的绘画作品中投射出的潜意识世界进行探究,寻找影响来访者问题的深层心理因素。

投射技术的关键词:精神分析、潜意识、心理分析。

投射技术的基本要求:对精神分析技术有较好的理解与掌握。

（2）问题主题绘画和治愈主题绘画识别技术

识别问题主题绘画和治愈主题绘画的技术,是指识别出来访者的绘画作品中,哪些绘画符号具有问题表征,哪些绘画符号具有治愈表征。一般情况下,绘画中意识层面的问题与治愈绘画符号比较容易判断,我们只需将有积极元素的绘画作品当成治愈画,将有消极元素的绘画作品当成问题画即可。但是潜意识层面的问题与治愈绘画符号就比较难判断,因为,无论是积极还是消极的绘画符号都可能隐喻着更深层的问题,也会潜藏着某些积极的力量。

绘画识别技术的关键词:符号隐喻、意识与潜意识、心理分析。

绘画识别技术的基本要求:对精神分析技术有较好的理解与掌握;有丰富的生活阅历和表达性治疗的临床学习与实践经验。

（3）问题视觉化技术

问题视觉化技术是完成绘画分析的重要手段。具体操作方式为,治疗师通过绘画解析,让来访者在自己的绘画作品里看到自身存在的问题。这种通过绘画使问题视觉化的方法,相对于纯粹的语言描述更直观,来访者也更容易理解与接纳。

在使用这种技术的过程中,需要治疗师具有较高的心理分析能力和咨询经验。首先,分析要符合来访者的真实情况,不得过度主观解读;其次,对来访者的接受能力进行评估,不能因为来访者无法接纳治疗师的分析结果而再度引发情绪问题。

问题视觉化技术的关键词:利用作品、视觉化解释。

问题视觉化技术的基本要求:有着丰富的表达性治疗的临床学习与实践经验,对来访者的接受能力以及解释后产生的状况有较好的洞悉。

(4)绘画中的问题矫正技术

绘画中的问题矫正技术,是指治疗师与来访者就绘画中所呈现的问题达成一致意见后,再利用绘画形式,从认知、情绪到行为进行问题矫正的相关技术。

认知重建绘画技术:该技术是运用认知疗法对来访者认知层面存在的问题进行分析,达到认知重建,再将重建后的认知在绘画作品中呈现。

情绪舒缓绘画技术:通过绘画过程中的绘画宣泄,或者通过绘画过程中与治疗师之间的游戏沟通,达到疏解来访者情绪的效果。

行为矫正绘画技术:通过来访者与治疗师之间对初始绘画中所反映出的行为问题视觉化分析,使来访者懂得如何应对问题,再将相关治疗结果在新的绘画作品中呈现。

矫正技术的关键词:分析绘画;认知重建。

矫正技术的基本要求:要求治疗师在掌握精神分析的基础上,还必须掌握认知疗法、行为疗法等技术与临床经验。

4.绘画治疗案例分析:兰莹(化名)心理咨询中绘画疗法的应用①

来访者:兰莹,女孩,16岁,重点中学高一在读;母亲,43岁,医生。

求助方式:兰莹认为自己没有问题,只是妈妈过度担心自己的学业,要求咨询才来的,属于被动咨询。

母亲主诉:一直以来和女儿交流有困难,感觉女儿情绪极其不稳定。最近,女儿情绪更暴躁,做事眼高手低,学习不努力,很担心女儿的升学问题。

---

① 本案例为作者心理咨询实践案例,部分内容已发表在作者的《透视心灵:绘画心理分析技术》一书中。

　　资料搜集：单亲家庭(母女)，兰莹和父亲见面不多，平日更多的是姥姥和姥爷照顾兰莹的生活，母亲有宗教信仰。

　　母亲陈述：自己出生在一个高级知识分子家庭，母亲是教师，父亲是工程师，有一个姐姐。姐姐漂亮，各方面都优于自己。父母对自己和姐姐要求很严，家里规矩也比较多，比如女孩穿着要得体，不能觉得自己漂亮(尽管自己也觉得自己长得还可以)。上大学之前一直缺乏自信，尽管学业成绩比较优秀(毕业于名校，医学博士)。无论是上学还是工作，和周围的人都能保持良好的关系，但没有特别要好的朋友。和前夫结婚是在自己非常认真选择后走到一起的，但结婚后发现他太没有责任心，结婚6年后与丈夫协议离婚。兰莹归自己抚养，但自兰莹小时候起，自己的父母便承担了主要抚养责任。离婚后近十年间，前夫再婚，与兰莹关系一般。自己一直处于单身状态，虽然也在寻找感情寄托，但没有找到合适的生活伴侣。目前，工作比较顺利，除了感情不太顺利外，最大的烦恼就是兰莹的问题。兰莹自主意识很强，遇事很少和自己商量，习惯自作主张。比如，高中择校就是兰莹自己做的决定，原本能上更好的学校，但她却选择了一所一般学校。现在，虽然兰莹住校只有周末回家，但两人在一起时只要和她谈学习的事，兰莹就会大发脾气，自己很害怕女儿发脾气的样子也很担心女儿形成易怒的性格。另外，自己感觉兰莹心气太高，但努力不够，很担心女儿有心理或精神问题。

　　兰莹陈述：自己完全能够管好自己，对现在的学习还是有一定把握的。自己很清楚将来想学什么专业，对这个专业在北京的状况也比较了解，想上比较理想的学校很困难，但还是在努力。人际关系还好，虽然没有特别知心的朋友，但能够和同学搞好关系。不喜欢的事情是不会勉强自己做的，比如，老师上课没意思，自己就会选择不听而做别的事，被老师发现受到批评，也理解老师为什么生气，但不会为此花费太多工夫和老师解释。关于自己的将来，相信依靠自己的力量能够生活得很好。认为自己和爸爸的关系还行，也没有太多可以交流的。知道妈妈很担心自己，认为那是因为妈妈不了解自己。

　　咨询师观察：咨询师对母女的初次印象：这是一对漂亮的母女。母亲着装精致，气质优雅，但给人一种非常拘谨的感觉。说话时小心翼翼，能够感受到在刻意地控制自己。和咨询师对话时会频繁地赞同对方的观点,但基本上不太会受到影响而改变自己的想法。

兰莹外形清秀,整个人给人一种非常文静的感觉,但非常有个性,很不容易亲近,比起一般16岁女孩要显得老成。语言轻柔,但谈话时会以过度保护性语言反问,或快速终止谈话,比如,咨询师问:"在学校,和同学关系如何?有特别要好的朋友吗?"她回答:"还行。怎么就算要好的朋友?"咨询师答:"要好的朋友,比如说能聊一些私密话题等。"她会回答"这不需要"诸如此类。

问题诊断:兰莹的问题是由性格与家庭环境导致的青春期亲子关系问题,属于一般心理问题。

心理咨询过程:根据兰莹及其母亲的个性特点,本案例采用谈话法和绘画疗法进行了两次咨询。

绘画测验使用依据:

原因一:来访者母女均属于内向型性格,且存在过度防御与掩饰心理状况。

原因二:来访者母女在咨询过程中频繁出现心理阻抗①现象,如母亲会不加思索地顺从咨询师的观点;女儿不断地拒绝回答问题或终止话题,等等。

原因三:母女在人际沟通中均习惯性地陷入自己的思维逻辑中,很难对他人的观点进行思考和借鉴。

原因四:咨询师设定咨询的初级阶段目标之一:来访者母女双方不仅应该对自己的个性有一定的认识,而且应该了解对方的性格特质,而绘画测验作为人格测验可以促使此目标的达成。

原因五:母女双方由于缺乏理解存在语言沟通困难,等等。

绘画治疗使用目的:

目的一:通过房树人绘画测验,来访者母女能够对自己的个性有直观的认识,从而理解一些现实问题与自己的个性有关。

---

① 阻抗:当事人在治疗过程中有意或无意状态下,为了阻止心灵的改变而采取的对抗被称为阻抗。阻抗是来访者对于心理咨询过程中自我暴露与自我变化的抵抗,是个体自我防御机制较强的表现。顺从、抵触及控制话题等都是阻抗的外在表现。

目的二：来访者母亲一直都认为女儿学习不努力、脾气不好是亲子关系出现问题的关键。通过家庭动态绘画测试，妈妈能够在视觉化状态下了解女儿现存问题潜在的深层心理因素，更好地理解和关爱孩子。

具体操作：房树人绘画测验和家庭动态绘画测试。

绘画材料：A4 白纸和 12 色彩色笔。

绘画完成过程：母女分别在不同环境中，明确指导语后独立完成两个绘画测验。母亲完成房树人测验用时 4 分钟，家庭动态绘画用时 6 分钟；兰莹完成房树人测验用时 1 分钟，家庭动态绘画用时两分钟。

绘画测验完成品：图 7-5（见彩插）的上面两幅画是兰莹的测验作品，左上为房树人绘画，右上为家庭动态绘画；下面两幅画是母亲的测验作品，左下为房树人绘画，右下为家庭动态绘画。

图 7-5　青春期亲子关系心理问题母女的房树人和家庭动态绘画测验

绘画分析

母女两个测试呈现的共同之处：对母女二人完成的四幅绘画作品进行绘画元素对比分析发现，在人物绘画元素的呈现上，母女二人均画出符号人，这表明二人在性格上都存在过度防御与掩饰特质，这与前面通过其他手段获得的信息一致；在笔压运用上，都呈现出较轻的绘画特征，反映出母女二人可能具备较高的自尊水平和存在对环境的感受较敏感的特性，属于焦虑易感人群。

兰莹房树人测试（图7-5左上）的整体画面给人孤独、寂寞及胆怯的感觉；绘画毫无设计感，表明孩子退缩的性格；在多色彩中她只选择了浅蓝色绘画，表明孩子关注事物细节、性情冷淡的特性；主体绘画元素——房、树、人所占画面比例偏小，特别是房子的造型，表明孩子存在安全感较低的可能性。

相对于兰莹，母亲的房树人测试（图7-5左下）整体画面色彩较为丰富，主体绘画元素房、树、人层次有序，预示其做事存在较好的计划性，但缺乏灵活性；双人（一大一小）绘画显示，其在意识层面会不断强化母女关系重要性的倾向；无门的房子造型，预示着母亲人际沟通可能存在一些无法释怀的心理特征。

兰莹的家庭动态绘画（图7-5右上）构图虽然简洁但主题鲜明：一家三口围着一张圆桌就餐。这个画面显示出孩子持有非常传统的家庭观念。当咨询师问到绘画内容时，孩子回答道：因为要求画一家人在一起做事，就想到这个画面了，这幅画只是自己关于家的感觉，并不是自己的家（解释时一副无所谓的样子，但眼睛里流露的是孤独的感觉）。和孩子在咨询过中一直抱有的对什么都无所谓的态度相比，这幅绘画显现出孩子心中那个更真实的自己：一个内心非常传统的女孩。结合孩子是在持有传统家庭教育理念的外祖父身边长大这一事实，就不难理解在这样复杂的家庭环境中长大的、处于青春期的女孩性格上的矛盾性和行事的不成熟性了。

母亲的家庭动态绘画（图7-5右下）选择了非常具有生命力的绿色为主色调，主题是四个人在草地上玩耍。母亲在解释绘画内容时这样描述："原本想在画面的左方画一个沙发，自己和兰莹在沙发上聊天，但不会画就改为现在的样子了。"母亲的家庭动态绘画与兰莹相比，没有直面家庭，这是否表明其存在着回避家庭问题给兰莹的成长带来影响这一问题呢？母亲在咨询过程中也表明，自己的离异可能给孩子造成一定的影响，但更会强调自己离异后，把所有的爱和精力都放在女儿身上，兰莹今天的样子自己很失望，也很难受。

对绘画作品的分析以及与来访者的互动

互动形式:对绘画作品的分析采取对母女分别讨论和共同讨论两种互动形式。

分别讨论环节:采取了先让她们看对方的两幅绘画,再就绘画做出解释的方法。女儿轻轻摇头不想解释妈妈的画,母亲看到孩子的绘画时只是笑(在咨询过程中,母亲对待所有的问题,无论是好的或坏的都先以笑来回应),也没有做出解释。

共同讨论环节:咨询师根据咨询目标(来访者需要了解自己某些问题的产生与自己的性格有关;母亲需要懂得女儿安全感的缺失是导致现在问题的深层原因,与教育批评相比,理解、鼓励和分担压力更重要),咨询师以绘画呈现的相关元素为话题,与来访者母女进行启发式讨论。

来访者对绘画分析的反应:

兰莹的反应:女儿在进入绘画分析环节后,态度明显有较大的转变,原本的阻抗降低;会真诚地与咨询师针对一些话题进行交流;笑容明显增多,身体开始放松。在与母亲交流时开始有眼泪,不再是一开始的直接拒绝,开始表达一些解释语言。

母亲的反应:母亲在听了咨询师关于女儿的绘画分析后,表情变得凝重了许多,咨询师第一次看到母亲不在笑容掩饰下说话了。母亲直接表示,绘画反映出的母女间在性格上的特质是自己以前没有想过的问题,更没有想到家庭状况和自己的性格会对女儿的成长造成如此大的影响。今后,自己会努力学着关爱、理解和相信女儿。

第四节　音乐疗法

儿童天性喜欢音乐,音乐能够给儿童带来无尽的快乐。因此,当儿童出现心理问题时,以音乐为媒介的音乐疗法,会对儿童情绪与情感、行为能力及社会功能等起到一定的调节作用。

一、音乐疗法的产生及其发展

首先,我从音乐疗法的内涵及历史为大家进行讲解。

1. 关于音乐疗法

（1）人类内在的音乐性

儿童心理学和生物心理学的现代研究表明，从婴儿出生那一刻起音乐性就对人产生着重要影响，如婴儿在任何时候发出的声音都包含着高音、音色、节奏、强度及旋律等要素，这些声音代表着饥饿、满足、瞌睡等生理需求，父母可根据婴儿的声音回应其要求，可见婴儿就是靠这些声音与人进行交流的，这也就是我们说的音乐本身具有自我表达和调节关系的作用。

（2）定义

音乐疗法是新兴的边缘学科，是音乐学、心理学、医学、人类学等学科交叉综合的结晶。它以心理治疗的理论和方法为基础，运用音乐特有的生理、心理效应，使来访者在音乐治疗师的共同参与下，通过各种专门设计的音乐行为，经历音乐体验，达到消除心理障碍，恢复或增进心身健康的目的。

1997 年，世界音乐疗法联合会（WFMT①）将音乐治疗定义为：音乐治疗是有一定资质的音乐治疗师与来访者合作，运用音乐或者音乐要素（声音、节奏、旋律与和弦），通过设计的治疗程序，达到建立和促进交流、交往、学习，调动积极性、自我表达，促进团体和谐和其他相关治疗的目标，从而满足来访者身体上、情绪上、心灵上、社会和认知上的需求。音乐疗法的目的是激发潜能，恢复个体机能，使来访者达到身心统一，通过预防、复原或者治疗最终改善其生活状态。

（3）音乐的功能

音乐家常常说，音乐是人类的灵魂。因为，我们的心每时每刻都在有节奏地跳动，我们也跟随旋律有节奏地运动，我们还随时随地通过改变音调、旋律和音色进行语言交流，我们人类离不开音乐。1997 年，民族音乐家格雷戈里列出了音乐的几类传统用途，他认为这些用途是全社会所共享的，具体内容如表 7-4 所示。

表 7-4　音乐的传统用途

类　别	具体作用
实用音乐	安抚婴儿情绪、幼儿游戏指导、讲故事时创造氛围、工作歌、跳舞时渲染气氛、宗教庆典、节日庆祝、在战争时代鼓舞士气等

---

① The World Federation of Music Therapy, WFMT。

续表

类　　别	具体作用
个性音乐	起着个体符号作用
交流音乐	唤醒自我认同与推销音乐、内部语言交流等
心理调适音乐	自我愉悦、使人健康、催眠等

由此可见,音乐不仅具备人类自我表达和调节关系的功能,还具备促使人类的身心健康,促进人类社会性发展的功能。

2. 音乐疗法的起源与发展

国外音乐疗法起步较早,1890 年奥地利医生厉希腾达尔发表了"音乐医生"的观点。音乐的治疗作用正式得到了人们的关注。

1944 年和 1946 年,在美国密歇根州立大学和堪萨斯大学先后建立了专门的音乐治疗课程来训练专业的音乐治疗师。美国国家音乐治疗协会成立之时,音乐治疗被确立为一门正式的学科。2007 年,拉贝等人也研究了古典音乐和重金属音乐对焦虑的改善作用,表明古典音乐能够降低焦虑和愤怒。2009 年,海德等人通过音乐训练表明,音乐可以改变 1 岁以上儿童的大脑构造,提高他们的运动能力和听力。

中国的音乐疗法起步较晚,20 世纪 80 年代,中国开始进行音乐疗法方面的尝试,在不到 30 年的时间,我国的音乐治疗取得了较大的发展。1981 年,原沈阳军区医院开展了音乐与传统针灸相结合的方法,使中国的音乐治疗从一开始便具有不同于西方的中国特色。1984 年,湖南省长沙市马王堆疗养院与长沙市医疗器械厂共同研制了心理音乐治疗机。1985—1986 年,北京安定医院和回龙观医院与音乐专业人员合作,先后开展了老年抑郁症和慢性精神分裂症的音乐治疗。中国音乐治疗学会在 1989 年成立,它大大促进了我国音乐治疗事业的发展步伐。1991 年开始,广州和上海的 4 所培智学校开展了为期两年的音乐治疗实验,取得了明显的效果。中国音乐学院和中央音乐学院也于 20 世纪八九十年代成立相关专业,并开始招收专科生、本科生和硕士生。近年来,儿童音乐治疗领域正在崛起,且发展迅速。中央音乐学院音乐治疗中心率先开展了儿童自闭症的音乐治疗,随后又开展了儿童智力障碍的音乐治疗,都取得了一定的成绩。

目前,音乐疗法仍是一项发展中的学科,衍生出的学派及理论繁多。音乐疗法被系统化地分为十个学派,包括诺多夫-罗宾斯音乐疗法、心理动力取向音乐疗法、临床奥尔夫音乐治疗、柯达依概念的临床应用、达尔克罗兹节奏教学的临床应用、引导想象与音乐疗法、发展音乐疗法、音乐治疗和沟通分析、完形音乐疗法及应用行为矫正的音乐疗法。其中诺多夫-罗宾斯音乐疗法、心理动力取向音乐疗法、临床奥尔夫音乐治疗、应用行为矫正的音乐疗法等学派影响力较大。

二、音乐疗法的实践

目前,在国际音乐治疗领域,音乐疗法的实践有两大分支:一是将音乐看作具有内在恢复和治疗特性的方式;二是将音乐作为治疗中相互作用和自我表达的方式。

1. 音乐的内在恢复或治疗特性

部分音乐治疗模式,将治疗师和来访者的关系放在次要地位,强调治疗中的音乐物理特性的应用,具体做法如下:

(1)体感音乐疗法

声音的震动或者单一音调在不同的文化背景下,都被用于医治身体疾病或减轻痛苦,如巫术的摇铃声。科学地讲,这些巫术并不能治愈身体疾病,但包括音乐在内的仪式过程还是能对人的心理起到一定的安抚作用。

体感音乐疗法是一种被动接受式音乐技巧,利用音乐震动对身体生理产生影响,对来访者的生理疾病和心理问题进行治疗。具体做法是来访者躺在一张带有内置扩音器的床或躺椅上,音乐中的低频信号经过物理换能转换成振动、通过"骨传导作用"和生理、心理双重刺激激活大脑中枢,使人迅速放松。

(2)音乐创作作为治疗精神或身体疾病的直接手段

音乐创作作为治疗的直接手段,是在借鉴印第安人把音乐作为治疗手段的基础上创立的一种音乐治疗技术,印第安人相信唱歌和咒语是能够将病人的身心和周围环境和谐统一起来的根本方法。音乐创作作为治疗精神或身体疾病的直接手段,其具体治疗过程中伴有颂歌和歌曲,传统以九天为一个周期,由一个受过培训的专业歌手或治疗师本人进行演奏。

(3)将录制的音乐作为治疗身体疾病的辅助手段

将录制的音乐作为治疗身体疾病的辅助手段,是基于音乐可以缓解和减少病痛、焦虑和压力的理念,在治疗过程中,要求来访者通过高品质的仪器聆听自己选好的录制音乐。在聆听过程中，来访者可以自行控制音乐的音量、开始和结束时间，在聆听音乐的过程中，来访者可以得到放松。

2. 音乐作为治疗关系中自我表达与交流的手段

大多数音乐治疗师都将音乐看成治疗关系中交流和自我表达的重要手段，具体操作可以根据来访者的数量、治疗目的和治疗理念的不同而发生变化。音乐作为自我表达与交流的方式有很多，比较有代表性的包括如下三种：

（1）社区音乐疗法

社区音乐疗法是社会心理学和音乐疗法相结合的产物，旨在为生活在社区团体的来访者提供心理治疗。

社区音乐疗法很容易和社区音乐会混淆，因为二者间在形式上有许多相似之处，但在本质上是有所不同的。在形式上都是利用社区音乐资源，如利用唱诗班、乐队、举办音乐会等形式。但在本质上，社区音乐疗法是由专业音乐治疗师组织展开的，音乐治疗师会根据社区来访者的具体问题，有目的地组织个体或团体开展音乐治疗活动，属于临床心理学或医学领域，而社区音乐会则是单纯的社区音乐娱乐活动。

（2）图像音乐引导法

图像音乐引导法是音乐疗法中的深度精神分析。该疗法的创始人伯尼发现，当来访者在认真聆听治疗特选音乐时，如果其能达到放松状态，强有力的情感和有象征意义的图像就会被唤醒，从而将治疗引入更深的层面。

伯尼将图像音乐引导法的基本治疗流程设定为四个阶段，具体流程如图 7-6 所示。

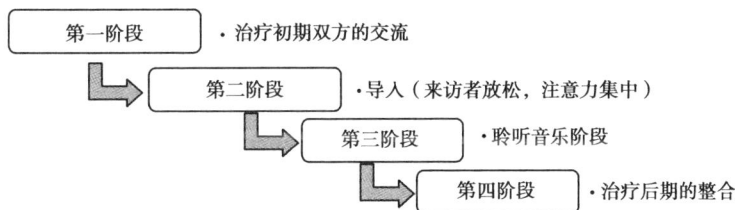

图 7-6　图像音乐引导法流程

（3）即兴演奏音乐疗法

即兴演奏音乐疗法是基于多种治疗理论而产生的一种疗法，如基于精神分析理论和实践，从音乐的个性化符号对治疗关系进行分析；也有基于行为主义理论与实践,从音乐产生的环境入手,寻找文化与环境对治疗关系的影响等。

即兴演奏音乐疗法是目前音乐疗法中使用最广泛、疗效较好的疗法。该疗法是将现场即兴创作的音乐作为来访者和治疗师之间的沟通媒介,建立咨访双方的协助关系。

三、音乐疗法在儿童心理咨询与治疗中的运用

下面,我从儿童音乐疗法的实施现状、音乐疗法所需的材料、音乐疗法的实施过程三方面,向大家介绍音乐疗法在儿童心理咨询与治疗中的应用。

1. 儿童音乐疗法的主要流派

在表 7-5 中,我就几种与儿童有关的音乐治疗流派,对其主导思想进行详细描述。

表 7-5　音乐疗法主要流派与其主要思想

流　派	主要思想
诺多夫-罗宾斯音乐治疗	1960 年,以诺多夫和罗宾斯两位合作发起人的名字命名,此方法完全是从音乐领域发展而来,以尊重每个人生命存在意义的态度,强调创造性即兴音乐治疗。在实践中,治疗师尊重每个接受治疗儿童的内在生命,通过激发儿童的音乐能力,开启其潜在的能力
心理动力取向音乐疗法	借助于精神分析的无意识理论,来指导治疗师的工作。通过音乐与语言相结合的方式,探索来访者潜意识中的矛盾和症结
临床奥尔夫音乐治疗	1926 年,奥尔夫在德国创立了强调人的自然状态,即"原本性"的音乐疗法。该音乐疗法主张通过本土文化刺激儿童的多种器官,激发儿童演奏/演唱的欲望。该疗法重视节奏性,对儿童的感知觉有着良好的干预作用
达尔克罗兹节奏教学的临床应用	音乐教育家达尔克罗兹创立的,其三大特点是体态律动、视唱练耳、即兴创作。他创造了一种融身体、音乐、情感为一体,既符合美学原则又符合运动原则的、崭新的音乐教学与治疗方法

续表

流　派	主要思想
引导想象与音乐疗法	音乐引导想象与音乐治疗方法是由美国著名小提琴家、著名音乐治疗家邦妮创立的,她将音乐与心理动力治疗相关联,建立在人本主义和超个体心理学基础上,强调自我意识和音乐对自我发展的影响。治疗过程分为四步:预备会谈、放松引导、音乐聆听、经验总结
发展音乐疗法	由伍兹博士创立,利用 2～14 岁儿童已有的音乐经验,对其心理困扰进行音乐干预。此模式结合了精神医学、心理学、社会工作、教育学和音乐教育诸多专业领域
应用行为矫正的音乐疗法	将行为矫正法运用于音乐治疗中。其具体做法是:行为功能的分析与评估、确定靶行为、行为的观察测量、量表设计、系统脱敏。如工娱疗法(即娱乐疗法)、操作性音乐疗法、儿童的音乐行为矫正法、音乐训练法、音乐放松法、音乐脱敏法

2. 儿童音乐治疗的材料

(1)录制音乐资料

实施音乐疗法,需要准备一定量的录制音乐资料,这些音乐的准备需要考虑到年龄、性别及文化等因素。

首先,应该考虑年龄因素,一般情况下年龄比较小的儿童需要为其准备节奏感较强的音乐;而年龄较大的青少年则需要根据时代背景为其准备一些能反映个性,并受青少年喜欢的音乐。其次,考虑节奏因素,既要有长和短,还要有强和弱。最后,考虑文化因素,既要考虑到时代背景因素,又要考虑民族文化因素等。

(2)相关乐器

钢琴或电子琴:供儿童来访者在创作音乐作品时使用(自弹或治疗师弹奏)。

各类打击乐:拍板、梆子、小鼓、沙槌、响板、三角铁及锣等,供儿童来访者在团体音乐治疗即兴演奏时使用。

高品质音乐播放器:音乐播放仪器一定要有高品质,只有这样才能使儿童来访者对音乐产生兴趣而达到仔细聆听的目的。

（3）音乐治疗室

在有条件的情况下，建议设置独立音乐治疗室。一般情况下，音乐治疗室面积在 30 m² 左右比较适宜，既可以做个体音乐治疗，也可以做 3～6 人的小团体音乐治疗。音乐治疗室的色彩以冷色调中的蓝色或绿色为宜，这种色彩有利于来访者即兴创作。治疗室需要规范地摆设相关治疗乐器。

3. 儿童音乐治疗过程

儿童音乐疗法的实施过程可以经过四个阶段：即兴演奏阶段、建立音乐疗法关系阶段、主体治疗阶段和结束阶段。下面我采用案例分析法向大家介绍这四个阶段的具体操作。

案例介绍：自闭症儿童苏苏的音乐治疗案例①

苏苏是一名 6 岁，典型中度自闭症谱系障碍的男孩。家庭成员有爸爸、妈妈和妹妹（健康儿童）。苏苏 3 岁时，由于语言发育迟缓、对他人的呼唤反应迟钝、对电梯着迷等症状被专科医院诊断为自闭症。

苏苏 4 岁进入彩虹宝贝特殊儿童心理干预中心（以下简称中心），中心为苏苏及其家庭提供了多种心理方法的支持，如社会结构化、家庭治疗、绘画疗法、沙盘疗法、游戏疗法及音乐疗法等。其中音乐疗法较有效。

（1）即兴演奏阶段

在不了解儿童来访者的音乐喜好特点时，可以采取让儿童即兴演奏，或治疗师即兴演奏的方式。该阶段儿童来访者或家长可以自由选择音乐治疗室里的各种乐器，也可以自由演奏自己想演奏的"声音"。此时，治疗师可以播放一些符合儿童来访者的录制音乐配合儿童，进而增加儿童对音乐的兴趣，能够尽快进入治疗阶段。

该阶段治疗师最重要的工作就是仔细观察儿童在音乐室里的表现，了解儿童的音乐喜好，找到适合儿童的音乐治疗模式。

---

① 该案例来源于北京林业大学"彩虹宝贝特殊儿童干预中心"。北京林业大学彩虹宝贝特殊儿童干预中心是 2008 年，由雷秀雅创立的心理学专业社会公益项目，旨在为自闭症为主的特殊儿童及其家庭提供专业支持。中心自建立以来，为近 100 多个特殊儿童及其家庭提供心理评估、个案治疗及家庭心理支持，受到社会各界的关注与支持。2012 年 4 月 2 日，CCTV12 台播出了专题片"孤独心灵的守候者"，2019 年 4 月 4 日，《人民日报》要闻版以"相信有我们，他们不再孤独"对中心的工作做了专题报道。

苏苏的即兴演奏阶段

苏苏进入音乐治疗室后,并没有按照治疗师的要求触碰乐器,而是围着教室转圈跑。此时,治疗师并没有阻止其这一行为,而是播放了一首节奏感强的音乐《小苹果》,苏苏听到音乐后很兴奋地开始随着音乐摆动身体。这时候,治疗师自己拿起沙槌,跟着音乐的节奏演奏,来配合苏苏的舞动。此时,苏苏不再像刚进治疗室时那样紧张不安和盲目跑动,开始关注治疗师发出的音乐和治疗师的演奏。

(2)建立音乐治疗关系阶段

儿童音乐治疗中经常会出现儿童不配合的状况,如被别的东西吸引,玩玩具而不碰乐器,玩乐器而不演奏,躲在钢琴后面等,这些看起来和音乐治疗没有关系的举动,后面也会给治疗师提供许多有价值的信息,或许这里面就有建立音乐治疗关系的线索。

在音乐治疗关系建立阶段,儿童安全感的建立非常重要。治疗师需要为儿童营造一个自由、宽松和安全的氛围,这是儿童音乐治疗的前提。

治疗关系建立的基础是彼此间的信任,所以治疗师需要运用各种技巧和方法取得儿童的信任,与儿童建立起信赖关系。

苏苏的音乐治疗关系建立阶段:

与苏苏治疗关系的建立经过了一个较长的过程。苏苏对妈妈的依恋程度很强,治疗过程中一旦发现妈妈不在,就提出找妈妈。但妈妈一来他就不去关注治疗师的活动,又回到了转圈快跑的状态。如何解决这个问题,是音乐治疗在这个阶段遇到的困难。

治疗师尝试了多种办法后,决定让苏苏的妈妈待在门外苏苏能够看到她的地方。在妈妈的解释和说服下,苏苏同意了这个安排。治疗师安排妈妈在门外观看,并提示苏苏,妈妈在看他的表演。这时,苏苏的安全感才得到满足,进入治疗环节。

当然,在此环节中,治疗师还是通过各种努力建立起与苏苏之间的信赖关系,如治疗时间逐步延长(从5分钟到30分钟);采用各种音乐形式配合苏苏的音乐表现,让其最大限度地感受音乐治疗的快乐等。

(3)音乐主体治疗阶段

当音乐治疗关系建立以后,治疗师就要根据治疗方案进入正式的音乐治疗阶段。治疗阶段的主要任务有两个:一是根据方案实施治疗;二是在实施过程中不断调整治疗方案。

首先,音乐治疗方案的制订要依据儿童自身的特点,要有明确的治疗目标,选择适当的音乐治疗手段等。

其次,在治疗实施过程中,不可机械地按照方案实施,如果遇到儿童不配合或者无法完成治疗,或出现其他有建设性的举动时,治疗师需要及时调整方案。儿童在音乐治疗中存在许多不确定性因素,可能是情绪原因,也可能是身体原因等,这些都会引发儿童不配合而使得治疗无法进行下去。当然,在这一过程中,也可能会出现与方案不一致的创造性积极表现,这一点对于儿童和治疗师来说都非常重要。

苏苏的音乐治疗实施阶段

治疗师在设计苏苏的音乐治疗方案时,将治疗目标锁定在情绪表达能力训练、语言表达能力训练和社会交往能力训练上。

情绪表达能力训练:利用音乐治疗手段,发现苏苏的情绪特点,引导其学会向别人表示高兴和不高兴。例如,苏苏一直用找妈妈表示不开心,治疗师在治疗过程中,允许苏苏在不开心时,提出停止治疗。

语言表达能力训练:利用音乐治疗过程多次与苏苏尝试进行沟通,提供一切可能激发其语言表达的机会。例如引导苏苏拿乐器时,尽量使用语言启发,如"苏苏,这个东西好玩吗""我们可不可以这样做",等等。

社会交往能力训练:利用音乐治疗手段,训练苏苏逐步懂得规则的重要性,感受到其他人的存在。如苏苏很喜欢胡乱打小鼓,治疗师就通过演示小鼓正确使用发出的声音,帮助他建立规则意识等。

(4)结束阶段

在心理咨询与治疗过程中,开始和结束都是最敏感和重要的阶段。相对于其他疗法,由于音乐治疗在治疗过程中使用了大量的音乐资料,所以其结束过程显得更重要。除了需要完成一般心理咨询与治疗的结束工作外,音乐元素的结束也是必须要考虑的。

首先,音乐治疗结束时,结束音乐形式的选择,就是一个非常重要的环节。结束音乐形式可以由来访者选择,也可以由治疗师和来访者协商选择。该音乐可以是录制音乐,也可以是创作音乐,但无论是什么音乐形式,都要起到维系和巩固治疗效果的作用。

其次,儿童音乐治疗过程中会产生一些声音或其他资料,例如治疗师为了鼓励儿童积极投入音乐治疗,将其在治疗过程中演奏的一些具有创造性的即兴音乐录制下来,回放给儿童听;再比如,儿童在音乐治疗过程中产生的其他资料,如绘画资料等。这些资料如何在保密原则下处理都是音乐治疗结束阶段重要的工作内容。

苏苏的音乐治疗结束阶段

苏苏在经过三个月的音乐治疗后,有一定的进步。临近暑假,苏苏的音乐治疗要暂时告一段落,治疗进入阶段性结束过程。治疗师为苏苏选择了开始阶段的《小苹果》为结束曲,与治疗初期不同的是,此时的苏苏是在与治疗师互动中完成了音乐舞动。

咨询师向苏苏妈妈交代了,假期如何在家继续利用音乐对苏苏进行心理支持。同时,还就治疗过程中产生的影像资料的处理与苏苏妈妈达成了一致意见。

从本章的介绍我们可以看出,无论是沙盘疗法、绘画治疗、音乐疗法还是其他表达性治疗方法,这些都是具有非语言性、操作性和游戏性特色的疗法,对于儿童心理咨询与治疗来说,这些疗法起着其他疗法不可替代的作用。

导入案例分析:对小静及其家庭的心理支持

对小静妈妈期待的理解:作为自闭症儿童的妈妈,加之小静爸爸的事情,小静妈妈的坚忍和顽强非常令人感动。对小静妈妈希望通过自己的努力促进女儿的身心健康发展,咨询师应该给予积极的肯定和支持。

小静的预后分析:小静是一名重度典型自闭症谱系障碍儿童,在今天对自闭症病因还不太清晰的状况下,医学上很难提供有效的治疗方法,这也是自闭症被称为不治之症的主要原因。目前,关于自闭症的预后倾向性较高的是:5%左右的轻度非典型自闭症患儿有很好的预后,成年后能够进入社会与正常人一样生活;35%左右的轻度自闭症患儿,经过科学有效的干预能够达到生活自理;60%左右的中重度自闭症患儿可能终身需要人照顾和陪伴。根据小静的病情评估,小静应该属于第三类状况。

小静的能力与培养分析:目前,自闭症儿童的智商和能力评估还没有达到令人满意的程度,主要原因是适合这个特殊群体的心理测评工具满足不了需求,即缺乏精准有效的测评工具。特别是对小静这类重度典型自闭症谱系障碍儿童的智力评估,尤为困难。所以,小静的能力优势在哪里,教育者只能在教育过程中通过不断试错来寻找答案。

小静妈妈在培养小静的过程中,如果有目的地寻找孩子的能力优势,再根据这一能力优势进行科学培养,既可以帮助孩子找到成长的支撑,也可以提升妈妈自身的养育效能感。

但是,值得注意的是,并不是每个教育者都能顺利地找到孩子的优势能力且有效地对此进行培养,也不是每个自闭症患儿都具有绘画、音乐或其他天赋,家长能够学会享受培养孩子的过程,对于孩子和自己更为重要。

绘画和音乐治疗对小静的作用: 正如本章正文中描述的那样,绘画与音乐治疗作为儿童心理咨询与治疗过程中的表达性艺术疗法,目前并不是用来培养儿童的绘画和音乐能力的,而是主要用于培养心理方面能力的,如提高语言能力、情绪与行为管理能力及社交技能等。这一点小静妈妈一定要明白,只有这样,小静妈妈才能够懂得心理支持的真实效用,也可以有效地利用心理干预。

对小静妈妈的建议:

第一,建议妈妈逐步认识小静的疾病,学会接纳孩子。

第二,建议妈妈在养育小静的过程中,不要陷入完全忘我的状态,应该有自己正常的生活,注重维护自己的身心健康。只有妈妈处于身心健康状况,才可以理性地应对孩子的问题,才可以更好地支持孩子。

第三,建议妈妈多参与自闭症相关知识的学习,了解病情,有针对性地、科学有效地养育孩子。

❓ 思考题

1. 思考表达性治疗方法在儿童心理咨询与治疗过程中的利与弊。
2. 沙盘疗法与绘画治疗中关于无意识与象征性的理解。
3. 沙盘、绘画与音乐疗法在儿童心理咨询与治疗过程中的注意事项。

第八章　儿童心理咨询与治疗实践

∷∷∷∷
∷∷∷∷

导入案例:豆豆(化名)父母的心理求助历程①

基本情况:豆豆,男孩,10 岁。家里有爸爸(公司职员)、妈妈(公司职员)和妹妹(3 岁)。

豆豆妈妈陈述:豆豆是剖官产,出生时没有出现什么特别情况。在她 3 岁之前也没有发现什么异常,只是没有爬行就直接会走路了,当时父母还觉得不错。说话也不算晚,脾气特别大,语言表达也多是发脾气类的激烈话。上幼儿园后,老师反映豆豆在幼儿园不太听话,脾气很大,比一般小朋友表现出更多的注意力分散与多动。

父母很重视豆豆的问题,也希望通过专业的方法帮助自己的家庭健康发展。于是就找到一家心理咨询与治疗机构,经过几次咨询后,豆豆的情况没有太多好转,父母就放弃了咨询。幼儿园期间,豆豆父母每次接豆豆都担心他在幼儿园又发生状况。

父母一直认为,上了小学,豆豆的状况就会好些,可是没想到,豆豆上小学之后,问题一点儿也没有好转。学习成绩还能跟上,但是每天写作业时都需要大人盯,不然就一直拖着,经常完成不了作业。上课时的小动作很多,还喜欢大声说话,老师批评时自己还很愤怒,与老师顶嘴是经常的事。

老师要求其父母带孩子去医院看看,家长就带豆豆去了儿童医院,被诊断为"注意力缺陷多动障碍",并给孩子开了药。父母遵照医嘱服用了一阵药后,发现孩子的问题没有好转,还总是犯困,就把药给停了。之后,父母也带豆豆看过各种心理医生,但都没有明显的效果。

目前豆豆的问题更严重,不仅有情绪与行为问题,还开始出现明显的校园人际关系问题,豆豆几乎没有朋友,也讨厌老师。最近,豆豆总说"活着没意思"之类的话,父母又担心又害怕,但又不知道如何帮助豆豆。

---

① 本案例为作者心理咨询与治疗临床案例,案例中的个人信息已经做了保密处理。

豆豆的问题是什么问题？什么原因导致了这些问题？父母如何帮助豆豆？学校和家庭如何应对豆豆的问题？这些问题，正是本章所要讲解的内容。

第一节　概　述

儿童的常见问题与年龄关联很大。大致可以分为四个年龄段，3～6 岁年龄段、小学低年级（一至三年级）年龄段和小学高年级（四至六年级）年龄段、青春期，每个年龄段所出现的主要问题都不同，具体内容如表8-1 所示。

表8-1　儿童心理咨询与治疗中常见心理问题

主要问题	3～6 岁	小学低年级	小学高年级	青春期
情绪	恐惧为主	焦虑为主	焦虑伴随抑郁	抑郁
行为	退缩行为为主	注意力分散，多动行为	攻击性行为	早验行为、破坏性行为等
学业	无	学业不良	厌学	厌学、偏科、考试焦虑
社会性发展	无规则意识；无交往能力	交往能力弱	同伴关系问题	人际关系、理想问题

表8-1 是我根据相关资料和多年的临床实践经验，以情绪、行为、学业和社会性发展为指标，对四个年龄段儿童在每个指标上的问题表现做出的归纳。

一、低年龄阶段儿童常见问题

学龄前儿童寻求心理咨询与治疗多是由家长带领。该阶段，以下这些问题是家长认为有必要寻求心理帮助的问题：在情绪上，主要为过度恐惧引发的各类问题，如缄默、回避等问题；在行为上，相对于攻击行为让家长更担心的是退缩行为，如在家和在公共场所表现不一样，会出现无法展现自己真实能力的现象等；社会性发展问题主要集中在儿童不懂规则和交往能力差上。

小学低年级的儿童，一般也是被动接受心理帮助，多是在家长或老师的要求下前来寻求心理帮助。咨询与治疗中求助最多的问题：在情绪上，主要是各种焦虑问题，如学业焦虑、参与活动焦虑等；在行为上，无法集中注意力、多动等，如上课小动作过多，无法集中注意力听课等；在社会交往上，表现为孩子不能很好地参与集体活动等。

小学高年级的儿童,主动要求心理咨询与治疗的比例增大,因为该阶段的儿童已经具备一定的心理不适自我感受能力,并懂得寻求专业的帮助。但其中还是有一定比例的儿童是在家长或老师的要求下,被动接受咨询。这个年龄段前来咨询求助最多的问题有:在情绪上,焦虑伴随一定抑郁的问题,如考前焦虑、学业压力及各种无助感等;在行为上,表现为攻击性行为,如儿童的破坏性行为、打架等;在社会性发展上,主要表现为儿童本人感到没有朋友,或因同伴关系出现问题而困惑与不适。

二、青春期儿童心理咨询中常见问题

进入青少年时期,由于个体在生理、人格、认知及社会化等各方面的迅速变化与发展,因此,青少年时期也是人生心理问题的高发期。这里,我在参考相关研究成果的基础上,结合自己多年的心理咨询与治疗实践,概括出青少年心理咨询中常见的五大问题。

1. 情绪问题

青少年阶段的情绪问题与青春期叛逆关联密切。青少年叛逆主要表现为:一是不喜欢按照权威人士的指导去做,特别不喜欢父母对自己的事情指手画脚;二是认为绝大多数规章都是不合理的,应该废除;三是评价极端,如对那些与老师对着干的同学大加赞赏;四是对抗权威,不愿意和大人沟通,认为大人的话有漏洞,大人的批评常常引起他们的反感和愤怒;五是固执特性增强,一旦决定做某件事,不管别人怎样劝阻也不会改变主意,等等。

上述叛逆行为很容易让青少年产生孤独感,进而出现过度焦虑与抑郁情绪。在青少年心理咨询中,因抑郁情绪前来咨询的青少年人数所占比例最大。在本章第四节中,我重点为大家介绍青春期抑郁问题的心理咨询状况。

2. 人际关系问题

人际关系问题是青少年阶段最突出的问题。进入青春期,儿童对横向人际关系,也就是同伴关系出现前所未有的重视与渴望,对于同伴关系也存在不同层面的需求。一般情况下,青少年对于同伴有三个层面的需求,具体内容如图8-1所示。

图8-1是我根据自己青少年心理研究和心理咨询临床实践构建的"青少年同伴关系需求结构图"。从下到上,第一层次是友谊需求。具体内容是青少年普遍渴

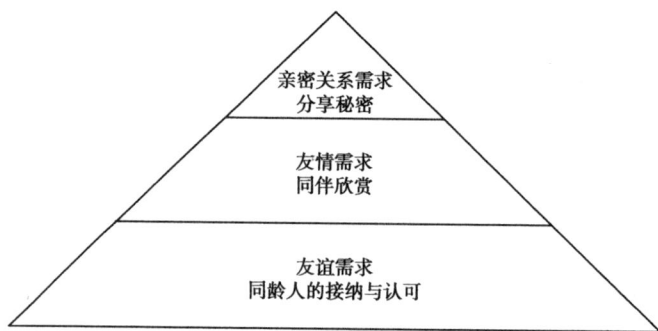

图 8-1 青少年同伴关系的需求结构图

望与同龄人交往并建立友谊,希望在这种同伴关系中得到同龄人的接纳与认可。第二层次是友情需求。这一需求表现为青少年对友情的需要,即渴望获得同伴的欣赏与尊重。第三层次是亲密关系需求。这一需求是指青少年希望在安全的状况下跟同伴分享内心的秘密,收获绝对信任的亲密关系。

如果以上三个层次的同伴关系得到满足,青少年的人际关系将会呈现出良好的状态,反之就会导致由同伴关系问题引发的一系列心理问题与障碍。

3. 学业压力问题

青少年阶段是学业发展的关键阶段,更是学习上的分水岭。往往在这个阶段,学生的学业会出现明显的多极分化,例如,所谓的学霸基本上在这个年龄段开始定型。因此,青少年的学业问题是自身、家长和老师普遍重视和关心的问题。

在心理咨询中,主诉为学业问题的类型很多,但集中表现为厌学、偏科及考试焦虑。

厌学:由于个人的或环境的原因,青少年对学习厌倦,出现完不成作业、逃学甚至想放弃学业等问题。

偏科:部分学生由于个人能力因素和环境因素,产生对某一科特别喜欢或对某一科特别不喜欢的偏科现象。

考试焦虑:基于个人性格和学业压力等原因,部分学生在考试前或考试中,由于过度紧张而影响其正常发挥,导致考试成绩不理想。

4. 行为问题

青春期也是行为问题与品行障碍的高发期。无论从形式还是从程度上,青春期的行为问题对青少年本人、家庭及社会都有极强的破坏力。因此,青春期的行为问题与障碍应该是一个值得全社会关注的问题。

在心理咨询与治疗过程中,青少年一般被动咨询的较多,即学校或家庭要求青少年来访者接受心理咨询与治疗。前来咨询的问题中以早验行为(过早体验成人行为,如吸烟、饮酒、性行为等)、破坏性行为(如破坏公共设施和他人财产等)、偷盗行为、打架斗殴行为等居多。

5. 理想问题

青春期是放飞自我、绽放青春及憧憬未来的阶段。树立远大的理想,既是青春期的人生目标设定所需,又是青少年身心发展的需要。因此,引导青少年树立远大的理想不仅仅是重要的教育内容,也是促进青少年身心健康发展的重要任务。

有理想、有目标且脚踏实地,往往是那些学习与生活均处于良好状态的青少年重要外在表现之一。但是,与物质生活水平的不断提高形成鲜明反差的是,青少年理想缺失问题越来越严重,无理想、无目标的青少年人数呈上升趋势。这不仅给青少年本人的发展带来不利影响,对青少年家庭,乃至社会都会产生负面影响。

第二节　儿童情绪与行为问题的心理咨询与治疗

在众多儿童心理问题中,情绪与行为问题是我们在心理咨询与治疗过程中首先要面对和处理的问题。本节我就 3～12 岁儿童的情绪和行为问题在心理咨询与治疗过程中的应对做案例演示分析。

一、情绪问题

情绪问题是困扰人心理健康的主要因素。对于 3～12 岁的儿童来说,情绪更是内心冲突与矛盾的外在表现。儿童情绪问题的有效管理,是儿童身心健康的保障。

1. 焦虑情绪

(1)何谓焦虑

焦虑是最常见的情绪,是指人对不确定的、未知的、无法把控的事,预感到有潜在危险而引发的警觉、害怕、不安、紧张、恐惧和担心等一系列情绪反应。

从本质上说,焦虑是人的生物性体验引发的情绪反应,也就是说动物和我们人类一样都有焦虑。例如,动物在预感到危机时会产生高度警觉、不安、紧张及恐惧等情绪,这种动物本能对其起到很好的保护作用。就此意义上来讲,人的焦虑也具有自我保护功能。因此,适度的焦虑对人有着积极的意义,例如,我们产生焦虑的原因更多的时候是想把事做好等。但是,焦虑情绪过头了则会对人产生消极影响,损害人的身心健康。

(2)焦虑的性质

焦虑存在两种性质截然不同的状况:一是现实性焦虑;二是病理性焦虑。焦虑的性质不同,处理和应对方法也就大为不同。

现实性焦虑是指有现实基础的焦虑,是人在面临无法控制的事情或情境时的一种自然反应。比如,运动员比赛前会出现情绪紧张、手心出汗等焦虑反应;学生考前焦虑;或人在面临新的挑战时也会出现一定程度的担心等焦虑反应。

病理性焦虑是指,无现实基础地产生持续的紧张、担心、恐惧、不安等情绪反应,总是预感灾难与不幸的事情要发生等,并伴有严重的生理反应和一定的社会功能受损等。例如,一个学生学习成绩很好,但一到考试就会过度紧张,导致其成绩忽高忽低,甚至引发厌学情绪。

2. 儿童焦虑情绪问题的应对

(1)儿童焦虑的特点

正如前文所述,3~12岁儿童的心理问题多由焦虑引发,也就是说,该阶段儿童的情绪问题主要反映在焦虑上。

儿童焦虑的主要特点为以下几个方面:

第一,儿童出于自我保护而焦虑。儿童在预感环境对自己不利时很容易产生焦虑情绪,如进入一个新环境,儿童可能因为害怕而导致焦虑。这也是儿童最常见的焦虑表现,特别是学龄前儿童,该类焦虑会频频发生。

第二,儿童因担心失败而焦虑。这一表现和成年人基本一致,只是儿童发生该类焦虑的频次会更高一些,如儿童因害怕考试考不好而出现考前焦虑等。

第三,儿童焦虑时,在语言上的表现不足。成年人产生焦虑时,更多的是运用语言表达焦虑,例如,他们会不断地说"我很紧张"或"我很害怕"等。而儿童,特别是学龄前儿童,他们无法准确地用语言表达焦虑,哭闹是小朋友常用的焦虑语言符号,也有儿童使用过激语言,例如骂人等表示焦虑。

第四,儿童焦虑更多地在行为上表现出来。儿童产生焦虑时,由于其自身控制能力不足,因此,以行为方式表达自身的焦虑是常见的事。例如,刚刚入园的儿童出现不断找妈妈的行为;有些小学生在考试前频繁请病假的行为等。

(2)儿童焦虑情绪问题应对

儿童焦虑情绪问题的应对并不是一件复杂的事情,把握好如下四个关键点就能够帮助儿童缓解焦虑问题。

第一个关键点:识别焦虑。应对焦虑的前提是识别焦虑。由于儿童(特别是学龄前儿童)焦虑时无法用准确的语言将自己的感受表达出来,这就需要教育者或咨询师首先对儿童的焦虑进行识别和分析。每个儿童表达焦虑的方式都不同,有些儿童通过哭闹,有些儿童通过沉默,也有些儿童通过过度依恋父母等。所以,识别儿童焦虑需要仔细观察,摸清儿童表达焦虑的习惯,方可进行良好应对。

第二个关键点:判断焦虑的性质。搞清楚儿童焦虑的性质是应对焦虑的核心。教育者或咨询师需要以儿童的焦虑反应是否与现实刺激相对应,分析儿童的焦虑是现实性焦虑还是病理性焦虑。如果有明显的现实基础,且反应适度,教育者大可不必担心,这种情况下,儿童基本能自愈,但如果儿童属于病理性焦虑,则需要寻求专业的帮助。

第三个关键点:不要急于摆脱焦虑。焦虑来得快,但去得慢,这种焦虑特性不仅对成人而言是这样的,对儿童也是如此。加之,适度的焦虑会让个体产生一种动力,因此,学会和焦虑相处是个体(包括儿童在内)必须要学习的一种情绪管理技巧。教育者在应对儿童焦虑时,也要注意培养儿童的焦虑适应能力。

第四个关键点:个性化焦虑应对方式。每个人应对焦虑的方式都不同,有的人通过运动或睡觉应对,有的人通过读书、看电视、发呆、吃东西等应对。儿童焦虑的应对方式往往和他们的焦虑表达一致,例如,有些小朋友喜欢咬毛巾或咬指甲,有些小朋友喜欢抠手或抠东西等,这些行为既表明儿童正处于焦虑中,又在一定程度上缓解了焦虑。因此,教育者应该通过观察这些行为了解儿童的焦虑及其应对焦虑的习惯,以此为基础,找到对孩子有利且独特的缓解焦虑的方法。

3. 儿童焦虑问题心理咨询典型案例分析

案例:一例幼儿园适应困难导致幼儿焦虑的案例分析①

(1)美美案例的基本概况

案主:美美(化名),女孩,3岁9个月。

来访者:美美、美美父母及姥姥、姥爷。父亲,38岁,国家公务员;母亲,37岁,公司职员;姥姥和姥爷为退休职工。

咨询次数:十次。其中,资料收集及诊断两次;咨询与治疗7次;结束

---

① 本案例为作者心理咨询与治疗临床实践案例,案例中的来访者个人信息已做保密处理。

一次。

主诉：美美入园3个月以来，每天都表示不愿意去幼儿园，晚上做梦经常哭醒，说是害怕上幼儿园，父母为此很焦虑。

美美父母陈述：美美出生时，在大夫的建议下剖宫产，出生后体质一直比较弱，隔三岔五就会感冒发烧。吃东西也特别挑剔，很挑食。美美不喜欢运动，也不喜欢去人多的地方。小时候只要人多，她就哭闹不停。美美的语言发育很好，1岁多就能说单音节词，1岁半左右就能说简单的句子。因为美美体质较弱，所以父母，包括照顾美美的姥姥和姥爷很少带美美出去玩。美美3岁6个月时开始上幼儿园（一家公立幼儿园），最初出现哭闹时，父母也没有太在意，因为其他孩子也出现了类似的现象。但是，过了两个月，其他小朋友基本适应了幼儿园生活，但美美每天早上还是会哭闹，中午在幼儿园也不睡午觉，依然持续着刚进幼儿园时的少言寡语，也不怎么参与老师组织的游戏活动，晚上经常做噩梦哭醒。父母很担心，希望通过心理咨询帮助美美。

（2）美美的心理评估

美美心理评估方法：采用测量法（采用多元智力评定问卷①）、观察法、实验法。

美美的心理测评结果：

测量法：多元智力评定问卷结果显示，美美的智力发育处于较好的水平。其中，言语语言、数理逻辑、视觉空间、自然观察及音乐节奏等智力均处于同龄人之上，但身体动觉智力、人际交往智力及自知自省智力相对较低，但也达到了中等水平。

观察法：通过观察发现，美美对陌生环境很敏感，基本不配合咨询师安排的绘画和沙盘游戏。咨询中一直趴在妈妈怀里。

实验法：咨询师有意安排了三种亲人离开咨询室的状况：一种是姥姥和姥爷离开咨询室，美美没有反应；一种是爸爸离开咨询室，美美有反应

---

① 3~6岁幼儿多元智力评定问卷，该问卷是由山西大学教育科学学院杨虎民于2006年编制，发表在阜阳师范学院学报。问卷共包含教师评定问卷和家长评定问卷两部分，本研究选用家长评定问卷部分。问卷依据多元智能理论共分八个维度，分别是言语语言智力、数理逻辑智力、视觉空间智力、身体动觉智力、音乐节奏智力、人际交往智力、自知自省智力和自然观察智力。

但不激烈;再一种是妈妈离开咨询室,爸爸、姥姥和姥爷在,美美反应很激烈。因此可知:美美的主要依恋对象是妈妈。

对美美的主要教养者心理评估的结果:妈妈性格上偏焦虑易感;爸爸基本居中;姥爷、姥姥的焦虑值偏高。

诊断结果:排除美美属于社会性发展障碍的可能性,诊断为由性格和教养环境导致的幼儿园适应不良。

(3)美美的入园适应焦虑成因分析

美美的问题可以从三个方面进行成因分析:

生理因素分析:根据父母访谈得知,美美从小身体较弱,对食物较挑剔,这类儿童对生存环境的要求一般较高。从某种意义上讲,美美的环境适应能力在某种程度上,与其身体素质较差关联密切。另外,心理测验结果表明,美美的身体动觉与同龄人相比较弱,不排除美美存在一定程度的感觉统合失调现象。

性格因素分析:美美性格敏感,对环境的警觉性比一般孩子高,很容易感知到陌生环境的不安全因素。这类性格的儿童,在环境适应上较慢,也属于焦虑易感人群。

环境因素分析:美美妈妈自身就属于性格敏感者,这类妈妈在教养儿童的过程中,难免过于仔细,对儿童的焦虑也会做出焦虑性回应,这反而会加大儿童的焦虑感受。另外,包括姥姥和姥爷,全家人对美美过度保护的教养方式,也可能是导致美美环境适应能力差的一个重要原因。

(4)美美问题的预后分析

根据所收集到的资料分析,要解决美美的适应问题和焦虑问题,并不能一蹴而就,可能需要较长时间的等待。但是,如果社会支持得当,美美会逐步朝健康方向发展。

(5)咨询框架

美美的治疗流程:资料收集与分析→问题诊断与成因分析→咨询方案制订与实施。

图8-2是美美的咨询方案结构图。

二、行为问题

3~12岁儿童的行为问题多表现为回避行为、攻击行为及注意力缺陷多动行

咨询目标	短期目标：减轻家人的担心与不安，促使美美开展身体素质锻炼。 中期目标：家人树立培养美美社交能力的意识，注重其环境适应能力的培养。
咨询对象	美美父母及家人：提高美美的适应能力，提升家庭支持系统，同时获取幼儿园和社区的支持。
咨询过程	对美美进行七次一个疗程的沙盘治疗。主要方式是在家人的陪伴下，让美美感受环境的多样性和与他人合作的必要性。同时，对美美家人进行以谈话法为主的咨询，合理地分配家庭教育者的角色担当，逐步完善美美成长的家庭支持体系。
咨询结束	评估咨询效果：美美到咨询室，可以放松地和咨询助理玩沙盘游戏。美美家人缓解了焦虑，有信心帮助美美不断提高适应环境的能力。 回访：尽管美美还存在一定的幼儿园适应问题，但家人已经懂得如何帮助美美了。

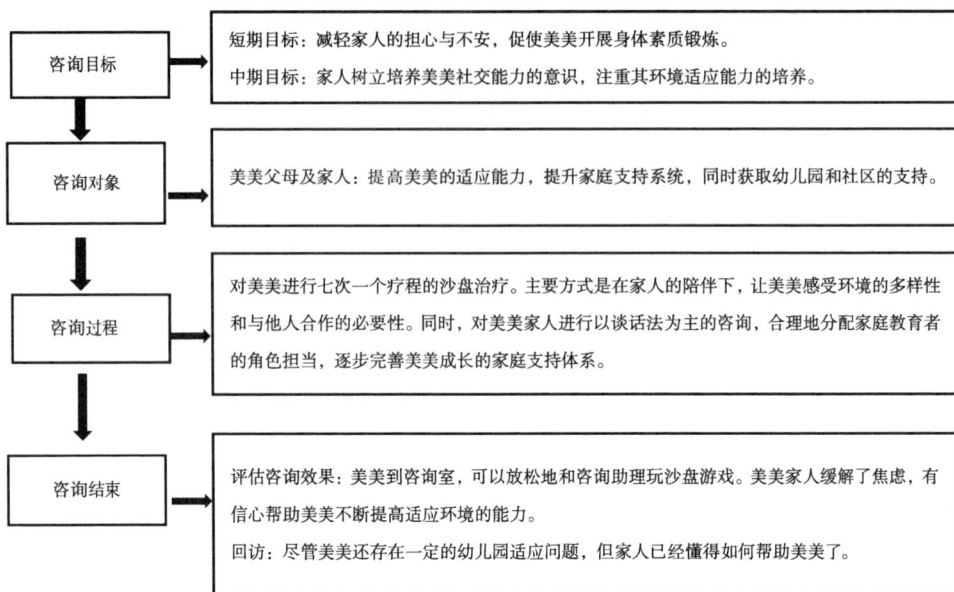

图 8-2　美美的心理咨询方案结构图

为等。在我的临床实践中,前来寻求心理咨询与治疗帮助的儿童大多数有注意力缺陷多动行为,或许家长认为这一行为与儿童的学业关联密切。

作为 3~12 岁儿童的主要行为问题,注意力缺陷多动的相关知识,在本书前文已经涉及了许多内容,如,第一章第四节注意力概念、注意力问题性质及简单的评估操作,第三章第三节注意力缺陷多动障碍等。这里,我重点就儿童注意力缺陷多动行为问题的表现、应对及心理治疗实践操作过程进行讲解。

1. 儿童注意力缺陷多动的表现

(1)儿童的集体注意力与交互注意力

正如第一章讲到的,儿童注意力缺陷多动问题主要表现在社会性注意力发展问题上,表现在集体注意力和交互注意力分散上。

集体注意力是指个体能够在多大程度上和集体的指向与集中保持一致。例如,小学生在课堂上听讲时,是否能与其他同学同步,听课时保持一定的集中注意力。注意力分散的儿童,多是缺少集体注意力,儿童过度关注自己感兴趣的东西,无法控制自己的注意力与大家保持一定水平的持续性集体指向与集中。如果儿童集体注意力缺乏,儿童的学业就会受到影响,无法集中精力听到老师布置的作业,导致经常完不成作业。

交互注意力是指个体与他人之间形成的相互关注与指向。例如,儿童在游戏中,是否能够与他人保持一定水平的关注与互动,这种交互注意力是儿童社会性人际发展的重要条件。如果儿童交互注意力缺乏,就会导致儿童无法与他人形成良好的人际关系。

(2)注意力缺陷与多动

儿童的注意力问题总是和多动行为联系在一起的。注意力缺陷与多动之间的关系,是儿童教育工作者和心理咨询师必须要理解的知识,因为只有理解二者之间的关系,我们才能更好地帮助儿童减少注意力分散多动行为。

以下内容是我根据自己多年来的临床实践经验,概括出来的注意力缺陷与多动之间的关系。了解了这些知识,大家会对儿童注意力缺陷多动有更多的理解,也能提升帮助这类儿童的能力。

第一,儿童注意力一旦出现问题,就无法在一定时间内持续集中与指向某一目标事物。不断地改变注意目标,即一会儿注意这,一会儿注意那,感知觉就会不断变动,接着就是行为上的多动。

第二,注意力不稳定,行为也没有连续性,做事经常半途而废,无法完成具体的生活或学习任务。

第三,注意力不集中,儿童的情绪也经常处于不安状态,情绪上的不安也会导致儿童烦躁,进而导致或加重多动行为。注意力缺陷多动儿童经常会出现这种状况,儿童关注某个目标所产生的情绪还没有处理,儿童又把注意力放在另一个目标上,如果两个目标所带来的是截然相反的两种情绪,例如,儿童刚刚注意到一件有趣的事让他高兴,马上注意力又转向一件不开心的事上,这种转换的不适,会让儿童不自觉地产生躁动行为。

2.儿童的注意力缺陷多动问题的应对方法

应对注意力的方法很多,具体概括起来可以归纳为单纯性视觉注意力训练、生物功能性注意力训练、游戏情景模拟综合训练三类方法。

(1)单纯性视觉注意力训练

单纯性视觉注意力训练,就是以儿童视觉注意力分散为干预目标,采用各种视觉强化注意力集中的方法,训练儿童的注意力。

这是最早、最传统的注意力训练方法,对于注意力分散的干预有一定的效果,但并没有达到人们期待的效果。

单纯性视觉注意力训练方法的主要目标:从培养儿童视觉观察力入手,一是强化视觉指向性,即强化儿童心理活动指向某个特定目标对象;二是增强视觉集中性,即增强儿童心理活动在一定方向上的强度和紧张度。

表8-2是关于单纯性视觉注意力训练的具体方法。

表8-2　单纯性视觉注意力训练具体方法

视　觉	具体操作	具体方法
静视	一目了然	七巧板游戏、找相同或差距游戏等
行视	边走边看	开火车报站名游戏、数字传真游戏等
抛视	天女散花	数星星游戏、抛物训练等
速视	疏而不漏	九宫格游戏、舒尔特方格游戏等
统视	尽收眼底	丢手绢游戏、拼图游戏等

(2)生物功能性注意力训练

以提升人的生物功能,特别是提升大脑机能为训练目标,是近年来较为流行的注意力训练方法。该方法以饮食、睡眠及运动对大脑的调节功能为出发点,强调对饮食、睡眠及运动进行科学管理,从而提升儿童的注意力水平。

研究发现,大脑的发育不仅在出生前和婴儿期达到快速增长高峰,而且它的发育可以持续到二十多岁。在这一过程中,大脑不单单是增长,还需要维护,需要各种养分来促进大脑机能发展。其中,合理的饮食(减少铅之类重金属的摄入等)、高质量的睡眠(充足的睡眠等)及适度的运动(符合个体身体发展所需的运动类型与运动量)都是不可缺少的养分。

(3)游戏情景模拟综合训练

游戏情景模拟综合训练,是我在儿童注意力训练中,结合前人的经验而改进修订的一种综合性注意力训练方法。

游戏情景模拟方法建立的理论依据:建构主义的学习理论。

建构主义的学习理论认为,个体的经验决定着其对事物的理解。学习就是引导儿童从自身原有的经验出发,建构新的经验模式。

游戏情景模拟方法的目标:在游戏中学习与建构新的注意力模式,提升儿童交互注意力水平。

游戏情景模拟方法的创新点:打破原有方法中仅以提升注意力为单一目标的

格局,运用儿童最适合的游戏方法,将真实情景浓缩于游戏中,在提升儿童社会性发展的同时,对其进行交互注意力训练。

游戏情景模拟方法的基本治疗结构:

第一步:根据儿童爱玩的特点选择与设计游戏。

第二步:对游戏环节中的注意力训练部分做细节分析,如明确儿童的任务和治疗师的任务,及双方合作行为。

第三步:准备游戏所需材料,包括场地、不被打扰的时间及所需的器材。

第四步:实施游戏情景模拟训练:鼓励儿童参与游戏,激励儿童用语言表达游戏感受,根据儿童参与游戏的情况灵活调整游戏进程等。

第五步:分享游戏感受。

3. 注意力缺陷多动问题心理治疗的典型案例分析

案例:一例交互注意力训练案例分享①

案主:小勇(化名),男孩,7岁。6岁时被诊断为中度注意力缺陷多动障碍。

注意力训练方法:游戏情景模拟训练

第一步:根据小勇的特点选择与设计游戏。小勇是一个性格外向的男孩,但经常会乘人不备推搡或抓挠他人。小勇喜欢玩"植物大战僵尸"的游戏,因此,针对小勇的喜好选择了植物大战僵尸这一游戏脚本。

第二步:改编游戏。首先请小勇设定一个"植物大战僵尸"的场面,治疗师根据小勇的故事描述,巧妙地植入注意力训练环节。

第三步:游戏准备环节。请三位志愿者扮演植物,小勇扮演僵尸(这是根据小勇自己的要求分配的角色)。所需材料:自制植物和僵尸面具,一些表示黑夜(黑色的幕布)、浓雾(喷雾器)及泳池(一个纸箱)等象征物。

第四步:具体操作。小勇扮演的僵尸,希望能吃掉植物。这个时候,治疗师要求小勇必须说出每个植物扮演者的三个特征,方可认定植物被吃掉,僵尸获胜。小勇为了获胜,就必须学会观察植物扮演者的具体特征,比如,1号植物是个女生,戴着眼镜,穿着红色上衣等。随着游戏的不

---

① 本案例为北京林业大学彩虹宝贝特殊儿童干预中心案例,案主的个人信息已做了保密处理。

断深入,治疗师会很自然地提高小勇观察的难度,要求他说出植物扮演者的表情等。

第五步:分享游戏感受。第一次游戏结束,小勇说他除掉了两个植物;第二次游戏结束,小勇说,1号植物姐姐表情太丑;第三次游戏结束,小勇说,下次可以和植物谈判。

案例小结:小勇的观察能力得到一定程度的提升,小勇已经开始有意识地和他人互动了。

小勇的游戏情景模拟治疗还在进行中……

第三节　儿童学业与特殊问题的心理咨询与治疗

一、学业问题

小学阶段儿童的学业问题,是家庭教育者和学校教育者普遍关心的问题。在心理咨询与治疗中,这个年龄段60%以上的求助类型,都是学业问题。这里,我把心理咨询与治疗过程中,学业问题评估和干预两大内容介绍给大家。

1.心理咨询与治疗过程中学业问题评估

(1)儿童学业问题评估的必要性

在儿童心理咨询与治疗中,由于学业问题前来求助的儿童更多的是被动咨询,主要是家长认为儿童的学业出了问题。家长主诉儿童存在学业问题主要基于两个原因:一是家长对孩子的学习态度和成绩不满意;二是学校老师对儿童学习态度和成绩不满意。

相对于主动咨询,被动咨询状态下的问题评估更有必要,也更加重要。因为他人感受到的不一定符合事实。儿童学业问题评估的必要性,具体表现在以下几个方面:

第一,了解学业问题是否真实而客观地存在着。学业问题是否存在,我们不能仅凭家长和老师的一面之词,而需要根据事实来判断。例如,儿童经常完不成作业,考试成绩也无法达标,这无疑是存在学业问题的。但也有,儿童一直很努力学习,学习成绩处于中等程度,但因为无法达到家长望子成龙的标准,被认为有学业问题,此时,问题就不在于儿童,而在于家长了。

第二,了解学业问题的严重程度。评估不仅是要确定学习问题是否存在,更重要的一点是要对问题的严重程度做出判断,如属于轻度、中度还是重度问题。

第三,了解学业问题可能存在的原因。学业问题表现在儿童身上,但导致问题的原因可能是多方面的,我们可以通过分析各类评估结果,获得问题产生的各种可能性。

第四,探寻学业问题解决的线索。评估还有一个非常重要的功能,就是通过全面系统地资料收集与分析,获得来访者身上自带的积极自愈因素,这对于心理咨询与治疗来说无比重要。例如,儿童好胜的性格使其在学业成绩不理想时,会产生气馁而引发厌学等情绪问题,这看似是问题,却隐藏着解决问题的积极因素,我们如果较好地利用儿童争强好胜的性格,就能帮助儿童尽快摆脱学业困境。

(2)儿童学业问题评估的程序

小学阶段儿童学业问题评估的程序如图8-3所示。

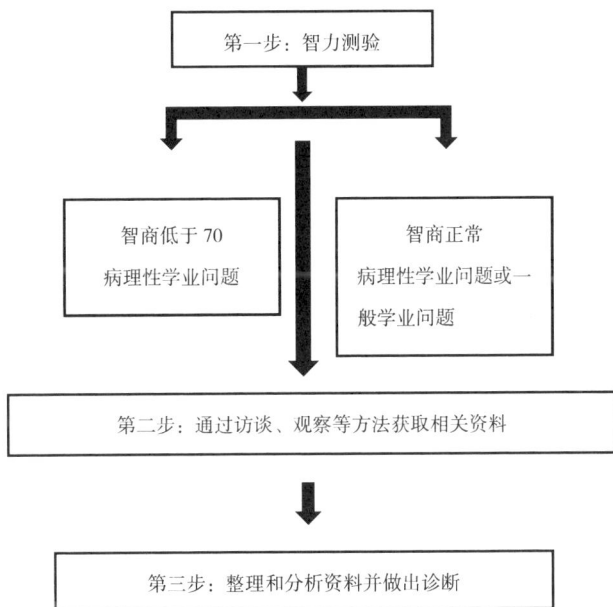

图8-3　小学阶段儿童学业问题评估程序

由图8-3我们可以看出,小学阶段学业问题的心理评估要从儿童智力入手。我们首先需要确认儿童是否存在智力问题,如果儿童智商低于70,这在很大程度上表明儿童可能存在智力因素导致的学习困难,呈现出病理性学业问题。在智力正常的儿童中,大部分儿童的学业问题可能源于动机不足、态度不端或环境影响,但也不排除小部分病理性学习障碍儿童的存在。

智力测验仅仅是学业问题评估的第一步,接下来我们还需要使用多种评估方法,如观察法、访谈法、实验法等对儿童学业问题做进一步的深入调查。调查内容,例如,儿童所在学校状况及儿童在校的表现;家长对儿童的评价与期待;儿童对自己的评估;儿童的人际关系及其他方面的表现;家长过去的学业水平;家庭居住条件;亲子关系及互动状况;儿童运动发育状态等。

收集资料后,就进入了评估的最后阶段,整理与分析资料,并在此基础上做出诊断。这一工作的质量高低,直接影响心理咨询与治疗方案的有效制订。

2. 学业问题的咨询与治疗

主诉为儿童学业问题的心理咨询与治疗大致可以分为:学习习惯不良、学习成绩较差、学习障碍咨询与治疗。

(1)学习习惯不良心理咨询

在心理咨询过程中,因儿童学习习惯不良前来咨询的家庭占有较大比例。这类儿童的年龄主要集中在 10～11 岁,主要反映的问题是没有很好的学习习惯、上课不注意听讲、经常不能按时完成作业、学习成绩不良等。

案例分析:淼淼(化名)的学习习惯问题①

案主:淼淼是一个 11 岁的女孩,独生女。父母高中文化水平,经营一家小超市。

淼淼妈妈陈述:淼淼是剖宫产出生,很听话很乖,胆子很小。上幼儿园时,一直很听话,只是吃饭明显比别的孩子慢,有点多动,为此老师批评过她,因此,有一段时间她拒绝去幼儿园。不过总的来说,幼儿园期间比较顺利。

淼淼上小学后,班主任就一直反映她上课说话,经常不能完成作业,学习成绩很不稳定,好的时候能名列前茅,差的时候甚至垫底。因为上课说话,座位也经常被老师调到最后一排。妈妈很重视淼淼的学习,希望心理咨询能为淼淼提供一些专业的帮助。

资料收集与分析:

测验结果:淼淼的韦氏儿童智力测验结果:VIQ125,PIQ127,FIQ122,表明淼淼的智力发育良好,且言语智商和操作智商均衡。视觉统合测验

---

① 本案例是作者的督导案例,咨询师为学校心理辅导老师,案例中主要信息已经做了保密处理。

结果显示,有轻度的视觉统合失调。

观察结果:淼淼与人眼睛对视能力较弱,存在轻度的注意力分散多动;淼淼与父母的互动很好,亲子关系属于安全依恋状态。

访谈结果:淼淼是个非常有爱心的孩子,声音很甜,参加学校朗诵比赛还获过奖。淼淼特别希望得到老师的表扬。因为父母开店,淼淼基本上是住在姥姥家,由姥姥和姥爷照顾。姥姥、姥爷很爱淼淼,在姥爷眼里,淼淼是全世界最好的孩子,但姥爷脾气不好,经常会训斥淼淼。包括姥姥、姥爷在内,家人对淼淼的学习习惯不好都有一定的认识,也尝试了各种办法,但几年下来,效果都不显著。眼看淼淼就要上中学了,父母关于她的学习习惯问题开始有些焦虑了。

诊断结果:淼淼有轻度视觉统合失调,并伴有一定的注意力分散多动,导致其良好习惯养成困难。

淼淼的问题成因分析:

淼淼自身的视觉统合,可能是淼淼良好习惯,特别是良好学习习惯养成困难的一个原因;淼淼的主要教养者姥爷的教养方式两极化(要么好到溺爱她,要么差到严厉地训斥她)也是淼淼习惯养成困难的原因之一;父母对于淼淼学习习惯养成的重视程度不够,特别是在淼淼刚入小学阶段,没有及时对孩子进行学习习惯的培养。

咨询建议:

第一,建议父母接纳孩子的现状,利用一些机会帮淼淼培养良好的做事习惯。

第二,建议父母与学校老师取得联系,向老师传递孩子渴望获得关爱和鼓励的愿望。

第三,建议父母用积极的眼光,关注淼淼的每一点进步,及时表扬。

第四,建议父母以身作则,保持良好的生活习惯,为淼淼做出榜样。

(2)学习成绩较差心理咨询

小学阶段儿童的心理咨询,以提升儿童学习成绩为求助动机的家长大有人在。提升学习成绩并不是心理咨询与治疗的直接目标,但分析和处理影响学习成绩背后的心理因素,则是心理咨询的工作内容。

儿童学习成绩出现问题的影响因素,主要为两个方面,即主观因素与客观因素,具体内容如表8-3所示。

表8-3 儿童学习成绩影响因素

影响因素		具体内容
主观因素	动机	儿童学习的内驱力、成就动机等
	态度	儿童对学习的态度、认识和兴趣等
客观因素	教养方式	父母的育儿方式是否适合儿童等
	客观环境	是否处于良好的学习氛围与环境

针对儿童学业问题进行心理咨询时,了解学习成绩与儿童的智商及努力程度之间的关系是咨询师必须具有的常识。在相同的教育资源状况下,儿童的智力因素和努力因素不同,则其学习成绩也不同,具体内容如图8-4所示。

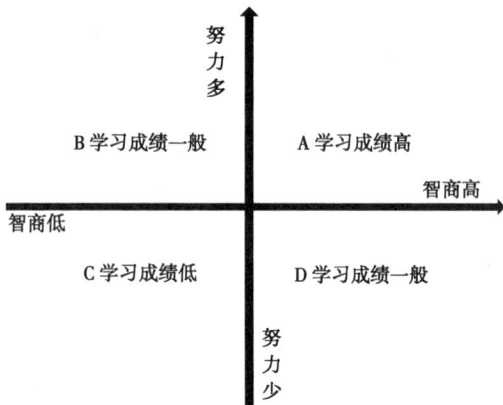

图8-4 儿童学习成绩的四种类型

如图8-4所示,儿童的学习成绩如果处于D的状况下,其学业问题成立;A、B或C可以不界定为学业问题。

案例分析:彬彬(化名)的学习成绩问题咨询①

案主的基本情况:彬彬是一个12岁男孩,在一所普通小学读六年级。父母离异后,彬彬就主要跟着奶奶生活。奶奶是一所高校的退休教师,对彬彬的学习成绩看得很重。

———————————

① 本案例是作者的督导案例,咨询师为学校心理辅导老师,案例中来访者个人信息已经做了保密处理。

来访者:彬彬和奶奶。

彬彬奶奶陈述:彬彬妈妈原本和奶奶是同事。彬彬爸爸本科学历,妈妈博士学历。在彬彬两岁时,妈妈出国进修,后和父亲离婚,一直在国外生活。奶奶一直希望彬彬好好学习,一定要考出好成绩,给彬彬的妈妈看看,自己是能够培养出优秀孙子的。彬彬爸爸因工作原因经常外出,所以彬彬主要由奶奶抚养(爷爷过世)。

资料收集与分析:

彬彬的智力测验结果:彬彬的韦氏儿童智力测验结果:VIQ120,PIQ117,FIQ119,测验结果显示彬彬智商处于中等偏上。

观察与访谈结果:彬彬是一个特别内向的孩子,话非常少,基本是问什么答什么。学习成绩在班级处于中等水平,在学校没有要好的朋友,彬彬自己说不太喜欢和同学玩。奶奶是一个典型的传统知识分子,说话理性,性格沉稳,也很有主见。对彬彬从来不打也不骂,会给彬彬讲道理。目前,奶奶最大的担心就是彬彬的学习成绩无法保证彬彬上最好的高中。彬彬很理解奶奶,自己也很努力。

诊断结果:彬彬的问题是家庭问题,与其学业相比,彬彬的身心健康更需要关注。

咨询建议:

第一,彬彬已经背负着沉重的学业压力,希望咨询时给予彬彬学业减压支持。

第二,该案例问题的核心是彬彬的奶奶,应该对奶奶的教养方式和学业期待进行分析和调整,希望奶奶能够认识到,对于彬彬来说,健康开心地成长比学业更重要。

第三,建议奶奶了解彬彬的内心需要,肯定彬彬的努力,重视彬彬学业以外的身心健康。

第四,咨询中要理解奶奶和彬彬的付出和努力,利用好这对祖孙俩的相互理解与关爱这一自愈力量。

(3)学习障碍咨询与治疗

关于学习障碍,我在第三章已经做了详细介绍。学习障碍属于病理性儿童发展障碍,属于心理治疗的内容。

在心理咨询与治疗中，经常会有深受孩子学习障碍困扰的家长寻问如何提高孩子的学习成绩，或如何教会孩子数学或语文知识等，这些从严格意义上讲，并不属于心理咨询与治疗的工作内容。学习障碍儿童的知识掌握属于特殊教育的工作内容，普通教师也无法满足其学业上的要求。

心理咨询与治疗是针对学习障碍儿童的心理治疗，主要集中在缓解儿童压力、降低儿童不当行为，提升儿童社会性发展等心理学目标上。这一点家长可以不懂，但心理咨询师或治疗师一定要懂，当遇到这样的来访者时，心理咨询师的首要目标是将科学的育儿理念推荐给家长。

　　我曾经遇到这样一个案例：一个 13 岁男孩因为厌学，被父母带到我的工作室。通过资料收集得知，孩子爸爸由于工作性质的原因，常年不在家，养育孩子的任务主要由母亲承担。最让我吃惊的是，13 岁的孩子目前早上起床还由妈妈为其穿衣，几乎没有独立生活能力。和孩子的妈妈交流这个问题时，妈妈并不认为孩子不会自己穿衣服是个问题，也不认为孩子的厌学与其没有任何生活能力有关，更不认为孩子的问题和自己的教育有关，只认为孩子不想上学是一个问题，希望通过心理咨询，孩子能继续上学。

在这个案例当中，通过心理咨询暂时规劝孩子继续上学（其实一般好的教育方法也能达到这个效果）很容易做到，但导致孩子厌学的主要因素不解决，不建立起包括家长、孩子和学校在内的心理支持系统，孩子的问题是无法从根本上解决的，过一段时间，他的问题又会以其他方式表现出来。试想一个连"本能"都被教养者断送的孩子，他又如何支撑现在的学习和今后的生活。这个以爱的名义毁掉孩子的个案尽管属于极端案例，但类似的教养者并不少见。

许多家长只关心孩子的学习成绩，却忽略孩子最基本的学习能力，即生存能力，而这种能力只能在家庭当中学习，家长是这方面能力培养的教育者。实际生活中，很多家长单纯地认为只要学习成绩好，其他生活能力学不学习都不重要。殊不知，只会读书的学习能力是残缺的学习能力，是完全没有办法支撑孩子未来的。在读书期，孩子可能不会暴露出太大的问题，但是，一旦走向社会就可能出现社会适应不良等影响其身心发展的一系列问题。那么，如何杜绝我前面描述的那些极端育儿事件的发生呢？儿童心理工作者将科学育儿理念推广到家庭教育当中是最有效的方法，让每位家长都重视培养儿童的生存能力。

第一,需要培养孩子学习的主动性。正如前文所述,学习是人类与生俱来的本能,每个孩子先天是爱学习的,是否能维持这份学习的天性,家长的引导很重要。

经常见到学龄前的小朋友,充满好奇心地向家长提出这样或那样的问题时,家长往往会不耐烦地应付孩子"自己想";或者当儿童尝试着去体验各种活动时,却被家长以安全为名阻止、代办。这种忽略孩子观察问题、试图体验生活和解决问题的主动学习热情的教育,很难培养出好的学习能力。儿童心理咨询师在工作中向家长解释家庭教育的重要性,并有策略地将儿童心理咨询转变为家庭咨询,从而为儿童创造一个更好的成长环境。

第二,需要培养孩子良好的学习习惯。我经常遇到家长抱怨孩子没有好的生活和学习习惯,抱怨孩子没有时间观念,抱怨孩子行为拖延,等等。岂不知在孩子这些行为习惯的培养中,教育者的教育行为起着一定的作用。

学习习惯包括制订学习计划、坚持学习计划和完成学习任务等,而这些是需要从小培养的。当孩子开始与人(最初是与家人,一般在 1 岁左右)交流时,家长就应该有意识地培养孩子的学习习惯,包括自己作为榜样(身教,即自己做事的计划性、坚持性及完整性),也包括对孩子的引导(言教,即有意识地引导孩子有计划地做事,鼓励孩子把事情做完,和孩子一起分享做完一件事的喜悦)。很多家长并不注重从小培养孩子的学习习惯,而是到孩子出现问题并影响了学习时才去埋怨孩子,才试图解决问题,岂不知为时已晚。在这里,儿童心理工作者一定要特别真诚地提醒家长,忽视习惯的培养是家庭教育的大忌,应引起家长的高度重视和注意,在教育问题上,取得家长的配合,会让自己的咨询工作事半功倍。

第三,需要培养孩子坦然对待行为结果的态度,即能够享受成功也能够接受失败。从概率上讲,每个人的成功与失败应该是各占 50%,成功多一点是个人的幸运,但失败的出现也是很正常的事情。因此,学习能力培养重要的任务之一,就是教会孩子正确地面对事情的结果,即教会孩子与他人分享成功的喜悦,同时也教会孩子从失败中获得有益于自身成长的东西。

有些家长在这方面的做法常常不尽如人意,比如孩子成功时,家长会表现出过度的喜悦或对孩子完全肯定;而当孩子失利时则会过度焦虑或对孩子全面否定。这些不仅不利于孩子良好学习能力的养成,对孩子的成长也是一种伤害。而这种伤害,常常很隐蔽,家长可能都意识不到这是一种伤害,孩子也不会立刻表现出异常,但久而久之,孩子会出现行为退缩、不自信等,儿童心理工作者要在工作中及时发现问题并教育家长。

二、儿童特殊问题

在心理咨询与治疗职业生涯中,我无法迅速摆脱咨询中的负面影响,并产生痛苦反应的,就只有在为受虐待儿童实施心理援助工作后。这也是我在这里,为什么要在众多的特殊儿童问题中,把受虐待儿童问题单列出来的主要原因。同时,我会和大家聊聊令家长头痛的儿童偷拿行为问题。

1. 受虐待儿童心理问题

(1)儿童受虐待现象

儿童受虐待问题并没有因社会的文明程度提高而减少,相反这些年,数量却在不断增多。在网上输入受虐待儿童,你将得到 45 万多条相关信息,一桩桩触目惊心的虐童事件,令人发指和心痛。如何防范虐童事件的发生,是社会赋予我们成人的责任。与此同时,如何给予受虐儿童关爱和心理援助,是每一位儿童心理学工作者义不容辞的责任。

儿童受虐待现象有家庭内虐待和家庭外虐待。家庭内有来自父母的虐待,也有来自其他家庭成员的虐待;家庭外虐待更多地发生在上幼儿园的儿童身上,这些年,我国幼儿园教师的儿童虐待行为数量较大。例如,腾讯新闻 2012 年 10 月 11日报道,一名幼儿园老师将 4 岁女童吊起摔晕,只因自己心情不好。

(2)受虐待儿童的心理反应

儿童受虐待后,会出现一系列的不良心理反应。

在情绪上的反应:许多儿童在遭受虐待后,会在很长一段时间内出现脾气暴躁、易焦虑及易激惹现象,即便是在安全环境里,孩子还是容易表现出不安、易被惊吓等状况。

在行为上的反应:儿童受虐待之后,许多儿童会出现异常行为,如很容易出现回避、退缩或攻击行为。在许多其他能力上,也出现退行行为,例如,原来很好的语言表达能力减弱,甚至运动能力也出现下降等。

其他反应:首先,做噩梦是受虐待儿童在很长一段时间内持续出现的症状,由此严重影响儿童的睡眠质量;其次,儿童性情大变,例如,原来性情比较温和的孩子突然变得焦躁不安;再次,安全感变低,一点变化就能使儿童处于惊恐中;最后,社会性发展受损,对人不信任,不愿参与社交活动等。

（3）受虐待儿童的心理援助

心理援助对象：对受虐待儿童的援助不仅仅是儿童本人，也包括儿童的抚养者。

心理援助目标：近期目标为减轻儿童及相关抚养者的情绪困扰；中期目标为恢复儿童原有的行为能力；长期目标为促进儿童健康人格的发展。

心理援助性质：分阶段长期援助。一般情况下，在虐待事件发生后，应该对儿童及相关亲人进行应激反应心理援助；之后在儿童重要发展节点进行系统的心理发展援助，例如，上小学时，进行幼小衔接援助；青春期进行心理发展性援助；与父母分别时，进行社会性发展援助等。

心理援助方法：应激反应心理援助可以采用表达性治疗方法，随着儿童身心不断发展，也可以适当地加入认知行为疗法和意义疗法等。

心理援助时的注意点：

第一，要有足够的爱心和耐心应对儿童在受虐待后异常的情绪表达和攻击性行为。

第二，心理援助不是慈善，只有爱心是不行的，还需要咨询师运用专业的知识帮助儿童恢复其原有的能力。

第三，适度地谈及事件，避免心理援助中操作不当给儿童和家人带来二次伤害。

第四，在对家庭实施心理援助时，要引导家长将儿童的利益放在首位，预防家长情绪过度激动，给儿童造成二次惊吓，增加其创伤后应激反应。

第五，坚持发展观，相信儿童的自我成长能力，积极发掘儿童的自愈能量。

2. 儿童偷拿行为问题

（1）儿童偷拿行为心理分析

儿童偷拿行为其实是很普遍的问题行为，许多人回忆小时候都有过偷拿父母的钱或干过别的类似事情。

有几种关于儿童偷拿行为的观点是不可取的：一是认为，儿童的偷拿行为就预示着其长大后也会出现这种行为；二是认为，儿童的偷拿行为与成人一样是一种犯罪行为；三是认为，如果不严惩偷拿行为，儿童就不会改掉这一坏毛病，等等。

其实，儿童的偷拿行为，特别是12岁以前儿童的偷拿行为，与成人的偷盗行为有着本质上的不同，具体不同如表8-4所示。

表 8-4　儿童与成人偷盗行为区别

区别点	儿童偷拿行为	成人偷盗行为
性质	错误	犯罪
目的	用于吃和玩	非法占有他人财物
手段	随意行为	有计划性地使用工具实施盗窃行为
对象	亲近的人	任何人
用途	与他人分享居多	挥霍

相关研究显示,儿童偷拿行为主要源于以下几个心理因素:

首先,下意识想引起他人的注意。许多孩子偷拿别人东西的行为是在下意识状态下进行的,事后孩子自己也不知道为什么拿别人的东西。这其中,平常不太受关注的孩子居多。儿童其实并不想要别人的东西,只是为了获得别人的关注,下意识偷拿了别人的东西。

其次,嫉妒心理作祟。许多偷拿过别人东西的孩子,是由于嫉妒心。别人有的自己也要有,于是就拿了,至于自己需不需要这个东西,孩子并没有多想。

再次,希望得到别人的认可。许多偷过父母钱的孩子,会把钱分给小朋友而非自己独自享用。有这类行为的往往是平时缺少朋友的儿童,他们希望用钱获得同伴的认可。

最后,过度压抑下的不自觉反应。也有孩子在过度严厉的教养情况下出现不自觉的偷拿行为,这类儿童多为平时大人眼中的好孩子。

由此可见,儿童偷拿行为背后,有太多需要教育者关注的心理问题。

(2)儿童偷拿行为心理咨询

早在 20 年前,我就遇到过一个儿童偷拿行为的咨询案例,现用这个案例和大家分享一下心理咨询的过程。

案例:一例儿童偷拿行为的咨询案例

案主:一个小学二年级的女孩明明(化名)。

基本情况:明明出生在一个家境非常优越的家庭,外公和爷爷都是军队高级干部,父母大学毕业也都分配到国家机关。明明非常聪明,学什么都很快,不但在学校的学习成绩好,而且课外班的学习成绩也都很好。可是,明明的老师跟妈妈反映,明明前一段时间有过偷拿同学铅笔或橡皮之类的东西。老师私底下找过明明谈话，告诉她这样做不对，有一段时间她没有再出现类似的行为。可是最近老师发现，明明又开始拿同学的东西了，不得已把情况告诉了明明妈妈。明明妈妈非常着急，她无法理解家境优越的明明为什么会偷别人的东西。而且在问及明明把拿别人的东西放在哪里了时，明明回答：扔到垃圾桶里啦。

咨询分析：明明是一个智商很高、能力很强的孩子，但明明不擅长与同学交往，所以在学校也没什么朋友。因为比较任性，尽管学习成绩比较好，但老师也没有让明明担任任何班级职务。所以，明明的能量没有地方释放，经常在学校无所事事，于是就下意识地做出了偷拿行为。

咨询建议：家长与老师协商让明明在学校多一些表现的机会，例如她能歌善舞，就给她多提供一些表现自己才能的机会。

结果：按照我的建议，明明妈妈争取到老师的支持。后来，明明不但没有偷拿行为，而且还当上了小干部，表现越来越好。明明后来考入国内一所知名大学，并以第一名的成绩毕业。之后留学美国读书，博士毕业后留在美国一家企业工作。

通过案例，我希望大家认识到先了解儿童偷拿行为背后的心理需求，然后针对儿童的具体需求才能真正帮到儿童，所以在进行心理咨询时，需要做到如下几点：

第一，不能把儿童偷拿行为矫正作为心理咨询的主要目标，而应更加重视和关注这一行为背后的心理因素。

第二，对于儿童偷拿行为不要千篇一律地对待，因为每一个儿童的偷拿行为背后都有自己独特的心理因素。

第三，对于偷拿行为，既要让儿童理解自己行为的错误，又要引导儿童对自己的行为进行自我调整；

第四，除了分析偷拿行为及其背后的心理因素外，更重要的是给予儿童社会性发展方面的引导与必要的支持。

第四节　青春期抑郁问题的心理咨询与治疗

青春期情绪问题主要表现在焦虑与抑郁上，与焦虑相比，抑郁是困扰青少年的主要情绪问题。

一、青春期抑郁特点

抑郁情绪在青春期出现得比较频繁，且青春期抑郁有着这个时期独特的内涵和外延。

1.关于抑郁

(1)抑郁的定义

抑郁作为一种负面情绪,对人的身心健康影响很大,是心理咨询与治疗中首先要关注的负面情绪。

关于抑郁的定义,心理学和医学都有不同层面的解释。医学领域重视抑郁的症状表现,认为抑郁主要表现为个体长期心境低落、整日忧心忡忡、做事的兴趣减少、意志力下降及自我否定等。

心理学领域强调抑郁产生时的内在心理机制及外在表现,认为抑郁是个体社会性需求所产生的情感体验,是指人在未能获得所期待的社会性满足与生存价值时,产生的一系列负面情绪体验,如伤心、沮丧、痛苦、失落、无助及愤怒等。

(2)抑郁与抑郁症

抑郁与抑郁症是两个关联密切但性质不同的概念。关于儿童抑郁症,我在本书第六章中已经做了详尽的介绍,这里重点解释一下抑郁与抑郁症的区别与联系。

表8-5 是抑郁与抑郁症之间关系的具体表现。

表8-5 抑郁与抑郁症的区别与联系

关 系		抑 郁	抑 郁 症
区别	范 围	所有人群	部分人群
	抑郁程度	抑郁程度轻	抑郁程度重
	抑郁时间	短时间抑郁	长时间持续性抑郁
	社会功能	社会功能轻度损伤,基本维持正常生活	社会功能出现不同程度的损伤
	生理反应	轻度生理反应	严重生理反应
	性 质	心理问题	心理疾病
联 系		心境低落、兴趣减少、意志力下降	

抑郁与抑郁症在症状上都表现为心境低落、做事兴趣减少、意志力下降等,但这些症状在人群范围、程度和持续时间、社会功能受损程度、生理影响及性质等方面存在质的不同。

(3)抑郁对个体身心健康的影响

现有研究表明,抑郁无论对个体的心理健康,还是对个体的生理健康都会产生极大的损伤。主要负面影响如下:

第一,抑郁会损伤人的认知功能。长期持续性的抑郁会使人的注意力分散,无法集中精力完成一件事,也会出现记忆力明显减退等现象。

第二,抑郁会消磨人的意志。长期持续性抑郁,会导致个体处于习得性无助状态,对自己的能力表现出否定,意志力严重不足,即便是比较简单的工作也无法胜任,严重影响人的社会功能。

第三,抑郁会引发各种生理疾病。长期持续性抑郁,对于个体的身体健康会产生极大的影响,现有医学研究表明,在许多生理疾病的致病因素中,抑郁都在其中,如消化系统疾病、免疫系统疾病及呼吸道系统疾病等。

第四,抑郁会导致个体对生命的轻视。目前,在自杀类别中,由抑郁导致的自杀人数远远高于其他,排在自杀原因的第一位。

2. 青少年抑郁情绪特点

青少年抑郁问题,一直是心理学、医学、教育学等领域普遍关心的问题。青少年抑郁与其他人群的抑郁相比有其独特性,具体表现如下:

第一,青少年抑郁发生率高于一般人群。与其他人群相比,青春期儿童出现抑郁情绪的比例偏高,这主要是由于青春期儿童的自我同一性处于不断发展中,自我认知和调节能力较弱,例如当遭遇较大的挫折又缺乏应对能力时,就会陷入抑郁情绪中。

第二,青少年抑郁来得急迫,一点儿小事就可能引发激烈的抑郁情绪反应。另外,青少年内心冲突与矛盾多而激烈,一点儿小事就会引发激烈的愤怒情绪,愤怒情绪一旦产生则会一发不可收拾,使儿童对环境、自己及家人产生失望,不断加剧的抑郁情绪很难控制。

第三,青少年抑郁一般会伴随着过激行为反应。例如,考试没有考好而厌学;没有得到期待的认可而做出伤人、伤己的事;对父母失望而离家出走等。

第四,青少年抑郁与学业和人际关系关联密切。对于青少年来说,学业和同伴关系是其身心健康的试金石,只要这两方面没有问题,儿童基本就不会有抑郁,一旦学业或人际关系出了问题,则会频繁出现抑郁。首先,学业是青少年体现自我价值的主要方面,如果学业成绩没有达到儿童的期待,就很容易导致其自信不足,甚至自我否定。其次,人际关系是青少年社会性体验的主要内容,如果其社会性体验无法得到满足则会很容易出现抑郁。

第五,青少年自身在应对抑郁时,多采用回避社会的方式。如果青少年抑郁没有得到有效的社会支持,由其自生自灭时,青少年更多地会选择躲进家里而回避融入社会,这也是这些年,把自己关在家里、不愿融入社会的青少年越来越多的原因。

二、青少年抑郁应对

正如前文所述,抑郁严重影响着人们的身心健康,特别是对青少年来说,抑郁更是其健康的大敌,针对青少年抑郁进行有效的应对是非常必要的。

1.青少年抑郁应对的可行性分析

应对青少年抑郁的可行性分析如下:

第一,青少年抑郁具有显著的行为表现,这使得我们很容易发现儿童处于抑郁状态,如果能够及时有效地为其提供心理支持,青少年摆脱抑郁情绪困扰的可能性极大。

第二,青少年抑郁多为抑郁急性发作,也就是说来得快去得也容易,只要对其进行有针对性的疏导和提供一定的心理支持,大部分青少年的抑郁情绪都能很快化解。

第三,青少年与家长生活在一个屋檐下,一旦出现抑郁情绪,家长应该很容易发现,如果及时采取一定的有效措施,青少年抑郁会在较轻时得到控制。

第四,青少年抑郁一般都是抑郁发作的初期阶段,也就是说处于抑郁治疗的最佳治疗期,如果能够进行有效的药物治疗,即便是严重抑郁症也会取得良好的预后效果。

第五,青少年一般会为摆脱抑郁情绪困扰主动求助,如果教育者能够重视青少年的主动求助,并给予专业有效的支持,抑郁情绪是能够得到有效控制的。

2.青少年抑郁应对常用方法

针对青少年抑郁,心理学领域有很多方法都非常有效。下面,从抑郁症自我调节方法和心理咨询与治疗方法两方面,介绍几种有效的抑郁应对方法。

(1)青少年抑郁情绪自我调节方法

青少年的一般性抑郁,如果方法得当完全可以通过自我调节摆脱,即便是青春期抑郁症,在药物治疗基础上加上自我调适,也可以很快恢复身心健康。

青少年抑郁情绪的自我调节方法有:

方法一:运动。运动是对抗抑郁最好的方法之一,选择一项自己喜欢的运动,在出现抑郁情绪时坚持锻炼,会有很好的效果。

　　方法二:晒太阳。有研究显示,相对于阳光充足的地区,日照时间较短的地区抑郁症发病率较高,适当地晒太阳有利于缓解抑郁。

　　方法三:写日记。写日记也是缓解抑郁的自我调节方法之一,在写日记的过程中会自行整理思路解释抑郁事件,化解那些导致抑郁的想法。

　　方法四:找人聊天。聊天有两个作用:一是可以借助别人的智慧化解自己的烦恼;二是可以宣泄许多负面情绪。

　　方法五:做义工活动。对于青少年来说,做义工不仅可以接触成人社会,还可以锻炼自己的实践能力,并且在做义工的过程中,能找到价值感,这是应对抑郁的有效方法。

　　以上是青少年抑郁自我调节的有效方法,青少年可以根据自己的特点,选择适合自己的方法。

　　(2)青少年抑郁心理咨询方法

　　关于儿童心理咨询与治疗方法,第六章和第七章已经做了详尽的介绍。这里,重点讲解心理咨询与治疗方法在抑郁治疗中的使用特性。以下三种方法,是我根据自己的临床实践,总结出的对青少年抑郁较有效的治疗方法。

　　①方法一:认知行为疗法。

　　认知行为疗法的产生:20世纪60年代,贝克、雷米创立了一种认知理论取向的心理治疗方法——认知行为治疗(CBT)。认知行为疗法是贝克等人基于对抑郁症患者进行研究的产物,也是目前针对抑郁症最有效的心理疗法。贝克发现,在抑郁症的致病因素中,认知失调影响最大,并提出矫正患者的认知,能够达到缓解抑郁症的目的。

　　认知行为疗法的治疗理念:个体在认知上的偏差,会导致适应不良的行为与情绪,通过改变其对事物的看法,包括对自己、对他人等的态度,可以达到缓解和消除心理问题与障碍的目的。

　　认知行为疗法中抑郁症患者的认知失调表现:

- 绝对化要求:要求事物和自己一定按某种状态表现,否则就认为没有希望。例如,要求自己一定要很优秀,达不到就觉得自己什么都不是。
- 个人中心化思维:思维处于自动化状态,习惯将不好的事和自己联系在一起。例如,只要遇到或听到不好的事情,就习惯性地往自己身上想。
- 糟糕至极的想法:一遇到挫折,思维就会定势在"一切都完了""没希望了"

等状态,例如,考试失利就会觉得自己的一切都完了等。

- 过度的主观臆想:不顾事实,过度主观推测,习惯把事情往不好的方向想。例如,对事情的判断总是习惯往坏处想等。

- 认知行为疗法的治疗框架,如图 8-5 所示。

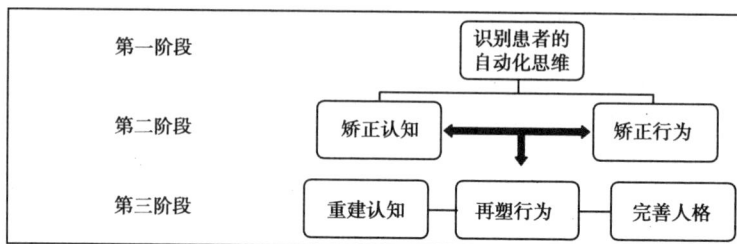

图 8-5　CBT 治疗框架

认知行为疗法的治疗过程,首先是识别患者处于自动化状态的不合理认知偏差及失调,然后对不良行为进行干预,最后达到重建认知、再塑行为直至完善人格的目的。

②方法二:表达性治疗方法。

第七章讲了几种对儿童心理问题与障碍较为有效的表达性治疗方法,这些方法对治疗青少年抑郁非常有效。

抑郁易感人群,他们的艺术气息浓厚,多愁善感者居多,青少年抑郁者也一般内心情感极为丰富,但言语表达不足。因此,相对于以谈话法为主的传统心理咨询,表达性治疗方法更适合用来治疗青少年抑郁。

沙盘疗法针对抑郁时的实施要点:

首先,沙盘操作过程中给予抑郁青少年充分的安全感。青少年抑郁来访者对于安全感的需求相对于其他人较高,在整个治疗过程中治疗师必须认识到这一点。

其次,沙盘分析过程中对于来访者沙盘作品中的消极象征要给予高度重视,要与来访者就其作品的消极主题进行深入探讨。

最后,主动寻找来访者沙盘作品中的自愈主题,并对其加以充分利用,为有效治疗来访者寻找突破口。

音乐疗法针对抑郁时的实施要点:

首先,音乐内容与形式的选择需要和来访者仔细协商。大多数青少年抑郁来访者有自己独特的音乐感受和喜好,因此,治疗师一定要在了解其音乐感受性之后再确立治疗方案。

其次,青少年抑郁来访者对细节很在意,所以,治疗师要对治疗过程中的每个环节做充分的准备,避免因细节问题而影响来访者的治疗效果。

最后,在音乐治疗过程中,要让来访者成为音乐创造性活动的主角。青少年抑郁来访者以内向、高自我控制者居多,即便是喜欢或者想表达,也会存在抑制自己表达意愿的情况,表现出观望者的姿态。因此,治疗师一定要积极主动地调动其积极性,发挥其创造性特长,促使其在参与音乐创作活动的过程中找到自我价值感,提升其自信心。

绘画疗法针对抑郁时的实施要点:

首先,在绘画治疗初期,不要给青少年来访者太明确的绘画主题。因为,青少年来访者面对治疗师给出的主题,往往会表现出两种不同的态度:要么就是写生,如房树人主题绘画就尽可能画出实景;要么就会拒绝绘画。建议采用非结构式方法,例如你可以画任何内容等。

其次,与青少年来访者就其绘画作品进行交流时,尽量不要使用评价性语言,如"你画得很写实"等,应该多使用描述性语言,如"你画的是一个人在看书吗"。

再次,注重绘画中抑郁象征性绘画元素分析,如非现实绘画元素(漫画人物、宗教元素等)、沉重或尖利类绘画元素、文化及高度对称绘画元素(如天平、两棵对称的树或建筑物等)及浓烈或灰暗的色彩等。

最后,要特别留意青少年来访者绘画作品中的自愈主题,并充分利用这些积极元素,激活来访者自身潜在的积极能量。

③方法三:来访者中心疗法。

来访者中心疗法的产生:来访者中心疗法,也称为人本主义疗法,产生于20世纪60年代,由人本主义代表人物罗杰斯创立。来访者中心疗法是一种以相信人的积极潜能为取向的心理治疗模式。罗杰斯认为,个体本身就具有解决自己问题的潜在能力,且人性本善,我们完全可以信任来访者有自愈能力。

来访者中心疗法的治疗理念:人本主义认为,来访者之所以出现问题,是因为环境抑制了其本身具有的积极能量,如果给予其适合的、良好的环境就能激活被抑制的强大成长潜力。

来访者中心疗法的治疗框架:如图8-6所示。

来访者中心疗法在治疗过程中,强调咨访关系的重要性。认为,良好的咨访关系是激活来访者内在自我治愈积极潜质的重要条件,而良好咨访关系的建立,需要咨询师对来访者给予积极关注、无条件接纳及共情。咨访关系、积极支持和来访者自愈三者间是相辅相成的关系,彼此互相成就。

青少年抑郁来访者普遍存在严重的环境适应不良问题。在心理咨询与治疗过程中,为来访者建立起安全的、宽松的环境,才可以释放其内在的积极潜质,达到自我治愈的目的。在这一点上,来访者中心疗法非常符合这一要求,是针对青少年进行心理咨询与治疗的有效方法之一。

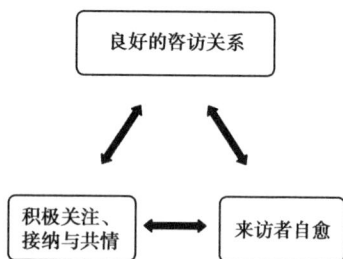

图 8-6　来访者中心疗法的治疗框架

三、青少年抑郁问题的心理咨询与治疗

接下来,我从抑郁问题心理咨询与治疗的过程及其注意点,结合案例演示,讲解青少年抑郁心理咨询与治疗的实践。

1.青少年抑郁心理咨询与治疗的过程

(1)对心理咨询与治疗对象的抑郁水平进行评估

青少年抑郁问题咨询时,首先需要对来访者的抑郁水平与性质进行评估,再根据抑郁状况界定其是心理咨询对象还是心理治疗对象。

一般对抑郁水平进行评估多采用测量法,使用工具为 SDS①。如果来访者的抑郁水平不高,又没有明显的社会功能受损,就是心理咨询对象;如果来访者抑郁水平高,且社会功能又有一定程度的受损,并伴有一定的生理性反应,则需要考虑其是否需要转介精神科,如果确诊为抑郁症,就是心理治疗对象了。

(2)心理咨询与治疗目标

来访者确定后,就进入收集资料和确定心理咨询与治疗目标阶段。青少年抑郁心理咨询与治疗在目标确定上虽然存在个体差异,但还是有其共性特征。

第一,由于抑郁中多少都带有一定程度的焦虑情绪,因此,在应对青少年抑郁时,要把缓解焦虑情绪作为首要目标。

第二,如果抑郁情绪由明显的客观事件引发,那么,针对事件中来访者的态度

---

① SDS:是抑郁自评量表的英文缩写,是 1965 年由 W. K. Zung 编制的量表。测验共有 20 个项目(正向、反向各 10 项),用于发现抑郁病人和评估 16 岁以上成年人的抑郁水平。该工具属于自评量表,主要测评近一周的状况。

进行分析,找到引发抑郁情绪的主观原因(个体人格和认知特性)就是一个重要的咨询目标。

第三,抑郁情绪多由个体不合理认知引发,对青少年不合理认知的识别和矫正是心理咨询与治疗重要的中期目标。

第四,由于青少年处于人格趋于成熟的发展阶段,建立良好的社会支持体系,促进其人格发展,是咨询与治疗的终极目标。

(3)咨询与治疗方案制订

咨询与治疗目标明确后,接下来的工作就是制订具体的咨询与治疗方案。青少年抑郁情绪问题咨询与治疗的方案要依据来访者的问题性质、个性特点及环境支持状况来定,咨询与治疗方案的个体差异较大。这里,我从方案制订过程中的注意事项入手,为大家提供一些建议。

第一,制订方案时要考虑必要性,又要考虑可行性。也就是说,我们采用的咨询与治疗方法要符合来访者自身的特点,这是确保咨询与治疗顺利进行的前提。

第二,针对青少年抑郁的咨询要充分考虑到这个年龄段的发展特性,即要考虑到儿童自身的认知水平,设计一些儿童可以理解和配合的方案,又要重视儿童的发展潜力,充分发挥儿童的自我治愈能力。

第三,社会支持是青少年抑郁应对时的一个重要内容,利用家庭、学校和社会资源,为儿童建立良好的社会支持体系,对于青少年抑郁问题的应对非常有效。

2. 青少年抑郁问题心理咨询的注意点

第一,青少年抑郁问题多与家庭及其生长环境有关系,在咨询过程中,应注重考虑来访者的亲子关系状况、教养方式类型、人际交往情况等。

第二,青少年的心理发育不成熟,尤其是对于正处于青春期的来访者,咨询师在咨询时更应该考虑周全,灵活运用咨询技术,切不可过快过急。

第三,青少年的抑郁问题往往只是其家庭问题的一个反映。除此之外,可能还伴有家人的情感问题、父母自身的心理问题等,需要咨询师全面、细致、敏锐地观察后做出判断。

第四,正确处理青少年抑郁与学业的关系。青少年抑郁与学业之间或者直接关联或是间接关联,不管如何关联,咨询师在应对青少年抑郁时都需要充分考虑和处理两者之间的关系。切忌以学业发展为由加重青少年的抑郁倾向。

3.典型案例分析:九儿(化名)的青春期抑郁问题①

案主:九儿,女孩,16 岁,独生子女,在一线城市重点高中就读。父母均为公务员。

来访者:九儿、妈妈和爸爸。

求助方式:九儿主动求助。

主诉:因不适应现在高中的生活,产生抑郁情绪,处于半休学状态已经有两个星期。

九儿陈述:自己中考很顺利地考上了比较理想的高中,本打算上高中以后努力学习,取得好成绩。但进入高中后才发现,现在的学校和自己想象的一点儿也不一样。各种古板的校规,不许做这个也不许做那个,每天的任务好像只有学习。同学也很无聊,每个人只知道埋头学习,什么也不懂。自己很烦,学也学不进去,索性就不学了,第一学期期末考试成绩在班级末尾。自己根本不在乎学习成绩,但就是很烦,总是感觉很无聊,做什么事都没兴趣,感觉活着没意思。

九儿妈妈陈述:自己是 38 岁时生的九儿,丈夫比自己大 6 岁。九儿出生后,家里人对九儿疼爱有加,特别是丈夫,对女儿百依百顺。女儿从小就比较任性,想要什么就必须满足,自己也试图管理九儿,但每次都被丈夫阻拦。有了丈夫的庇护,九儿在家就是个小霸王。上幼儿园时,自己担心九儿不适应,奇怪的是九儿在幼儿园出奇地乖,因为能说会道,很讨老师的喜欢。小学阶段,九儿在班级做班干部很出色,也很受同学和老师的欢迎。只是有一点,身边的朋友会说,九儿很聪明,但礼貌性很差。自己也发现,九儿离开我们就会很乖很懂事,但只要在我们身边就像变了一个人一样,表现得不太懂事,这种状况一直持续到初中毕业。因为,上学没事,我们就没有在意孩子有什么问题。没想到高中刚刚过去半个学期,九儿就出现这样的状况。最近,九儿一直要求看心理医生。

相关资料收集:九儿的 SDS 抑郁自评量表标准分为 57 分(参考值:53~62 分是轻度抑郁;63~72 分是中度抑郁;72 分以上为重度抑郁),属于轻度抑郁水平,社会功能受损为自身主动放弃,而非抑郁状态下意识层面

---

① 本案例为作者的心理咨询与治疗临床实践案例,案主信息已做了保密处理。

想做好,但行为跟不上。九儿基本没有女生朋友,关系比较好的都是男生。九儿自己说她不喜欢和女孩交朋友,觉得她们很烦。妈妈说九儿从小就不太会和女孩交往,都是没几天就和别人闹别扭。

问题诊断:九儿的问题是由家庭教养方式过度溺爱导致的青春期抑郁情绪,属于一般心理问题。

心理咨询目标:根据九儿的情况,短期目标设定为,缓解因学业问题引发的焦虑与抑郁情绪;中期目标设定为,改变家庭环境,促进九儿的成长;长期目标设定为,提升九儿的环境适应能力与人际交往能力。

心理咨询过程:本案例应激咨询共进行了三次连续咨询,每周一次,一次60分钟左右。后续成长类咨询计划每两个月咨询一次。

第一次咨询:资料收集与分析,并完成诊断。

第二次咨询:针对九儿的咨询。运用认知行为疗法,就九儿对高中生活的认知做了分析与交流,进而缓解九儿的焦虑情绪。"高中生活一定应该是自己想象的那样,现在这个样子对自己没有任何吸引,太没意思了"等,这种对事物的绝对化要求是引发九儿抑郁情绪的重要因素之一。

九儿的问题表现为抑郁问题,但主要还是环境适应能力弱,特别是在人际交往方面呈现出无法理解他人等社会性发展不足倾向。九儿从小形成在外讨好、在家任性发泄的交往模式。高中阶段,这种简单化的交往方式无法应对现实时,九儿就找不到自己,陷入抑郁状态。因此,对九儿的咨询不是一两次就能起作用的,必须有一个长期心理支持的设计。

对九儿父母的咨询,首先,针对九儿的问题向父母解释其问题为一般性成长类抑郁,进而缓解家长的担心与恐惧;其次,运用谈话法充分分析九儿问题产生的家庭原因,以及九儿现在面临的困境,与家长探讨如何从家庭层面进行改变,建立起对九儿的真正支持。

家庭作业:面对九儿现在的厌学情绪,家庭内部商讨应对方法。

第三次咨询:根据九儿自己的意愿,父母同意从高二转入一家私立高中。九儿抑郁情绪有一定的缓解,开始反思自己的问题;父亲也开始重视女儿的成长问题;母亲尝试着接纳女儿的现状,决定努力陪伴女儿成长。阶段性咨询告一段落。

后续咨询:每两个月针对九儿做一次成长类引导咨询。

第五节 青春期人际关系问题的心理咨询与治疗

人际关系问题是影响现代人身心健康的重要心理因素之一,在青少年心理咨询与治疗中,因人际关系困惑前来咨询求助的比例占到80%以上。对于青春期儿童来说,人际关系问题更为重要,一方面青少年需要人际关系体现自我价值,另一方面人际关系在化解青少年孤独感中起着重要作用。

一、同伴关系问题

青少年人际关系主要表现为三大人际关系:一是同伴关系;二是亲子关系;三是师生关系。其中,同伴关系和亲子关系对青少年心理发展影响最大,也最容易出现问题。在此,我首先就青少年同伴关系问题在心理咨询与治疗中的表现做详细介绍。

1. 青少年同伴关系问题的表现

(1)青少年良好同伴关系的标准

青少年是否具有良好的人际关系,应该从两方面评估:一个主观方面;一个是客观方面。

主观方面,如果青少年具备如下条件,就基本满足建立良好同伴关系的条件:

第一,青少年要有交友动机。青少年有需要交友的愿望,具备交往动机,只有这样,他们才会主动寻找友情,并在同伴交往中逐步学会维持友情。

第二,青少年应该具备与自身年龄相匹配的人际交往能力。如果青少年的社会年龄滞后于自然年龄,不能跟上同龄人的社会性发育节奏,就无法建立起良好的同伴关系。

第三,青少年还要具备一定的亲社会行为。亲社会行为也被称为利他行为,即个体愿意为社会或他人做事,亲社会行为是获得友情的重要条件。

客观方面,青少年良好同伴关系建立的条件如下:

第一,需要有一定数量可交往的同龄人。一般情况下,校园是青少年发展同伴关系的主要平台,青少年可以在学校中建立起友情。

第二,家庭和学校对青少年同伴关系的重视。家庭与学校对青少年同伴关系的关心与培养,直接关系到其同伴关系的质量。

第三,要有同伴交往的良好渠道。信息社会让青少年的交往渠道越来越多,但也出现线上交流多于线下交流的状况,这是教育者应该关注的问题。因为,对于青少年来说,面对面地在现实中交流是建立良好同伴关系不可或缺的部分。

(2)青少年同伴关系问题

在心理咨询与治疗中,主动或被动前来咨询的青少年,在同伴关系问题上,主要表现为如下几个方面。

第一,人格问题导致的同伴关系问题。人格问题或人格障碍是导致同伴关系不良的主要原因之一。在第三章讲述人格障碍时已经讲过,人格障碍最突出的症状就是人际交往问题。青少年同伴关系问题中,因人格问题导致同伴关系不良的占到60%以上。这些青少年由于人格社会性发育不成熟,不具备与同龄人交往的能力,因此,无法建立起良好的同伴关系。

青少年人格问题导致的同伴关系不良有一些共性特点:首先,进入青春期开始积累问题,16岁逐步表现出同伴关系问题;其次,表面上拒绝与同伴交往,多以抑郁情绪表现;最后,没有近距离同伴,有少数的远距离同伴等。

第二,社会性发育迟滞导致的同伴关系问题。这是比较常见的同伴关系交往困难问题之一,其实这些儿童在幼儿期就表现出社交困难,只是因为同伴关系对其影响不大,所以没有特别过分的表现。到了青少年阶段,儿童开始重视同伴关系,但自身又没有能力建立时,就会出现一系列心理困扰和问题。

第三,学业竞争引发的同伴关系问题。因学业竞争引发的同伴关系问题是青春期特有的问题,大多出现在较为重视学习成绩的重点学校。这类青少年的同伴关系问题,首先,表现在不愿主动与同伴分享自己的东西,缺乏同伴交往动机;其次,有较强的孤独感体验,亦容易出现焦虑与抑郁问题;最后,对于学业过度重视,存在较大的学业压力问题等。

第四,环境适应导致同伴关系问题。青少年中还有许多因环境适应不良导致的同伴关系问题,如小学升入初中或初中升入高中后的一段时间,这既是适应问题,又是人际关系问题,因此,教育者应该重视青少年的衔接教育。出现这类同伴关系问题的青少年多为性格典型内向或典型外向,他们对环境的要求一般高于其他儿童。

第五,惊恐障碍。这是属于病理性人际交往障碍,这类问题在第三章,我已经讲解过,这里就不再赘述了。

2.青少年同伴关系问题的应对

青少年同伴关系问题的应对可以分为三级预防与应对,具体内容如表8-6所示。

表8-6　青少年同伴关系问题的预防与应对

指　标	一级预防	二级预防与应对	三级干预
对象	全体学生	部分学生	个别学生
目的	提升同伴交往能力	预防同伴关系问题	解决同伴关系问题
实施者	家长与老师	心理辅导教师	心理咨询师
内容	同伴关系教育	个别性疏导	心理问题矫正
形式	讲座与组织讨论	团体辅导与个别谈心	心理咨询与治疗

如表8-6所示,青少年同伴关系问题预防与应对的三级指标体系具体内容如下:

一级以预防为目标:一级预防主要以重视青少年同伴关系发展为出发点,以全体青少年为教育对象,实施以家庭或学校为主的教育活动。在这些教育活动中,教育者可以根据青少年身心发展的特点,有针对性地对儿童开展有关同伴关系重要性、同伴关系交往方法及如何应对同伴关系问题等内容的教育与探讨活动。

二级以预防与应对为目标:二级预防与应对主要以部分存在性格或环境因素可能引发同伴关系问题的青少年为对象,如情绪不稳定、脾气暴躁,或转校生等青少年,对其实施个别化指导,预防其发生同伴关系问题。如果在这一群体中已经出现同伴关系问题,可通过团体心理辅导和个别谈心等方式,及时解决问题。

三级以干预为目标:三级干预主要是针对那些已经出现严重同伴关系问题的青少年,实施有效的心理干预。

3. 典型咨询案例分析:京信(化名)的同伴关系问题心理咨询案例分析①

案主:京信出生于北京,14岁,男孩,独生子女,家庭成员有爸爸和妈妈。父母是大学同学,从事医务工作。

来访者:京信及其母亲。

求助模式:京信自己主动寻求心理咨询帮助,为主动求助模式。

京信陈述:自己是一个做事特别认真的人,进入中学以后主动竞选班干部,并得到班长的职务。一年多的班长生活,京信自己感觉到压力很大,许多事情都不如自己的心愿,班长工作也不顺心,更重要的是同学关

---

① 本案例为作者督导的案例,咨询师是中学心理辅导教师,案例中相关信息已做了保密处理。

系也出现了问题。前几天,班主任让自己搞一次主题班会,他和几个班干部想商量一下主题和方案,其他同学不但不配合还冷言冷语地说,"你能干,自己定吧"。自己很生气,找班主任告状,结果不但没有得到老师的支持反而被苦口婆心地说,"好好反思一下自己的工作方法"。京信很生气,因为自己平时没有什么知心朋友,这件事发生后很烦恼也很气愤,但又没人可以倾诉,就来找心理老师了。

京信母亲陈述:京信从小就是一个非常懂事的孩子,做事很认真,也很听大人的话,与父母和家里老人的关系都很好,但不太和家里其他亲戚家的孩子玩。上小学时就一直是班长,学习从不让大人操心。京信对自己和别人的要求都高,特别是对社会一些不好的现象非常反感,这让当父母的感到欣慰。进入中学后,父母发现京信不开心的事情逐渐多了起来。先是班干部工作,因为小学都是老师组织,京信协助,他的班长当得不错,但上中学后,班长工作更多地要和同学商量完成,京信就感觉困难了;再是学业问题,妈妈发现京信的学习成绩没有小学时出色,京信自己也很焦虑;还有,对同学的许多地方看不惯和反感等。

京信的同伴交往问题分析:京信进入中学阶段,没有朋友(并不是他不需要朋友)的原因主要可以从三个方面分析:首先,京信自身的性格因素,这类儿童做事认真且严谨,这是非常好的品质,但往往会导致他们认死理,处理事情比较较真,很难在同伴关系中获得满足,由此而回避同伴交往;其次,京信的家庭比较重视孩子的学习成绩和其他能力,对同伴关系的培养不够重视;最后,京信缺乏同伴交流的经验,从小学起,环境给予京信丰富的纵向人际交往经验,但没有太多的横向交往,导致其缺乏同伴交往动机、能力和经验。

问题诊断:京信的问题是由性格及环境因素导致的同伴关系问题,属于发展性心理问题。

心理咨询方案建议:

建议一:本案例可以运用谈话法和表达性治疗方法,针对京信性格与同伴关系之间的关联性进行分析,使京信将问题从完全的外归因,转向反思自己的个性因素,缓解其由于对他人缺乏理解而产生的不满与愤怒情绪。

建议二：建议京信父母要重视孩子的人际关系，重视培养京信的社会交往能力。

建议三：建议学校老师对京信的同伴交往问题给予支持，利用各种机会使其同伴交往能力得到锻炼与提升。

二、亲子关系问题

亲子关系问题也是青春期阶段频发的人际关系问题，这一问题对青少年及其家庭的心理健康都会产生一定的消极影响，也是青少年心理咨询中最常见的问题。

1. 青少年亲子关系

（1）我国青少年亲子关系的发展状况

我国青少年亲子关系的总体发展变化，有着明显的时代特点，具体可以划分为三个阶段。第一阶段是封建礼教影响下的亲子关系；第二阶段是新旧观念交替影响下的亲子关系；第三阶段是现代观念影响下的亲子关系。

封建礼教影响下的亲子关系：我国封建社会统治时间长，封建礼教思想对我国人民的影响根深蒂固。封建礼教下的亲子关系完全是子服从父的关系，尽管这种关系在今天比较少见，但其思想在某种程度上，仍然影响着今天的亲子关系。

新旧观念交替影响下的亲子关系：我国 20 世纪 50—70 年代出生的人，处于封建思潮与新思想交替的年代，他们的亲子关系呈现的特点，既有封建的传统观念，又有现代文明理念。今天，作为父母的他们和具有现代文明思想的子女之间，在亲子关系观念上的矛盾也是现在亲子关系冲突的主要原因之一。

现代观念影响下的亲子关系：20 世纪 80 年代以后出生的人，受现代文化观念的影响，在亲子关系中，青少年更多地主张民主与平等的意识。

正是传统的服从和现代的平等家庭观念之间的矛盾与冲突，使得现阶段我国亲子关系问题不仅复杂，而且繁多。

（2）青少年亲子关系类型

青春期阶段是儿童心理发展逐步趋于成熟的阶段，因此，该阶段的亲子关系模式，与之前或之后的成人阶段亲子关系相比，有着自己的独特性。基于相关研究，并结合自己的研究与临床实践经验，我现将青春期阶段的亲子关系模式，以青少年对爱的感受水平和情感程度为划分标准，分为四种类型，具体内容如图 8-7 所示。

A 和谐型：在这种亲子关系中，青少年体会到了父母对自己的爱，也收获了很

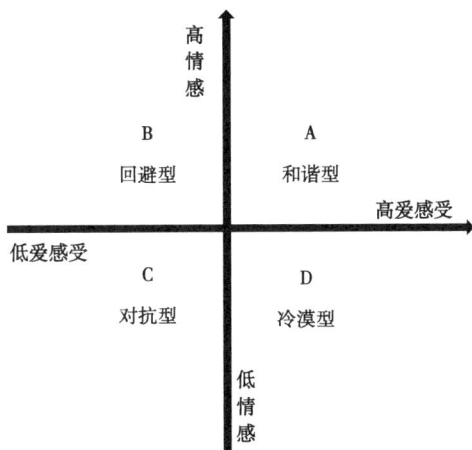

图 8-7 青春期亲子关系类型

多情感,与父母有很好的沟通和相处,故称之为和谐型。在和谐型亲子关系中,尽管青少年在青春期也会产生一些变化,但基本不会出现太大的亲子关系问题。

B 回避型:在这种亲子关系中,青少年体会到较少的关爱,但对父母又有一定的依恋与情感,与父母处于若即若离的状况,故称之为回避型。在回避型亲子关系中,随着外在情况的变化,部分青少年会表现出亲子关系问题。

C 对抗型:在这种亲子关系中,青少年体会到较少的关爱,同时对父母也较少有情感,与父母处于对立状态,故称之为对抗型。在对抗型亲子关系中,大部分青少年会频繁出现亲子关系问题。

D 冷漠型:在这种亲子关系中,青少年尽管能体会到一定的关爱,但对父母缺少情感,与父母关系淡漠,故称之为冷漠型。冷漠型亲子关系中,青少年也会部分出现过激的亲子关系问题。

2. 青少年亲子关系问题的表现及其应对

青春期阶段亲子关系问题主要有如下几种表现:

(1)亲子间无法沟通问题

在现实生活中,青春期亲子之间本身就表现出沟通困难的共性特点,而问题类亲子关系间的沟通问题就显得更加严重。

问题应对:家长应该尽量了解孩子的沟通方法,采用儿童能够接受的方式进行沟通。在沟通过程中,要懂得不触碰孩子的底线,如不去评价孩子的朋友等。

(2)学业态度不一致问题

青少年对于自身的发展,包括友谊、爱好、品质都很在意,但父母看重的多是学业问题,因此,对待学业态度的不同,是青少年亲子关系问题的一个突出的表现。

问题应对:家长应该在重视孩子身心发展基础上,关注学业问题,而不要把学业成就看成孩子成功的唯一衡量指标。关注学业时要依据孩子的具体情况,客观地对孩子提出学业要求。

(3)生活兴趣点不同

儿童在物质生活与文化水平的追求上,与父辈有着极大的不同,这也是引发亲子关系问题的原因之一。

问题应对:家长应该对孩子的生活态度进行客观评价,如果真的遇到孩子过度追求不切合实际的物质生活时,也要先保持冷静,分析一下其背后的原因,必要时可以寻求专业的支持。

3. 典型咨询案例分析:小峰的亲子关系问题案例分析①

案主: 小峰,男孩,17 岁,一线城市区级重点高中二年级学生。家庭成员三口之家。爸爸,公司职员;妈妈从事语言翻译工作。

求助方式: 小峰妈妈致电北京市教育工会心理咨询中心,预约心理咨询。

来访者: 小峰和妈妈。

心理咨询过程: 共计两次咨询,每次 60 分钟左右。

小峰妈妈陈述: 自己和先生是大学同学,上学时,自己在班级很优秀,先生表现一般。两个人恋爱关系的确立是先生主动追求自己,自己觉得先生人不错,就是有时显得幼稚。大学毕业后两个人顺利结婚,后来有了儿子。儿子小时候很听话,胆子很小。自己总是感觉儿子自信心不足,也不太会和小朋友交往,也尝试做了许多方面的引导,但作用不大。儿子上高一时,有一次,上体育课不小心碰伤了同学,事情处理得还算顺利,但发现这件事对儿子影响很大,总感觉儿子做事比以前更加小心翼翼,自己觉得儿子很累。

从初三开始,儿子就不怎么愿意和自己交流,也不听自己的建议。妈妈认为自己是一个非常民主,也讲道理的妈妈,只要儿子能说服自己,自己就会支持儿子的任何决定。但现在儿子几乎不和自己交流,即便是交

---

① 本案例为作者咨询实践案例,案例中信息已做了保密处理。

流也是应付式的,如,"你说的都对,行了吧"类似这样的话语。自己很不安,也很担心。儿子和自己的关系越来越不好,自己想恢复关系,但所做的努力似乎都没有用,反而使得母子间关系更加生硬,无奈之下,才寻求心理咨询师的帮助。

小峰陈述:妈妈一直都觉得我有问题,各方面的问题。学习成绩也有问题,玩游戏也有问题,担心我的交往能力,也担心我的身体,总之,就没有她不担心的。妈妈老是让我讲道理,只要我说服她,她就满足我的要求,等等。可是怎么能说服她呢? 你还没说话,她就先说,"这个不行""那个不行""说其他的吧",等等。可是我就这点儿事,没有其他的事,妈妈是个不讲道理的人。比如,我想要买个电脑,爸爸想买个按摩椅,妈妈就让我们给她讲买的理由,我们讲几个理由,她就否定几个理由,都是她有理,没办法。和妈妈在一起你就得听她的,不听她的,她就会不停地和你讲道理,很烦人的。

咨询师的观察:小峰是一个拘谨的孩子,没有青春期孩子那样的自以为是,很配合咨询师的问话,回答也很有条理和逻辑,没有妈妈描述的那样胆小、表达能力差等。只是和妈妈说话时,会很生硬地快速结束话题,例如,妈妈说,和老师谈谈你的学习行吗? 小峰很烦地回答:随便。妈妈给人的感觉很有修养,温文尔雅,说话语气慢且有条理。但交流中,很坚持自己的看法,也很不容易接受别人的意见。

绘画与沙盘测验结果:见图8-8和图8-9,见彩插。

图8-8　小峰的和妈妈的家庭动态绘画(左为小峰的;右为妈妈的)

图 8-8 是小峰和妈妈的家庭动态绘画测验①作品,左图是小峰的,右图是妈妈的。

小峰的家庭动态绘画描述: 整体是一个战斗场面,用线条划分了三个区域,分别是爸爸(图左无武器),小峰自己(图下手持武器),妈妈(图右无武器)。绘画线条细致,图像逼真。

小峰的家庭动态绘画分析: 小峰的家庭动态绘画人物齐全,尽管表现出父子与妈妈的对峙,但仍然有家庭互动,体现着小峰对家庭矛盾的心态。互动表明小峰重视家庭的一面,对峙表明小峰内心对妈妈在家庭中作用的不满。小峰绘画风格,如线条细致,表明小峰是一个内心较为敏感的孩子,对峙的绘画内容也反映出小峰感受问题表面化(与一般高中生相比缺少分析事物时应有的深度)且有冲动性存在。

妈妈的家庭动态绘画描述: 妈妈画的是一家三口在交流,侧面是妈妈自己,正对面是爸爸,背影是小峰,小峰右边人脸是小峰的脸部(妈妈解释说,因为儿子是背影,所以给他补画个面部)。

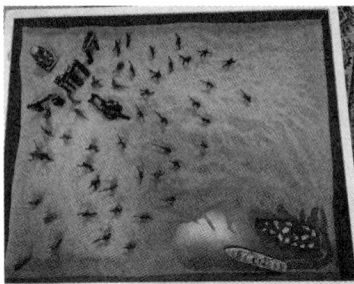

图 8-9　小峰的沙盘游戏作品

妈妈的家庭动态绘画分析: 从妈妈的绘画内容分析,妈妈的意识层面非常在乎家庭沟通,希望家庭有一个和谐的沟通氛围;将儿子特殊强调一下,表明妈妈内心对小峰比较关心;从绘画风格分析,线条笔直,区域划分清晰,每个绘画元素都规矩地表现,表明妈妈应该是一个思考问题条理化,做事严谨认真的人,但也可能存在思维不灵活、刻板等特性。

---

① 家庭动态绘画(Kinetic Family Drawing, K-F-D),是 1970 年由伯恩斯等人创立的,目的为展现家庭内部互动情况以及人际情感联系状况。该测验能够投射出绘画者对家庭内部情况的主观感受。指导语:"画出你家人,包括你,在做某件事情的绘画作品。"

小峰的沙盘作品分析：小峰的沙盘作品是在完全自由状态完成的。作品也是以战斗为主题，以左上角神像为中心，红黑两个阵营对阵，右下角是海洋和战船。沙盘作品内容清晰明了，表明小峰具备较好的空间概念和逻辑思维能力。战斗主题反映出小峰内心冲动、不安的特性；红黑对峙表明小峰思考问题可能习惯二分法，非白即黑，存在变通性较弱的可能性。

问题诊断：一般性青春期亲子关系问题。

咨询目标：通过咨询，减轻小峰妈妈的育儿焦虑；希望小峰母子对双方关系有一个了解，特别是对关系中各自可能存在的问题和努力方向有一个清晰的认识。

咨询过程：由于本案例属于青少年成长类咨询，问题较简单，经过一次获取资料诊断问题和一次解释问题疏通关系咨询，便达到了预期的咨询效果。

咨询过程中几个重要环节：一是家庭情感的发掘与利用，小峰家庭成员间感情较好，这是咨询取得良好效果的关键；二是母子关系影响因素分析，小峰的内在冲动性和稚嫩性，妈妈性格的过度理性与刻板，是导致母子关系问题的主要原因；三是向小峰及妈妈讲解青春期亲子关系建设的相关知识等。

本章我就儿童心理咨询实践应用，为大家做了详细的介绍，关于青少年的心理问题中的行为问题等，由于其心理援助需要教育、医学、心理等领域的系统支持，本书就没有做讲解，大家可以查阅相关资料学习这部分内容。

导入案例分析：我们如何帮助豆豆及其家庭

豆豆问题的诊断与预后分析：根据豆豆的情况，可以判断其问题为社会性发育障碍，属于病理性问题。目前，关于儿童病理性心理障碍的预后普遍不尽如人意，没有特别有效的医学方法应对，心理学、教育学方法疗效有限。但随着儿童自身的不断成长，其自身的自愈能力是一个不可忽视的力量。

豆豆问题的成因分析：目前，关于儿童社会性发育障碍的成因还没有明确的研究证据，各种说法不一，但是由儿童自身器质性病变引发的观点影响力最大。我国著名教育学家陈鹤琴先生认为，特殊儿童需要一个良好的成长环境，环境的好坏关乎儿童的康复状况。由此可见，环境对于社会性发育障碍儿童来说非常重要。

给父母的几点建议：

第一，建议父母逐步学会接纳豆豆的病情，根据豆豆的具体情况教养豆豆，不要给豆豆施加他能力无法完成的任务。

第二，豆豆属于特殊儿童，针对普通儿童的教育方法及过程对于豆豆来说都达不到预期目标，家长和老师要充分认识这一点。

第三，防止对豆豆这类儿童因教育不当，造成二次伤害是家庭、学校和社会应有的责任。因为豆豆这类儿童的社会性发育问题，他们无法像其他孩子那样有序、高质量地完成各类社会任务，所以被排斥、不受重视是常态。这对于儿童成长来说，是非常不利的因素。多项研究表明，注意力缺陷多动障碍儿童成人后，其反社会行为比例远高于一般儿童。这其中除了儿童自身攻击性较强外，成长过程中的经历对其反社会情绪和行为的形成影响很大。

第四，帮助豆豆建立社会支持体系。对于豆豆这类儿童，家庭良好的接纳和支持固然很重要，但仅有家庭的支持是远远不够的。社会支持中包括学校老师和同学的支持，也包括社区的支持等，建议豆豆父母要学会和主动利用这些社会支持。

？ 思考题

1. 谈谈你对儿童心理问题与障碍的认识。

2. 思考儿童学业问题判断的标准。

3. 对儿童特殊问题实施心理帮助时,应该注意哪些问题?

参考文献

[1] 联合国大会.儿童权利公约[Z].1989-11-20.

[2] 朱智贤.儿童心理学[M].北京:人民教育出版社,2009.

[3] 林崇德.发展心理学[M].北京:人民教育出版社,2009.

[4] 章志光.社会心理学[M].北京:人民教育出版社,2008.

[5] 冯忠良,伍新春,姚梅林,等.教育心理学[M].北京:人民教育出版社,2009.

[6] 朱智贤.心理学大词典[M].北京:北京师范大学出版社,1989.

[7] 傅安球,史莉芳.离异家庭子女心理[M].杭州:浙江教育出版社,1993.

[8] 中国就业培训技术指导中心,中国心理卫生协会.国家职业资格培训教程:心理咨询师(三级):2015修订版[M].北京:民族出版社,2015.

[9] 王华.心理感受性研究综述[J].成都教育学院学报,2006(12):141-143.

[10] 李树春,李晓捷.儿童康复医学[M].北京:人民卫生出版社,2006.

[11] 易法建,冯正直.心理医生——附心理咨询治疗经典病例[M].重庆:重庆出版社,2006.

[12] 韦小满.特殊儿童心理评估[M].北京:华夏出版社,2006.

[13] 雷秀雅.透视心灵——绘画心理分析技术[M].上海:华东师范大学出版社,2018.

[14] 寇彧,洪慧芳,谭晨,等.青少年亲社会倾向量表的修订[J].心理发展与教育,2007,23(1):112-117.

[15] 王宇中.心理评定量表手册(1999—2010)[M].郑州:郑州大学出版社,2011.

[16] 雷秀雅.自闭症儿童教育心理学的理论与技术[M].北京:清华大学

出版社,2012.

[17] 王凯.儿童焦虑障碍的特点及评估[J].中国临床康复,2004,8(24):
　　　5098-5099.

[18] 温克斯特恩,琼斯玛.特殊教育指导计划[M].刘昊,译.北京:中国
　　　轻工业出版社,2005.

[19] 美国精神医学学会.精神障碍诊断与统计手册第五版[M].张道
　　　龙,等译.北京:北京大学出版社,2016.

[20] 周晋波,郭兰婷,陈颖.中文版注意缺陷多动障碍SNAP-Ⅳ评定量表-
　　　父母版的信效度[J].儿童少年心理卫生,2013(6):424-428.

[21] 雷秀雅.心理咨询与治疗[M].2版.北京:清华大学出版社,2017.

[22] 加利·兰德雷斯.游戏治疗[M].雷秀雅,葛高飞,译.重庆:重庆大
　　　学出版社,2013.

[23] 马克·里韦特.家庭治疗:100个关键点与技巧[M].蔺秀云,等译.
　　　北京:化学工业出版社,2017.

[24] 高岚,申荷永.沙盘游戏疗法[M].北京:中国人民大学出版
　　　社,2012.

[25] 保罗·威尔金斯.心理剧疗法[M].余渭深,译.重庆:重庆大学出
　　　版社,2016.

[26] 邦妮·米克姆斯.舞动疗法[M].余泽梅,译.重庆:重庆大学出版
　　　社,2016.

[27] 蕾切尔·达恩利-史密斯,海伦 M 佩蒂.音乐疗法[M].陈晓莉,译.
　　　重庆:重庆大学出版社,2016.

[28] 伊丽莎白·雷诺兹·维尔福.心理咨询与治疗伦理:第三版[M].侯
　　　志谨,等译.北京:世界图书出版公司,2010.

后　记

··· ·
····

2017年10月，当我把《透视心灵：绘画心理分析技术》这本书的初稿提交给出版社后，我就开始计划再完成一本自己比较擅长的领域——儿童心理咨询与治疗相关内容的书。20多年的心理学学习、教学及研究经验，我自认为，自己在特殊儿童心理、绘画心理分析及儿童心理咨询与治疗等三方面，还是有一些发言权的。也正因为如此，2012年我出版了《自闭症儿童教育心理学的理论与技术》（清华大学出版社），2018年出版了《透视心灵：绘画心理分析技术》（华东师范大学出版社），及这本即将出版的《儿童心理问题评估与咨询》，感觉这样才对自己职业生涯有了一个交代。

2018年5月，当我把《儿童心理问题评估与咨询》这本书的提纲和样章提交给重庆大学出版社后，很快就获得了出版社的支持。由此，又是一年多在高强度文字工作中度过。

2019年8月14日，在沈阳，我完成了《儿童心理问题评估与咨询》这本书的初稿，当时还真的是有一点儿激动，一年来，心理和精神上第一次感到轻松。

2019年9月1日，第一次书稿校对完成后，我提交给了出版社。此时，真的像是把又一个孩子送入社会一样，有一份激动、一份期待，也有一份忐忑。在校稿中，我再一次仔细阅读书中的内容，说真的，尽管有些地方做了修改，但大部分内容还是满意的。觉得自己真的是很认真地做了一件事，也达到了自己对本书的预期，准备将"满满的干货"送给读者。想象着儿童心理咨询师、教师及家长可以从书中找到解决儿童问题的理论、方法和希望，自己多少有了久违的美美的感觉。

本书中，我除了通过自己多年来积累的儿童心理咨询临床实践和督导案例，采用案例分析方式为读者讲解理论，分享技术使用外，更重要的是，本书中汇集了我自己对儿童心理发展、问题及应对的许多思考和创造,许多成果都是第一次通过文字和读者见面,希望读者通过阅读分享我的劳动成果同时,获得自己想要的知识。

我本不是一个有才华的人,一直自卑于自己的文字,觉得自己文笔干涩少了些滋润,担心大家读书时感受不到文字的灵气。所以,窃窃地在此说一下,当你感受不到文字灵气时,麻烦你感受一下实用的力量。我一直努力用内容的实用性弥补自身才气的不足,将自己的儿童心理健康成长专业知识和实践经验通过教学、研究及图书奉献给大家。

决定写这本书的原因有三个:一是因为自己虽无文采,但智慧和实践能力还是有些的,一身的临床经验仅凭教学传授给大家还是觉得不够给力;二是学生们的鼓励,每每在授课后看到学生意犹未尽的求学热情,以及他们对我关于儿童心理健康观点以文字的形式呈现的期待,就没法不动笔;三是希望通过本书能帮到那些需要心理帮助和支持的儿童、相关教育者和学习者。

书能顺利出版,必须感谢重庆大学出版社,感谢出版社王斌老师和他的同事们,感谢他们对我专业的信任与支持!和重庆大学出版社合作多年,被这群幕后心理学工作者的专业精神和热情感动着。他们,为我的知识搭建起了一个广阔传授的渠道。

真诚地感谢我的学生们,北京林业大学心理系的学生,中国科学院心理学研究所继续教育学院在职研究生班的学生。教学相长,你们带给了我太多的专业灵感和助长。给你们授课,不仅仅是满足生计,也是一场心理疗愈,更是与你们一起心灵成长。

感谢我的来访者,你们是这本书的灵魂人物。每每陪伴你们找回真实的自己,与你们一起感受心灵的力量,见证你们的自我成长,这些成就我专业的进步,丰富我人生的阅历。

最后要感谢我的家人,感谢我的妈妈、丈夫和女儿,感谢你们一直以来对我不变的欣赏和爱!

雷秀雅

2020 年 3 月 1 日

于北京

图书在版编目(CIP)数据

儿童心理问题评估与咨询／雷秀雅著. -- 重庆：
重庆大学出版社，2020.4(2025.8 重印)
(鹿鸣心理. 心理咨询师系列)
ISBN 978-7-5689-2071-1

Ⅰ. ①儿… Ⅱ. ①雷… Ⅲ. ①儿童心理学—咨询心理
学 Ⅳ. ①B844.1

中国版本图书馆 CIP 数据核字(2020)第 049143 号

儿童心理问题评估与咨询
ERTONG XINLI WENTI PINGGU YU ZIXUN

雷秀雅　著

鹿鸣心理策划人:王　斌

责任编辑:赵艳君　　版式设计:赵艳君
责任校对:关德强　　责任印制:赵　晟

*

重庆大学出版社出版发行
社址:重庆市沙坪坝区大学城西路 21 号
邮编:401331
电话:(023) 88617190　88617185(中小学)
传真:(023) 88617186　88617166
网址:http://www.cqup.com.cn
邮箱:fxk@ cqup.com.cn(营销中心)
全国新华书店经销
重庆市国丰印务有限责任公司印刷

*

开本:720mm×1020mm　1/16　印张:20.5　字数:357千　插页:16 开 2 页
2020 年 5 月第 1 版　2025 年 8 月第 3 次印刷
ISBN 978-7-5689-2071-1　定价:59.00 元

图 2-1　小志的沙盘作品

图 2-2　小楠的房树人绘画作品

图 3-1　灵灵的典型沙盘作品

图 7-1　小嘉的初始沙盘作品《家》

图 7-2　小嘉的力量主题沙盘作品

图 7-3 小嘉的发展主题沙盘作品

图 7-4 小嘉的结束沙盘主题

图 7-5　青春期亲子关系心理问题母女的房树人和家庭动态绘画测验

注：本图为来访者母女手绘作品，两人的笔压均较轻。

图 8-8　小峰的和妈妈的家庭动态绘画（左为小峰的；右为妈妈的）

图 8-9　小峰的沙盘游戏作品